机床维修电工

主　编　邹开耀　罗世伟
主　审　郑三立

编　者　王　英　张　彪　辜小兵
赵顺洪　成映端　林安全
戴天柱　杨帮明

重庆大学出版社

内容简介

本教材以简单易懂的"图话"手段深入浅出的讲述了各类典型机床电气系统原理、结构，并着重于实际控制机理的分析与阐述，详细介绍各类典型机床电气系统的日常维护、检测及修理方法。并针对典型故障辅以检修程序来进行讲解，同时制订学生实训单元，供教师及同学们实作使用。另外，还配有电子教学资料包，供购买本教材的教师或自学者查询所用。

本教材适合作为各类高、中等职业机械及电子专业电工通用教材。另外，由于本教材严格按照国家劳动与社会保障部颁布的维修电工培训大纲制订教学计划、设置教学内容，适用于国家劳动与社会保障部门各级培训机构考证培训。同时，还能作为电工培训教材及青年工人、转岗工人自学，本书是技术工人走向维修电工技师的阶梯，是解决相应电气维修技术难题的金钥匙。

图书在版编目（CIP）数据

机床维修电工/邹开耀，罗世伟主编.—重庆：重庆大学出版社，2007.9（2022.8 重印）
（中等职业教育机械类系列教材）
ISBN 978-7-5624-4211-0

Ⅰ.机…　Ⅱ.①邹…②罗…　Ⅲ.机床—电气控制装置—维修—专业学校—教材　Ⅳ.TG502.7

中国版本图书馆 CIP 数据核字（2007）第 101092 号

机床维修电工

主　编　邹开耀　罗世伟
主　审　郑三立
责任编辑：彭　宁　陈永盛　　版式设计：彭　宁
责任校对：李定群　　　　　　责任印制：张　策

*

重庆大学出版社出版发行
出版人：饶帮华
社址：重庆市沙坪坝区大学城西路 21 号
邮编：401331
电话：（023）88617190　88617185（中小学）
传真：（023）88617186　88617166
网址：http://www.cqup.com.cn
邮箱：fxk@cqup.com.cn（营销中心）
全国新华书店经销
POD：重庆新生代彩印技术有限公司

*

开本：787mm×1092mm　1/16　印张：12.75　字数：324 千
2007 年 9 月第 1 版　　2022 年 8 月第 5 次印刷
ISBN 978-7-5624-4211-0　定价：39.80 元

序

当前,为配合社会经济的发展,职业教育越来越受到重视,加快高素质技术人才的培养已成为职业教育的重要任务。随着机械加工行业的快速发展,企业需要大批量的技术工人,机械类专业正逐步成为中等职业学校的主要专业,为培养出企业所需要的技术工人,大多数学校采用了"2+1"三年制教学模式。因此,编写适合中等职业学校新教学模式的特点,符合企业要求,深受师生欢迎,能为学生上岗就业奠定坚实基础的新教材,已成为职业学校教学改革的当务之急。为适应职业教育改革发展的需要,重庆大学出版社、重庆市教育科学研究院职成教所及重庆市中等职业学校机械类专业中心教研组,组织重庆市中等职业学校教学一线的"双师型"骨干教师,编写了该套知识与技能结合、教学与实践结合、突出实效、实际、实用特点的中等职业学校机械类专业的专业课系列教材。

在编写的过程中,我们借鉴了澳大利亚、德国等国外先进的职业教育理念,广泛参考了各地中等职业学校的教学计划,征求了企业技术人员的意见,并邀请了行业和学校的有关专家,多次对书稿进行评议和反复论证。为保证教材的编写质量,我们选聘的作者都是长期从事中等职业学校机械类专业教学工作的优秀的双师型教师,他们具有丰富的生产实践经验和扎实的理论基础,非常熟悉中等职业学校的教育教学规律,具有丰富的教材编写经验。我们希望通过这些工作和努力使教材能够做到:

第一,定位准确,目标明确。充分体现"以就业为导向,以能力为本位,以学生为宗旨"的精神,结合中等职业学校双证书和职业技能鉴定的需求,把中等职业学校的特点和行业的需求有机地结合起来,为学生的上岗就业奠定起坚实的基础。

中等职业学校的学制是三年,大多采用"2+1"模式。学生在校只有两年时间,学生到底能够学到多少知识与技能;学生上岗就业,到底应该需要哪些知识与技能;我们在编写过程中本着实事求是的原则,进行了反复论证和调研,并参照了国家职业资格认证标准,以中级工为基本依据,兼顾中职的特点,力求做到精简整合、科学合理地安排知识与技能的教学。

第二,理念先进,模式科学。利用澳大利亚专家来重庆开展项目合作的机会,我们学习了不少澳大利亚职业教育的先进理念和教学方法,同时也借鉴了德国等其他国家先进的职教理念,汲取了普通基础教育新课程改革的精髓,摒弃了传统教材的编写方法,从实例出发,采用项目教学的编写模式,讲述学生上岗就业需要的知识与技能,以适应现代企业生产实际的需要。

第三,语言通俗,图文并茂。中等职业学校学生绝大多数是初中毕业生,由于种种原因,其文化知识基础相对较弱,并且中职学校机械类专业的设备、师资、教学等也各有特点。因此,在教材的编写模式、体例、风格和语言运用等方面,我们都充分考虑了这些因素。尽量使教材语言简明、图说丰富、直观易懂,以期老师用得顺手,学生看得明白,彻底摒弃大学教材缩编的痕迹。

第四,整体性强、衔接性好。中等职业学校的教学,需要全程设计,整体优化,各教材浑然一体、互相衔接,才能够满足师生的教学需要。为此,充分考虑了各教材在系列教材中的地位与作用以及它们的内在联系,克服了很多教材之间知识点简单重复,或者某些内容被遗漏的问题。

第五,注重实训,可操作性强。机械类专业学生的就业方向是一线的技术工人。本套教材充分体现了如何做、会操作、能做事的编写思想,力图以实作带理论,理论与实作一体化,在做的过程中,掌握知识与技能。

第六,强调安全,增强安全意识。充分体现机械类行业的"生产必须安全,安全才能生产"的特点,把安全意识和安全常识贯穿教材的始终。

本系列教材在编写过程中,得到重庆市教育科学研究院职成教所向才毅所长、徐光伦教研员,重庆市各相关职业学校的大力支持与帮助,在此表示衷心地感谢。同时,在系列教材的编写过程中,澳大利亚专家给了我们不少的帮助和支持,在此表示衷心地感谢。

我们期望本系列教材的出版,能对我国中等职业学校机械类专业的教学工作有所促进,并能得到各位职业教育专家与广大师生的批评指正,便于我们能逐步调整、补充、完善本系列教材,使之更加符合中等职业学校机械类专业的教学实际。

中等职业教育机械类系列教材
编委会

前 言

本教材从能力培养的角度入手,深入浅出的阐明各类典型机床的架构与原理;形象地讲述并用图说方式介绍了其检测、维修及安装的方法。并对与各类机床数控技术相关的基础知识等一一做了适当的讲述。

在本教材的编写过程中,考虑到不同读者在知识层次及接受能力方面差异性和不同学校的教学设备因素,遵循“理论够用、技能过手”的原则,配备了电子教学资料包,以便广大老师在教学时查阅方便。同时,根据实际情况,严格按照国家劳动与社会保障部制订的维修电工培训大纲编制教学大纲,参与本教材编写的编者同时也是有关劳动与社会保障部门培训结构指定的培训师,除了拥有扎实的理论水平与精湛实作技能外,更有丰富的培训经验,故本教材还专门制订了相应的实训项目。

本教材的参编人员有:重庆龙门浩职业高级中学邹开耀、罗世伟、王英、张彪;重庆工商学校辜小兵、赵顺洪;北碚职教中心成映端、林安全、戴天柱;涪陵职教中心杨帮明等。全书由邹开耀、罗世伟主编负责统稿工作,北京交通大学电气工程学院老师郑三立博士担任主审。

本教材在编写过程中,一直得到重庆市教育科学研究院职成教所向才毅所长、徐光伦教研员的大力支持。另外,北京交通大学电气工程学院的郑三立博士对本教材提出了许多宝贵的修改意见,对此,我们表示深深的敬意。

由于时间仓促,本教材难免会出现许多不足甚至错误,欢迎各位同行及读者指导、提出批评建议。以便作者及时纠正改进,请直接致电023-62454951,或者发邮件至 cqlsw1969@126.com。

编 者

2007 年 5 月

目　录

第 1 章　电工基础知识

第 1 节　安全知识

随着电气化程度的提高,人们接触电的机会成倍增多,触电事故时有发生。据有关统计资料分析,用电过程中触电的主要原因依次是:私拉乱接;缺乏用电常识;违章作业;设备失修;设备安装不合格等,而这些事故原因都直接或间接的与缺乏用电常识和电气知识有关。因此,宣传安全用电知识和普及安全用电技能是人们安全合理地使用电能,避免用电事故发生的一大关键。

一、安全知识

1. 人体安全电压

安全电压是指通过人体的电流不超过允许范围的电压(又称安全特低电压),其保护原理是:通过对系统中可能作用于人体的电压进行限制,从而使触电时流过人体的电流受到抵制,将触电危险性控制在没有危险的范围内。

国家新的标准对 50 Hz/500 V 的交流电,安全电压的额定值分为 42 V,36 V,24 V,12 V 和 6 V 五级,如表 1.1 所示。

表 1.1　安全电压等级及选用举例

安全电压(交流有效值)/V		选用举例
额定值	空载上限值	
42	50	在有触电危险的场所使用的手持式电动工具等
36	43	潮湿场所,如矿井、多导电粉尘及类似场所使用照明灯等
24	29	工作面积狭窄,操作者易大面积接触带电体的场所,如锅炉、金属容器内
12	15	人体需要长期触及器具上带电体的场所
6	8	

2. 人体触电的形式

人体触电的形式见表 1.2。

表 1.2　人体触电的形式

触电的形式	特　点	图　示
单相触电	当人体某一部位与大地接触，另一部位与一相带电体接触所致的触电事故称单相触电	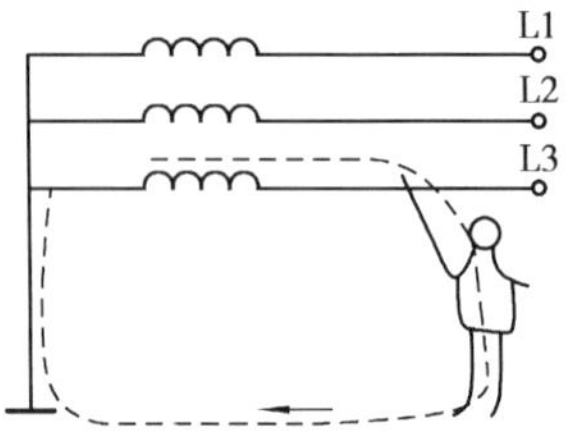
两相触电	发生触电时，人体的不同部位同时触及两相带电体，称两相触电。两相触电时，相与相之间以人体作为负载形成回路电流，如图所示。此时，流过人体的电流大小完全取决于电流路径和供电电网的电压	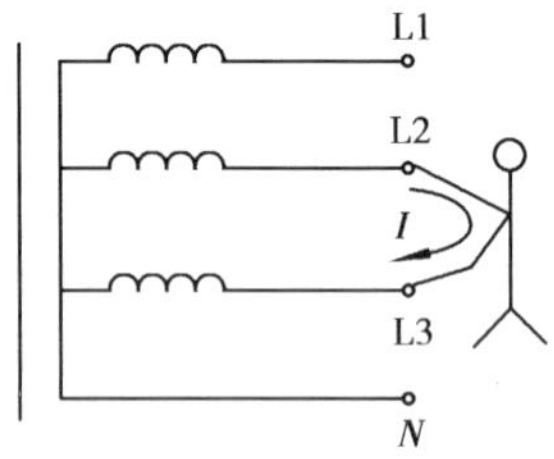
跨步电压触电	当输电线出现断线故障，输电线掉落到地时，导致以此电线落地点为圆心，输电线周围地面产生一个相当大的电场，离圆心越近电压越高，离圆心越远则电压越低。在距电线 1 m 以内的范围内，约有 68% 的电压降；在 2 ~ 10 m 的范围内，约有 24% 的电压降；在 11 ~ 20 m 的范围内，约有 8% 的电压降；所以，离电线 20 m 外，对地电压基本为零 当人走进距圆心 10 m 以内，双脚迈开时（约 0.8 m），势必出现电位差，这就称为跨步电压，如图所示。电流从电位高的一脚进入，由电压低的一脚流出，流过人体而使人触电。人体触及跨步电压而造成的触电，称跨步电压触电	

二、电工安全操作规程

1. 电工安全知识

（1）电工必须接受安全教育；患有精神病、癫痫、心脏病及四肢功能有严重障碍者，不能参与电工操作。

（2）在安装、维修电气设备和线路时，必须严格遵守各种安全操作规程和规定。

（3）如图 1.1 所示，在检修电路时为防止电路突然送电，应采取如下预防措施。

1）穿上电工绝缘胶鞋。

2）站在干燥的木凳或木板上。

3）不要接触非木结构的建筑物体。

4）不要同没有与大地隔离的人体接触。

2. 停电检修的安全操作规程

（1）将检修设备停电，把各方面的电源完全断开，禁止在只经断路器断开电源的设备上工

图 1.1　电工安全预防措施

作。对于多回路的线路，要注意防止其他方面突然来电，特别要注意防止低压方面的反送电。在已断开的开关处挂上“禁止合闸，有人工作”的标示牌，必要时加锁。

（2）检修的设备或线路停电后，对设备先放电，消除被检修设备上残存的静电。放电需采用专用的导线（电工专用），并用绝缘棒操作，人手不得与放电导体接触，同时注意线与地之间、线与线之间均应放电。放电后用试电笔对检修的设备及线路进行验电，验明确实无电后方可着手检修。

（3）为了防止意外送电和二次系统意外的反送电，以及为了消除其他方面的感应电，在被检修部分外端装设携带型临时接地线。临时接地线的装拆顺序一定不能弄错，安装时先装接地端，拆卸时后拆接地端。

（4）检修完毕后应拆除携带型临时接地线并清理好工具及所有零角废料，待各点检修人员全部撤离后摘下警告牌、装上熔断器插盖，最后合上电源总开关恢复送电。

3. 带电检修的安全操作规程

（1）带电作业的电工必须穿好工作衣，扣紧袖口，严禁穿背心、短裤进行带电工作。

（2）带电操作的电工应带绝缘手套、穿绝缘鞋、使用有绝缘柄的工具，同时应由一名有带电操作实践经验的人员在周围监护。

（3）在带电的低压线路上工作时，人体不得同时触及两根线头，当触及带电体时，人体的任何部位不得同时触及其他带电体。导线未采取绝缘措施时，工作人员不得穿越导线。

（4）带电操作前应分清相线和零线。断开导线时应先断开相线，后断开零线；搭接导线时应先接零线，后接相线。

三、触电的危害及急救

1. 触电的危害

当人体触电时，电流会使人体的各种生理机能失常或遭受损害，如烧伤、呼吸困难、心脏麻痹等，严重时会危及生命。触电的危害性与通过人体电流的大小、时间的长短有关，一般认为，若有 50 mA 的电流流经人体心脏能立即致命。

2. 触电急救

(1)脱离电源

若发现有人触电,切不可惊慌失措,应设法尽快将触电者所接触的带电设备的开关或其他断路设备断开,也可以戴手套或用干燥的衣服包着手并站在木板上去拉触电者,使触电者脱离电源,见表 1.3。

表 1.3　脱离电源的办法

方　法	图　示
拉开开关或拔掉插头	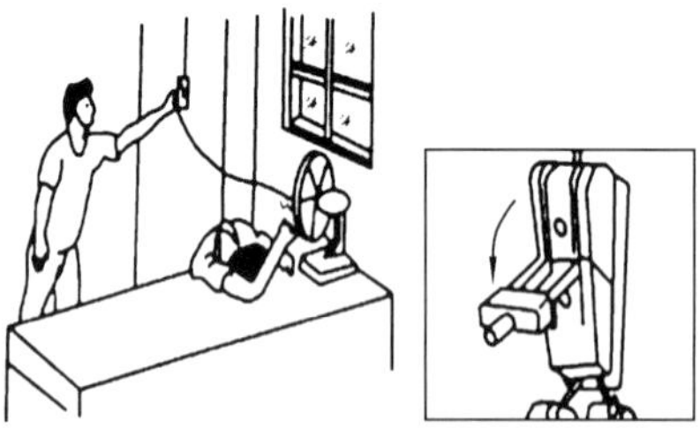
拉开触电者	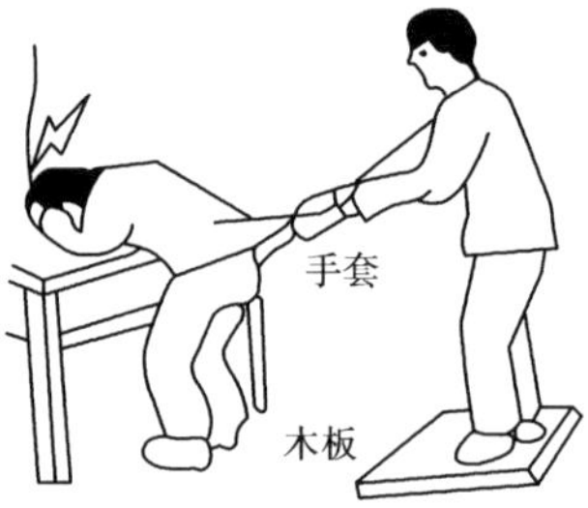
挑、拉电源线	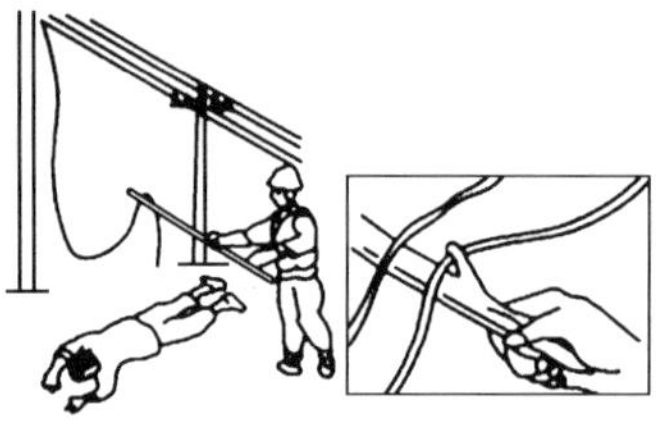
割断电源线	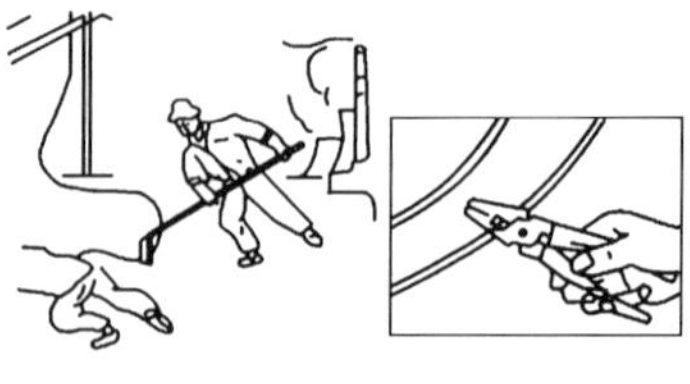

(2)现场急救

当触电者脱离电源后,如果神志清醒且皮肤又未灼伤,可将其抬至通风的地方休息;若触电者呼吸停止,心脏也停止跳动,这种情况往往是休克,应及时拨打 120 急救电话,在医务人员到达之前,采用人工呼吸和体外心脏挤压的急救方法。

现场急救方法见表 1.4。

表 1.4　现场急救方法

人工呼吸法	步　骤	图　示
打开触电者呼吸道	迅速解开触电者的衣服、裤带、胸罩、围巾等，使其胸部能自由扩张，使触电者仰卧，先让其头侧向一边，取出口腔中的血块、假牙或其他异物，然后将其头翻转，用一只手托在触电者颈后，使头部充分后仰，鼻孔朝天，让其呼吸道畅通	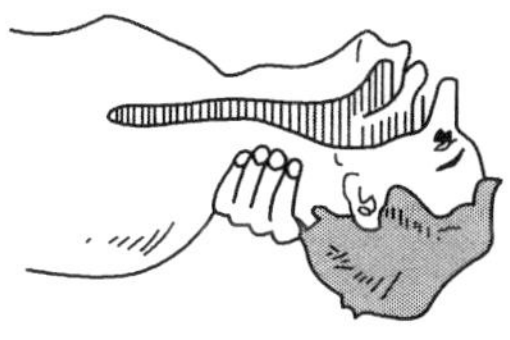
口对口吹气	用另一只手的拇指和食指堵住或捏住触电者的鼻孔，使之不漏气。救护人员做深呼吸后紧贴触电者的嘴巴大口吹气，同时观察触电者胸部，一般应使其胸部略有起伏	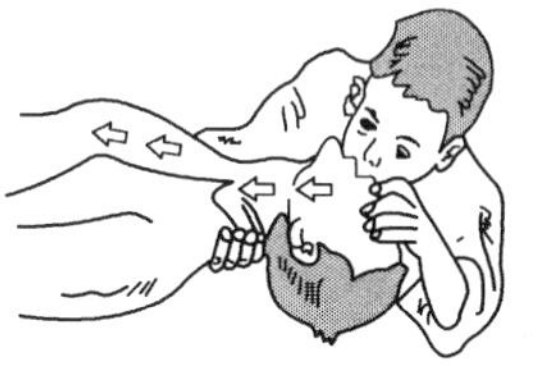
换气	当救护人员吹气至需要换气时，应立即离开触电者的嘴巴，松开触电者的鼻子，使其自由排气，这时也应注意触电者胸部，看其复原情况并倾听鼻孔处有无呼气声，从而了解呼吸道是否堵塞。上述的吹气、换气要反复进行，一般吹气约 2 s，呼气约 3 s，大约 5 s 一个循环	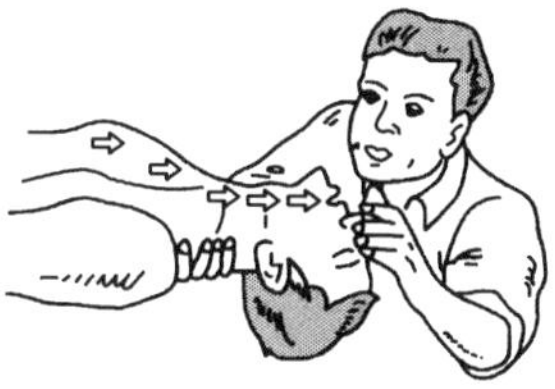
体外心脏挤压法	步　骤	图　示
若确诊触电者心跳停止，应立即对触电者实施体外心脏挤压法，借人工对心脏的挤压和放松，造成与心跳相同的血液循环。	实施心脏挤压法同样须让触电者仰卧，解开衣服、裤带，并清除口腔内的异物。抢救者跪在触电者一侧或骑跪在其腰部两侧，两手掌相叠（如图所示），手掌根部放在胸窝上方、胸骨下方 1/3 ~ 1/2 处，如右图所示，掌根用力垂直向下压迫，使胸部下陷 3 ~ 4 cm。压迫到位后，掌根迅速放松，使触电者胸部自然复位，此时血液回流，并充满心脏。挤压频率最好每分钟 120 次，如体力不支，可适当降低频率，但每分钟绝对不能低于 60 次	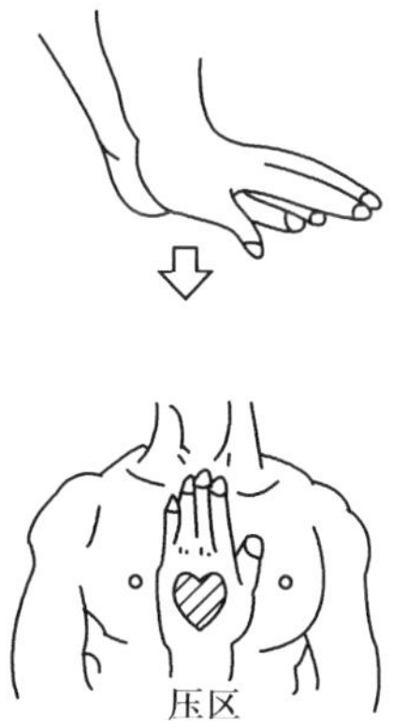

四、电气设备安全运行知识

1. 电气设备的基本安全要求

（1）对于出现故障的电气设备必须及时进行检修，以保障人身和电气设备的安全。

(2)所有电气设备要有保护性接地,低压电网要装设保护性中性线(接零)。

(3)电气设备一般不能受潮,要有防止雨、雪、水侵袭的措施;运行时要有良好的通风散热条件;接电源线端要有漏电保护装置。

(4)根据某些电气设备的特性和要求采取特殊的安全要求。

(5)在电气设备的安装地点应设安全标志。

2. 保护性接地和接零

保护性接地主要是保护人身的安全,也就是将正常运行的电气设备不带电的金属部分和大地紧密连接起来。见表 1.5。

表 1.5

项　目	步　骤	图　示
保护性接地	(接地电阻应小于 4 Ω)。其原理是通过接地把漏电设备的对地电压限制在安全范围内,防止触电事故。保护性接地适用于中性点不接地的电网中。电压高于 1 kV 的高压电网中的电气装置外壳,也应采取保护性接地	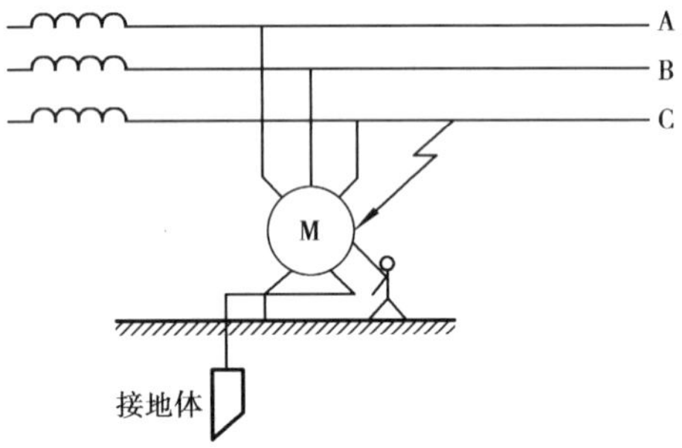
保护性接零	保护性接零是在 220 V/380 V 三相四线制供电系统中,把用电设备在正常情况下不带电的金属外壳与电网中的零线牢固连接起来,如图所示。其原理是在设备漏电时,电流经过设备的外壳和零线形成单相短路,短路电流烧断保险丝或使自动开关跳闸,从而切断电源,消除触电危险。它适用于电网中性点接地的低压系统中,为此"三相四线制"也将逐步改为"三相五线制"	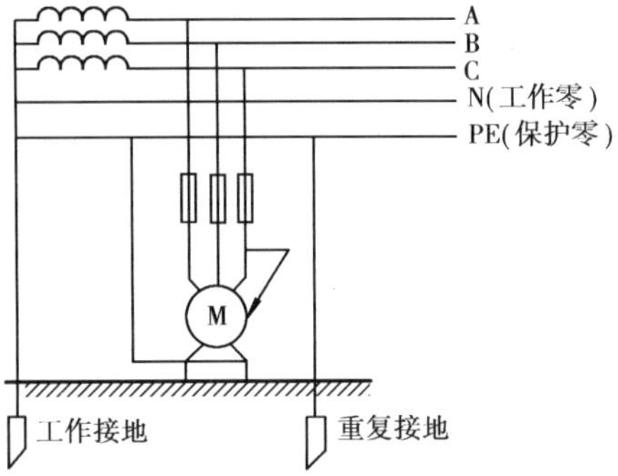
漏电保护器	漏电保护器又称漏电开关,是用来防止电气设备和线路等漏电引起的人身触电事故的,它能够在设备漏电、外壳呈现危险的对地电压时自动切断电源。在 1 kV 以下的低压电网中,凡有可能触及带电部分或在潮湿场所有电气设备的情况下,都应装设漏电保护装置。漏电保护器的安装使用如图所示	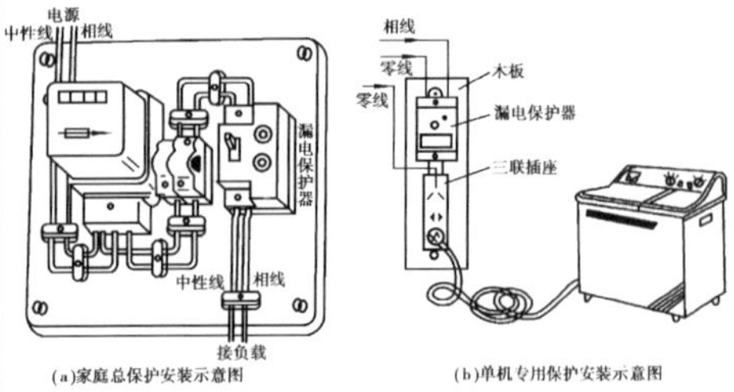

必须指出,在同一电网中不允许一部分电气设备接地,而另一部分电气设备接零,以免接地设备一相碰壳短路时,可能由于接地电阻较大而使空气开关中过流脱扣装置不动作,从而使

所有接地的设备外壳都带电，反而增加了触电的危险性。

五、电气防火、防爆、防雷的基本知识

1. 防火、防爆

(1)电气火警

电气设备周围若有可燃物质，往往容易引起火灾，并可能伴随有爆炸而引起火警。引起电气火警的主要原因见表 1.6。

表 1.6　引起电气火警的主要原因

原　因	图　示	解　说
总功率过大	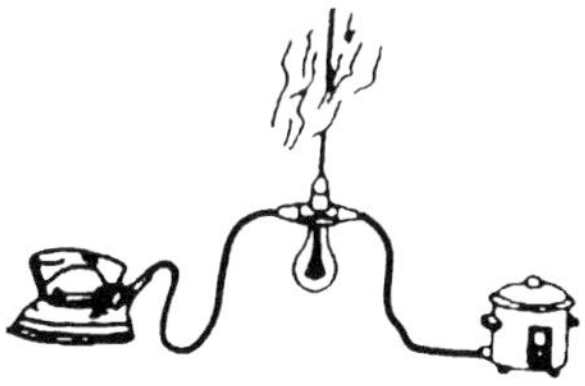	电气设备总功率过大，使导线中的电流超过导线允许通过的最大电流，而保护装置又不能发挥作用，从而引起导线过热，损坏绝缘层，甚至引起火灾
短路		导线短路引起电路中电流过大，导线发热燃烧形成火灾
使用电器时间过长		长时间使用热能电器，用后忘记关掉电源，从而引起周围易燃物品燃烧造成火灾
导线接触不良		导线连接处接触不良，电流通过接触点时打火，引起火灾

(2)预防措施

1)选择合适的导线和电器。

当电气设备增多、电功率过大时，及时更换原有电路中不合要求的导线、开关及有关设备。

2)选择合适的保护装置。

3)选择绝缘性能棉织物护套线绝缘。

4)避免短路。

电路中的连接处要连接牢固、接触良好。

(3)电气消防

在发生电气火灾时应采取以下措施

1)发现电子装置、电气设备、电缆等冒烟起火时，要尽快切断电源。

2)使用沙土或专用灭火器进行灭火。

3)在灭火时避免将身体或灭火工具触及导线或电气设备。

4)若不能及时灭火,应立即拨打119报警。

可用于电气消防的灭火器的用途和使用方法如表1.7所示。

表1.7　电气消防用灭火器的用途和使用方法

种　类	二氧化碳灭火器	干粉灭火器	1211灭火器	泡沫灭火器
灭火器外形				
用　途	适用于电类实验室	适宜扑灭油类、可燃气体、电气设备等引起的火灾	适宜扑灭油类、仪器及文物档案等贵重物品引起的火灾	适宜扑灭油类及一般物质引起的火灾
使用方法	一手握住喷筒对准火源,另一手拔去安全保险销(或撕掉铅封),打开开关即可	先打开保险销,一手握住喷管对准火源,另一手拉动拉环即可	先撕去铅封,拔去安全保险销,一手抱住灭火器底部,另一手握住压把开关将喷嘴对准火源喷射	一手握住提环,另一手握住筒身的底边将灭火器颠倒过来,喷嘴对准火源,用力摇晃几下即可。

2.防雷

雷电是自然界的一种放电现象,常常对电气设备、建筑物、人畜等造成危害,甚至造成爆炸、火灾事故,常用的防雷措施有以下几种。

(1)架设防雷装置

防雷装置是利用其高出被保护物的突出地位,把雷引向自身,然后通过引线和接地装置,把雷电流泄入大地。常用的防雷装置有避雷针、避雷器等。避雷针主要用于建筑物的保护;避雷器是防止雷电窜入电力线、信号传输线,从而保证电气设备不被击穿的一种保护装置。防雷器有多种,其外形如图1.2所示。避雷针的安装见图1.3所示。

(2)电气设备加装过压保护装置

电气设备在电源及其他部位加装过压保护装置来保护电气设备免遭雷击。

(3)日常防雷

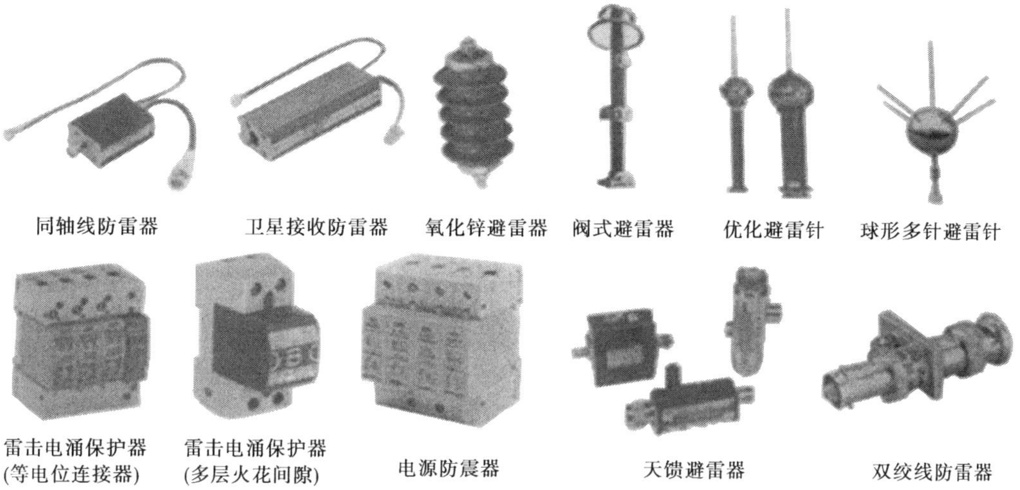

图 1.2　常见防雷器外形

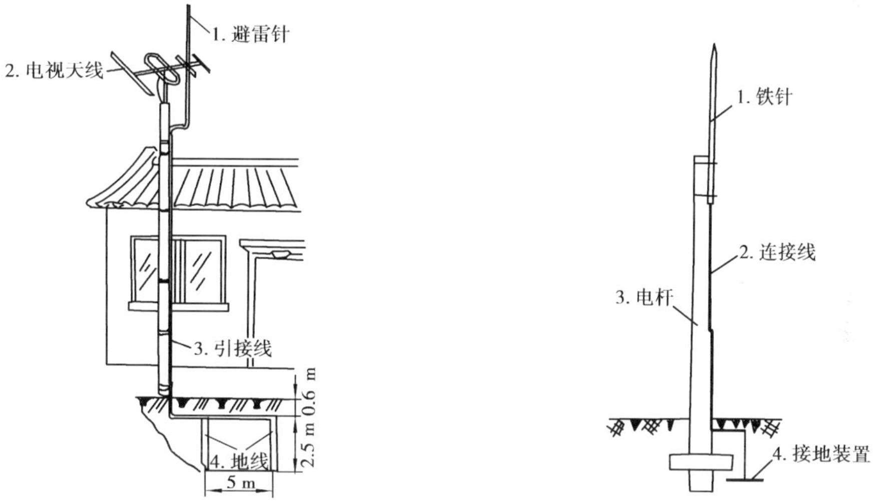

图 1.3　避雷针的安装

在日常生活中要注意以下几点，以防遭雷击。

1）雷雨天气应关好门窗，防止球形雷窜入室内造成危害。

2）雷雨天气暂时不用电器，要拔掉电源插头、电视机天线；不要打电话；不要靠近室内的金属设备，如暖气片、自来水管、下水管等；要离开电源线、电话线、广播线 1.5 m 以外，以防止这些线路和设备对人体的二次放电。另外，不要穿潮湿的衣服，不要靠近潮湿的墙壁。

3）要远离建筑物的避雷针及其接地引线，防止跨步电压伤人。

4）雷雨天气最好不要在旷野里行走；尽量远离山顶、海滨、河边、沼泽地、铁钢丝、金属晒衣绳等；不要用有金属杆的雨伞，不要把带有金属杆的工具如铁锹、锄头扛在肩上。

5）躲避雷雨时应选择有屏蔽作用的建筑或物体，如金属相体、汽车、混凝土房屋等，不要骑自行车和乘坐敞篷车。

6）人在遭受雷击前，会突然有头发竖起或皮肤颤动的感觉，这时应立刻躺倒在地，或选择低洼处蹲下，双脚并拢，双臂抱膝，头部下俯，尽量缩小暴露面。

思考与习题一

1. 填空题

（1）一般情况下，规定安全电压为____________及以下，人体通过____________电流应会有生命危险。

（2）常见的触电方式有____________、____________和____________。

2. 问答题

（1）什么是保护接零？保护接零有何作用？

（2）什么是保护接地？保护接地有何作用？

（3）发现有人触电，你可用哪些方法使触电者尽快脱离电源？

第2节　常用电工工具和仪表使用方法

一、常用电工工具的使用

电工工具是电气操作的基本工具，工具不合格、质量不好或使用不当，都将影响施工质量、降低工作效率，损坏工具，甚至造成事故。电气操作人员必须掌握电工常用工具的结构、性能和正确的使用方法。

1. 常用电工工具的使用见表1.8

表1.8　常用电工工具的使用

工具名称	类　型	用　途	图　示
试电笔	钢笔式 螺丝刀式	检验线路或设备是否带电	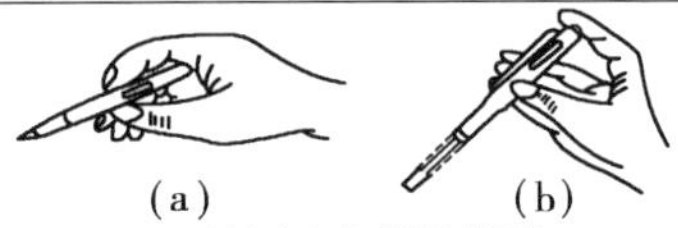 (a)　(b) 低压验电器的握法 (a)钢笔式握法　(b)螺钉旋具式握法
螺丝刀	一字形 十字形	旋动不同规格的螺丝	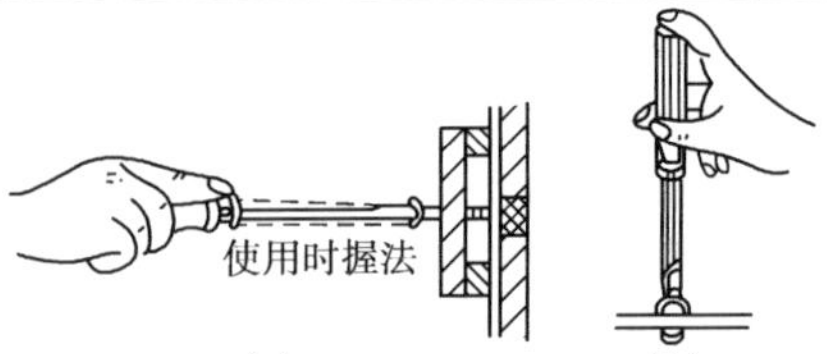 (a)　(b) 螺钉旋具的使用 (a)大螺钉旋具的用法　(b)小螺钉旋具的用法
电工刀		剖削和切割电工器材，剖削电线绝缘层	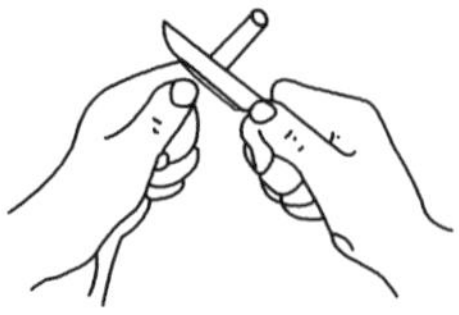

续表

工具名称	类　型	用　途	图　示
钢丝钳	常用规格 175 mm,200 mm	钳口可用来钳夹和弯绞导线;齿口可代替扳手来拧小型螺母;刀口可用来剪切电线、掀拔铁钉;铡口可用来铡切钢丝等硬金属丝	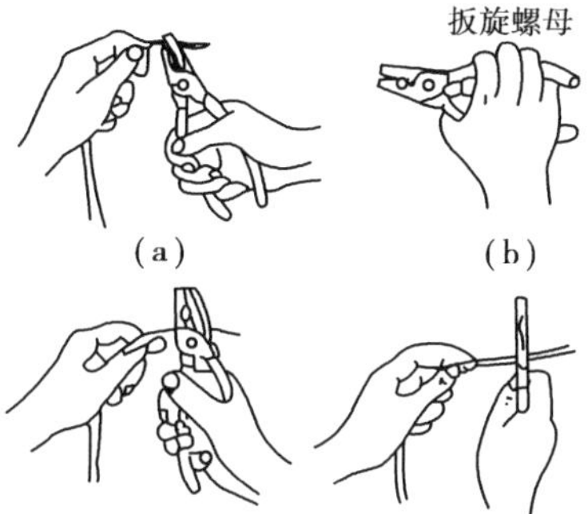 (a) (b) (c) (d)
尖嘴钳	电工常用规格是 125 mm,150 mm	尖嘴钳的头部尖细,适用于在狭小的空间操作,钳头用于夹持较小螺钉、垫圈、导线和把导线端头弯曲成所需形状;小刀口用于剪断细小的导线、金属丝等	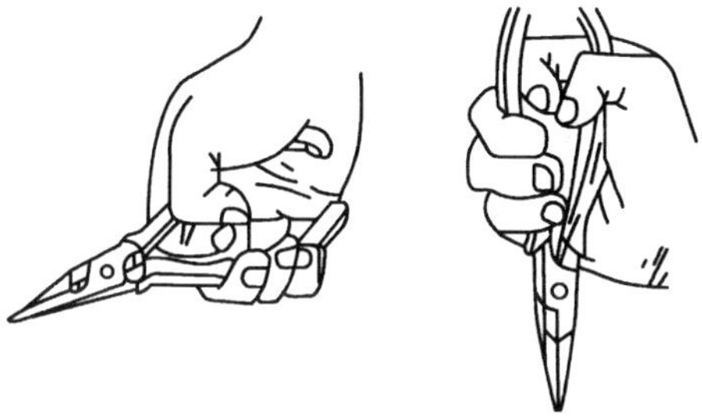 (a)平握法 (b)立握法
斜口钳		斜口钳专供用来剪断较粗的金属丝、线材及电线电缆等	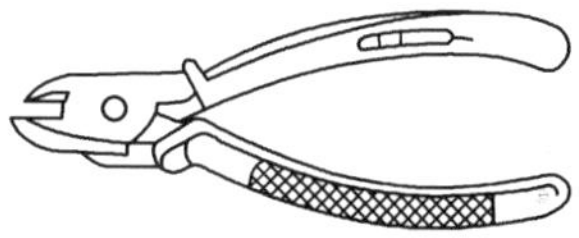
剥线钳		剥线钳用来剖削直径6 mm及以下绝缘导线的塑料或橡胶绝缘层	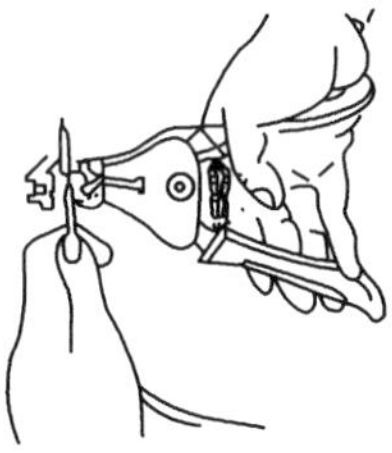
活络扳手	电工常用规格有 150 mm×19 mm,200 mm×24 mm,250 mm×30 mm,300 mm×36 mm	旋动螺丝钉、螺母等紧固件	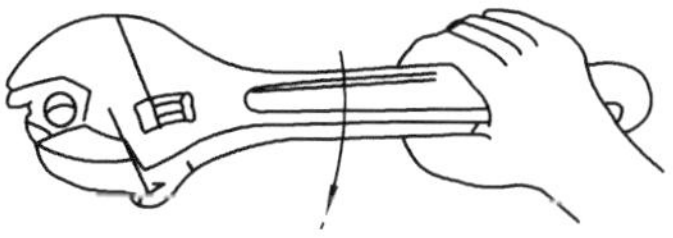 (a)扳大螺母握法  (b)扳小螺母握法

续表

工具名称	类　型	用　途	图　示
电烙铁	外热式 25 W, 50 W,100 W, 150 W,200 W 内热式 常用 20 W,30 W, 35 W,50 W	焊接的必要工具,连接电路、元件和导线等	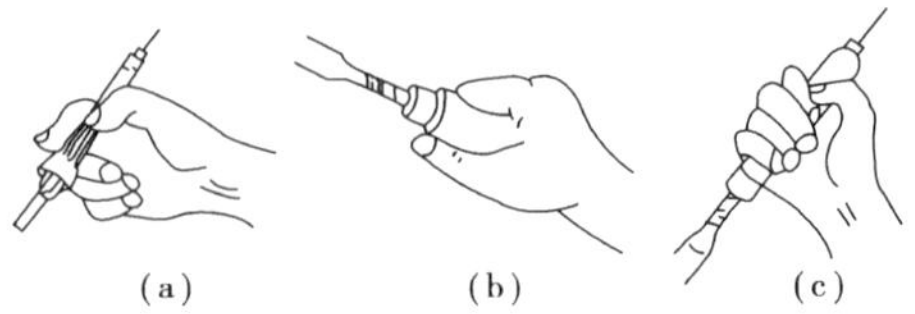 (a)　(b)　(c)

2. 电烙铁的使用

(1)电烙铁的选用

选用电烙铁时考虑的方面见表 1.9。

表 1.9　选用电烙铁时考虑的方面

焊接对象	电烙铁的选用
集成电路、晶体管	20 W 或 30 W 内热式电烙铁
导线、同轴电缆	45 ~75 W 外热式电烙铁或 50 W 内热式电烙铁
较大的元器件(行输出变压器的引脚,大电解电容器的引脚,金属底盘接地焊片)	100 W 以上的电烙铁

(2)新烙铁使用前的处理

一把新烙铁不能拿来就使用,必须对烙铁头进行处理后才能正常使用,即使用前必须镀锡。具体方法是:先把烙铁头按需要锉成一定的形状,然后接上电源,当烙铁头温度升至能熔锡时,将松香涂在烙铁头上,等松香冒烟后再涂上一层焊锡,反复进行二至三次,使烙铁头的刃面全部挂上一层锡便可以使用。

3. 电烙铁在使用时的注意事项

(1)使用之前应检查电源电压与电烙铁的额定电压是否相符,一般为 220 V,检查电源和接地线是否相符,不要接错。

(2)电烙铁不能在易爆场所或腐蚀性气体中使用。

(3)电烙铁在使用时一般用松香做焊剂,在焊接金属铁等物质时,可用焊锡膏焊接。

(4)如果焊接中发现烙铁头氧化不易粘锡时,可将烙铁头用锉刀去氧化层再用,切勿浸入酸液中以免腐蚀烙铁头。

(5)焊接电子元器件时,最好选用低温焊丝,焊接场效应管时,应将电烙铁电源插头拔下,利用余热焊接,以免损坏管子。

(6)使用外热式电烙铁还要经常将烙铁头取下,消除氧化层,避免造成铜头烧坏。

(7)电烙铁通电后不能敲击,避免缩短使用寿命。

(8)电烙铁使用完毕,应拔下插头,待冷却后称量干燥处,以免受潮漏电。

4. 焊接五步法

五步法			
要　点	内　容	图　示	注意事项
准备施焊	准备好焊锡丝和烙铁，将电烙铁加热到工作温度，一手拿烙铁，一手拿焊锡丝，烙铁和焊锡丝同时移向焊点	 准备	烙铁头部要保持干净，即可以沾上锡（俗称吃锡）
加热焊件	将烙铁头接触焊接点，送上的焊锡丝与元件焊点部位接触，融化焊点。送锡量要合适	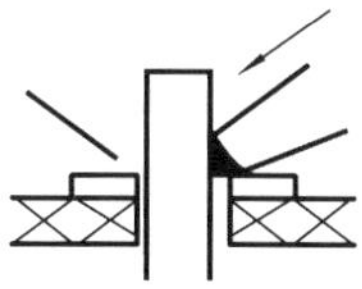 加热	①保持烙铁加热焊件各部分，例如印制板上引线和焊盘都使之受热 ②让烙铁头的扁平部分（较大部分）接触热容量较大的焊件，烙铁头的侧面或边缘部分接触热容量较小的焊件，以保持焊件均匀受热
熔化焊料	当焊件加热到能熔化焊料的温度后将焊丝置于焊点，焊料开始熔化并润湿焊点	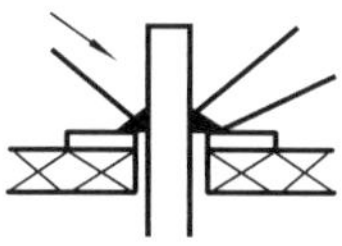 送锡	把握好烙铁头的温度
移开焊锡	当熔化一定量的焊锡后将焊锡丝移开	 撤锡	焊锡量要适中，不能太少，也不能太多
移开烙铁	当焊锡完全润湿后移开烙铁	 撤电烙铁	移开烙铁的方向应该是大致45°的方向

二、万用表的使用方法

在电气线路和用电设备的安装、使用与维修过程中，常需测量的物理量主要有电流、电压、电阻、功率和功率因数等，测量这些物理量使用的仪器仪表通称为电工仪表。这些仪表中使用最多的是万用表,因此掌握万用表的使用方法非常重要。下面分别介绍指针式和数字式两种万用表的使用。

MF47 型万用表体积小巧、重量轻、便于携带,设计制造精密,测量准确度高,价格偏低且使用寿命长,所以受到了使用者的普遍欢迎。

图 1.4　MF47 型万用表外形

1. 基本结构

MF47 型万用表外形如图 1.4。

(1)MF47 型万用表面板结构及测量范围

MF47 万用表面板结构:面板上部是表头指针、表盘,表盘下方正中是机械调零旋钮,表盘下方是转换开关、零欧姆调整旋钮和各种功能的插孔。转换开关大旋钮位于面板下部正中,周围标有该万用表测量功能及其量程。转换开关左上角是测 PNP 和 NPN 型三极管的插孔,左下角有“+”和“-”的插孔分别为红、黑表笔插孔。大旋钮右上角为零欧姆调整旋钮,它的右下角从上到下分别是 2 500 V 交、直流电压和 5 A 直流测量专用红表笔插孔。

MF47 型万用表转换开关可拨动 24 个挡位,其测量项目、量程及精度表示方法如表所示。

图 1.5　MF47 型万用表转换开关

MF47 型万用表技术规范

测量项目	量　程	精　度
直流电流	0～0.05 Ma～0.5 mA～5 mA～50 mA～500 mA～5 A	2.5
直流电压	0～0.25 V～1 V～2.5 V～10 V～50 V～250 V～500 V～1 000 V～2 500 V	2.5 5
直交流电压	0 V～10 V～50 V～250 V(45～60～500 Hz)～500 V～1 000 V～2 500 V(45～65 Hz)	5
直流电阻	$R\times1$、$R\times10$、$R\times100$、$R\times1K$、$R\times10K$	2.5 10

续表

测量项目	量　程	精　度
音频电压	-10 ~ +2 dB	
晶体管直流电流放大系数	0 ~ 300 hFE	
电感	20 ~ 1 000 H	
电容	0.001 ~ 0.3 μF	

(2)表头与表盘

表头是一只高灵敏度的磁电式直流电流表，有“万用表心脏”之称，万用表的主要性能指标取决于表头的性能。

表盘除了有与各种测量项目相对应的6条标度尺外，还有各种符号。正确识读刻度标尺和理解表盘符号、字母、数字的含义，是使用万用表的基础。

图1.6　MF47型万用表表盘

MF47型万用表表盘有6条标度尺：最上面的是电阻刻度标尺，用“Ω”表示；第二条从上到下依次是直流电压、交流电压及直流电流共享刻度标尺，用“V”和“mA”表示；第三条是测晶体管共发射极直流电流放大系数刻度标尺，用“hFE”来表示；第四条是测电容容量刻度标尺，用“C(μF)50 Hz”表示；第五条是测电感量刻度标尺，用“L(H)50 Hz”表示；最后一条是测音频电平刻度标尺，用“dB”表示。刻度标尺上装有反光镜，以利于消除视觉误差。

MF47型万用表表盘符号、字母和数字的含义如表所示：

符号、字母、数字	意　义
MF47	M——仪表，F——多用式，47——型号
⎓2.5 ~ 5.0	测量直流电压、直流电流时精确度是标尺满刻度偏转的2.5% 测量交流电压时精确度是标尺满刻度偏转的5%
⊓	水平放置

续表

符号、字母、数字	意　　义
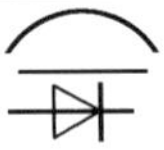	磁电系整流式仪表
	绝缘强度试压 6 kV
苏 01000121-1	江苏省仪表生产批准文号
20 kΩ/V	测量直流电压时输入电阻为每伏 20 kΩ，相应灵敏度为 1 V/20 kΩ = 50 μA
4 kΩ/ ~ V	测量交流电压时输入电阻为每伏 4 kΩ，相应灵敏度为 1 V/4 kΩ = 250 μA

2. MF47 型指针式万用表的操作方法

MF47 型指针式万用表的操作方法如表 1.10 所示。

表 1.10　MF47 型指针式万用表的操作方法

被测量	操作步骤	图　示
测量前的准备	把 1.5 V 二号电池、9 V 叠层电池各一节装入电池夹内	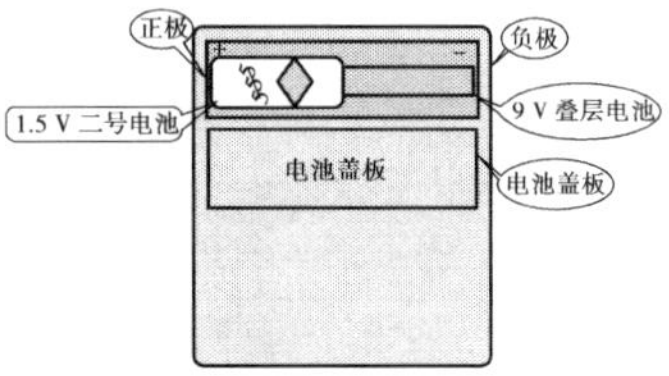
	①把万用表水平放置好，看表针是否指在电压刻度零点，如不指零，则应旋动机械调零螺丝，使得仪表指针准确指在零点刻度上 ②把两根表笔分别插到插座上，红表笔插在“ + ”插座内，黑表笔插在“ * ”插座内	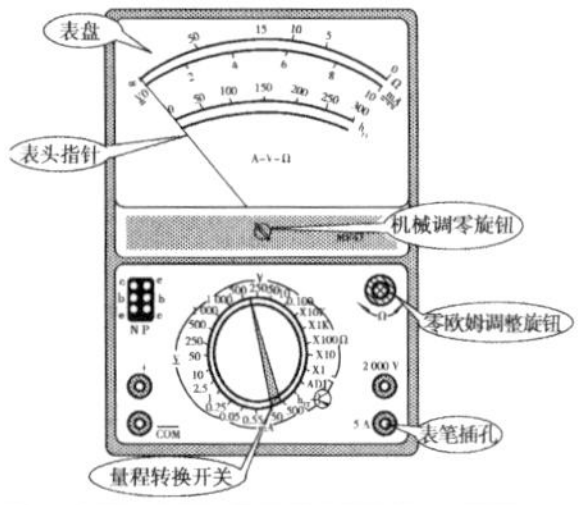
测电阻	①将表笔分别接到被测电阻两端，指针指示在接近表盘的 1/2 的地方 ②测量值在表盘欧姆刻度线上 ③读数：电阻值 = 指针读数 × 倍率	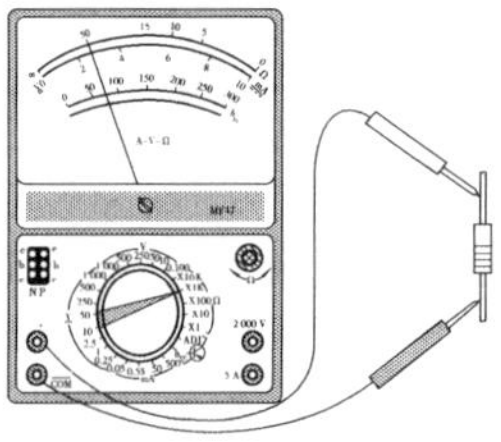
测直流电压	①测直流电压时，将旋转开关旋到直流电压挡上，并选择适当的电压量程 ②测量时，要将万用表并联在被测电路中进行，正负极必须正确，即红表笔应接被测电路中的高电位端，黑表笔接低电位端 ③指针指示在表盘的 1/2 ~ 2/3 的地方 ④读数：电压值 = V(mV)/每格 × 格数	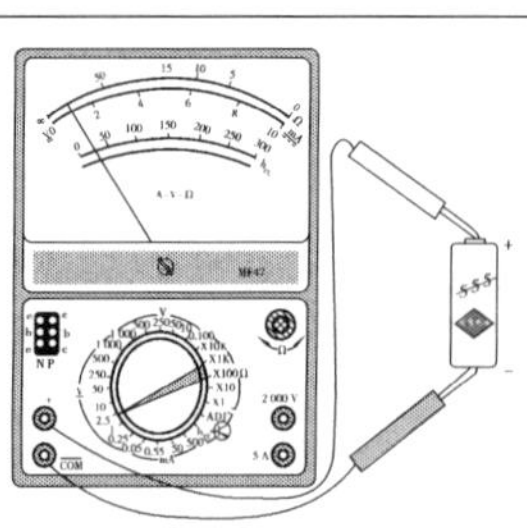

续表

被测量	操作步骤	图示
测直流电流	①测直流电流时，将旋转开关掷到直流电流挡位上，并选择适当的电流量程 ②测量时，要将万用表串联到被测电路中进行，正负极必须正确，即接电流从正到负的方向，红表笔接流入端，黑表笔接流出端 ③指针指示在表盘的1/2～2/3的地方 ④读数：电流值＝mA/每格×格数	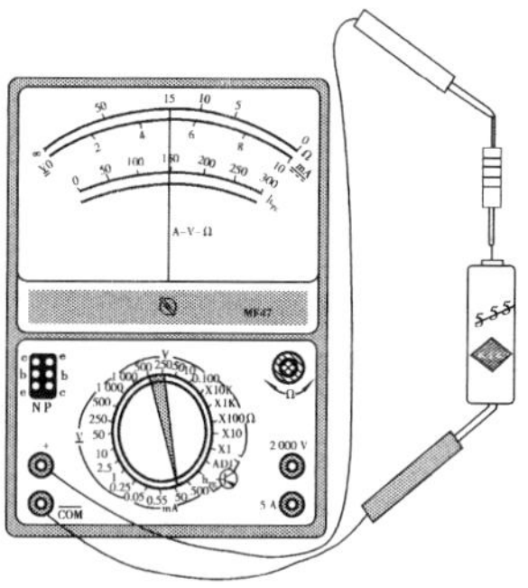
测交流电压	①测交流电压时，旋转开关掷到“V”的位置 ②选择量程从小到大，操作要求与直流电压测试相同 ③将两表笔分别接到被测电路的两端 ④读数：交流电压值＝V/每格×格数	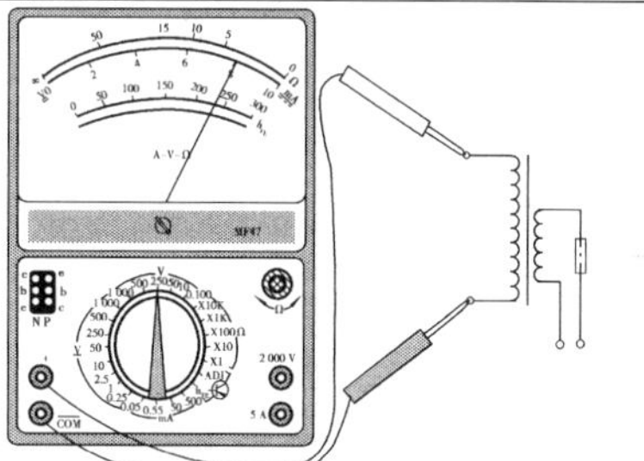
测量使用注意事项	①万用表不用时，不要旋在电阻挡，因为表内有电池，如不小心易使两根表笔相碰短路，不仅耗费电池，严重时甚至会损坏表头 ②测量电阻时，如将两只表笔短接，调“零欧姆”旋钮至最大，指针仍然达不到零点，这种现象通常是因为表内电池电压不足造成的，应换上新电池方能准确测量 ③测量电阻时，不要用手触及元件裸体两端，以免人体电阻与被测电路并联，使测量结果不准确（见图(a)） ④如果不知道被测电压或电流大小，应先用最高挡，而后再选用合适的量程来测量，以免表针因偏转过度而损坏表头。所选用的量程越靠近被测值，测量的数值就越准确（见图(b)） ⑤测量直流电压和直流电流时，注意“＋”、“－”极性，不要接错，如发现指针开始反转，应立即调换表笔，以免损坏指针及表头 ⑥测量电流与电压不能旋错挡位。如误用电阻挡或电流挡去测电压，就极易烧坏电表 ⑦读数时，万用表应水平放置，两眼应位于电表指针的正上方。若表盘内有有一弧形反射镜，当看到指针与其镜中的影像重合时方可读数。若表针位于两条刻度线之间，除了将刻度线所代表的阻值读出外，还应再估计一下刻度间的数值	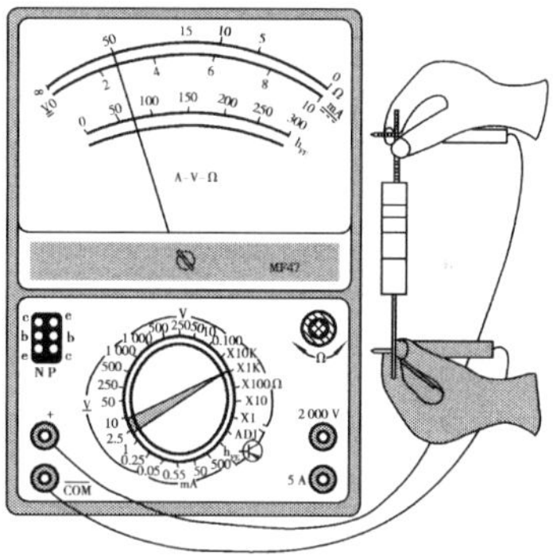 (a)错误 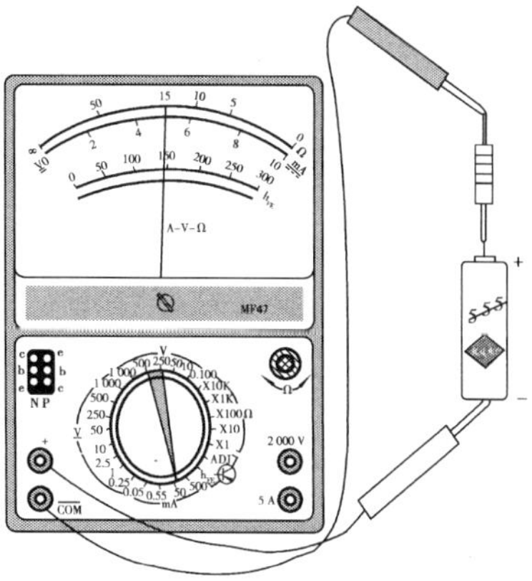 (b)错误

3. 数字万用表使用方法

数字万用表具有精确度高、显示直观清晰、测试功能齐全、便于携带、价格适中等特点。

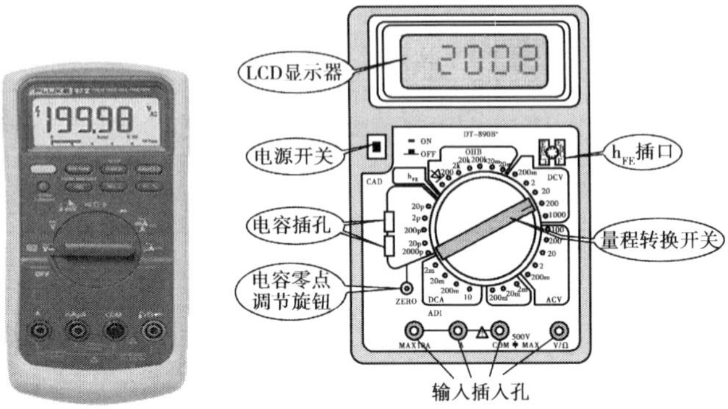

图 1.7　数字万用表的外形及面板结构

（1）测量范围

数字万用表性能稳定、可靠性高且具有高度防震的多功能、多量程测量仪表。它可用于测量交直流电压、交直流电流、电阻、电容、二极管、音频信号频率等。

（2）使用前的检查及注意事项

1）将电源开关置于“NO”状态，显示器应有数字或符号显示。若显示器出现低电压符号 [- +]，应立即更换内置的 9 V 电池。

2）表笔插孔旁的 ⚠ 符号，表示测量时输入电流、电压不得超过量程规定值，否则将损坏内部测量线路。

3）测量前旋转开关应置于所需量程。测量交、直流电压，交、直流电流时，若不知被测数值的高低，可将转换开关置于最大量程挡，在测量中按需要逐步下降。

4）显示器只显示“1”，表示量程选择偏小，转换开关应置于更高量程。

5）在高压线路上测量电流、电压时，应注意人身安全。当转换开关置于“Ω”、“⊳|”范围时，不得引入电压。数字万用表的型号很多，但是使用方法基本相同。下面主要介绍 DT－89B^+ 系列数字万用表，其操作方法如表 1.11。

表 1.11　数字万用表的操作方法

被测量	操作步骤	图　示	注意事项
测直流电压	①将黑表笔插入 COM 插孔，红表笔插入 V/Ω 插孔 ②将功能转换开关置于“V ⎓” ③选择的合适量程 ④表笔与被测电路并联，红表笔接被测电路高电位端，黑表笔接被测电路低电位端	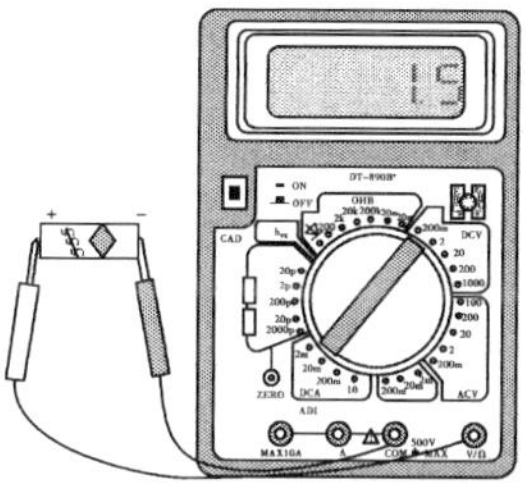	该仪表不得用于测量高于 1 000 V 的直流电压。
测交流电压	①表笔插法同“直流电压的测量” ②将转换开关置于“V ~”范围的合适量程 ③测量时表笔与被测电路并联且红、黑表笔不分极性	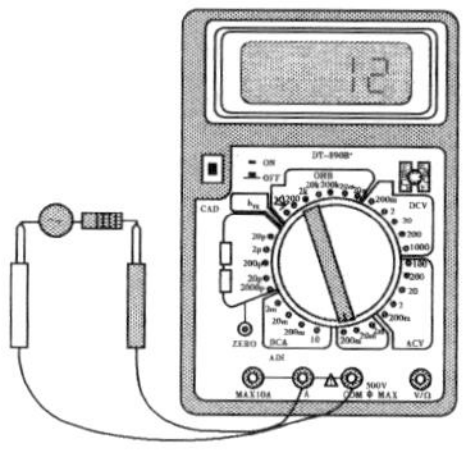	该仪表不得用于测量高于 700 V 的交流电压
测直流电流	①将黑表笔插入 COM 插孔，测量最大值不超过 200 mA 电流时，红表笔插“mA”插孔；测 200 mA ~20 A 范围电流时，红表笔应插“20 A”插孔 ②将转换开关置于“A ⎓”范围的合适量程 ③将该仪表串入被测线路且红表笔接高电位端，黑表笔接低电位端	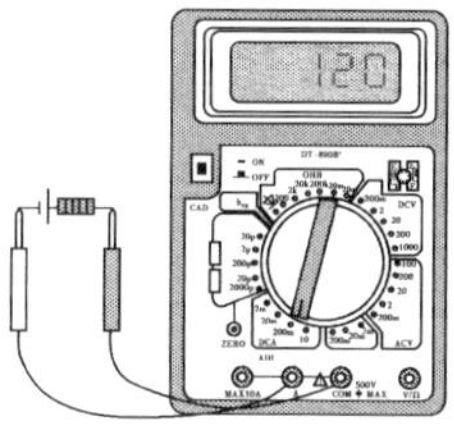	①如果量程选择不对，过量程电流会烧坏保险丝，应及时更换 ②最大测试电压降为 200 mV
测交流电流	①表笔插法同“直流电流的测量” ②将转换开关置于“A ~”范围的合适量程 ③测量时表笔与被测电路串联且红、黑表笔不分极性	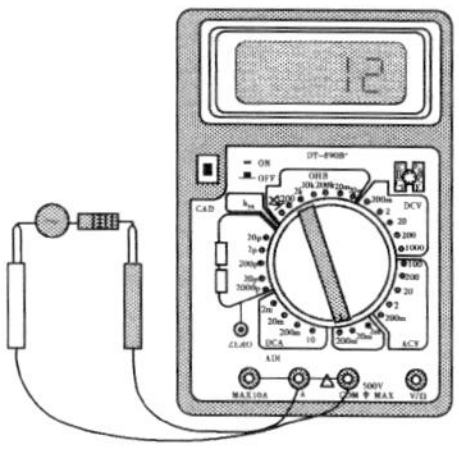	同“直流电流的测量”

续表

被测量	操作步骤	图　示	注意事项
测电阻	①将黑表笔插入 COM 插孔，红表笔插入 V/Ω 插孔 ②将转换开关置于“Ω”范围的合适量程 ③仪表与被测电阻并联	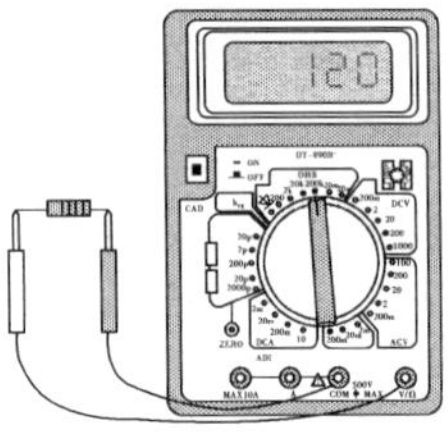 	①所测电阻的值直接按所选量程及单位读数 ②测量阻值大于 1 MΩ 的电阻时，要几秒后方能稳定，属正常现象 ③表笔开路状态显示为“1” ④测量接在电路中的电阻时，需断开电阻的一端或断开与被测电阻相并联的所有电路，还必须断开电源
测电容	①将转换开关置于“F”范围的合适量程 ②将待测电容两脚插入 CX 插孔即可读数	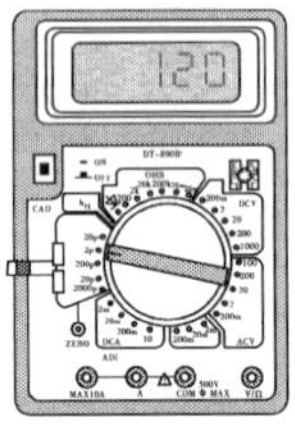 	①在电容插入前，每次转换量程时需要时间，有漂移数字存在不影响测量精度 ②测量大容量电容时，需要一定的时间方能使读数稳定，属正常现象 ③不需考虑电容器的极性
测二极管电阻	①将黑表笔插入 COM 插孔，红表笔插入 V/Ω 插孔 ②将转换开关置于“▶|”位置 ③红表笔接二极管正极，黑表笔接其负极即可测二极管正向导通时的电阻近似值	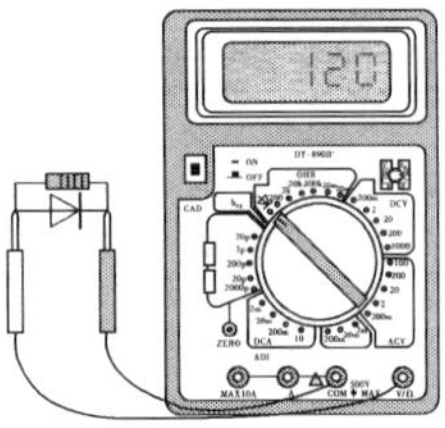 	
测三极管 h_{FE}	①将转换开关置于“h_{FE}”位置 ②将已知 PNP 或 NPN 型晶体管的三只引出脚分别插入仪表面板右上方的对应插孔，显示器将显示出 h_{FE} 的近似值	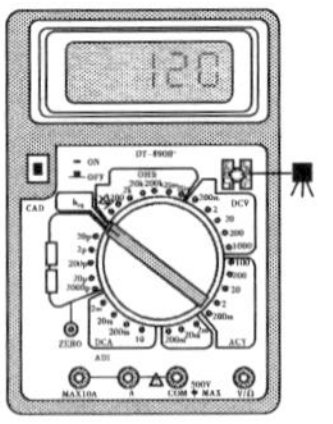 	测试条件为：IB = 10 mA，UCE = 2.8 V

三、兆欧表的使用

兆欧表又叫摇表、迈格表、高阻计或绝缘电阻测定仪等，它是检测电气设备、供电线路绝缘电阻的一种可携带式仪表。其上面的标尺刻度以“MΩ”为单位，兆欧表主要用来测量绝缘电阻。一般用来检测供电线路、电机绕组、电缆、电气设备等的绝缘电阻，以便检验其绝缘效果的好坏。

它在测量绝缘电阻时本身就有高电压电源，这就是它与测电阻仪表的不同之处。兆欧表用于测量绝缘电阻即方便又可靠。但是如果使用不当，它将给测量带来不必要的误差，我们必须正确使用兆欧表进行绝缘电阻测量。

测量设备绝缘性能的电工仪表,俗称摇表,其外形图及具体使用方法见表 1.12 所示。

表 1.12　兆欧表的外形图及具体使用方法

步　骤		示意图	注　解
准备工作	放置要求	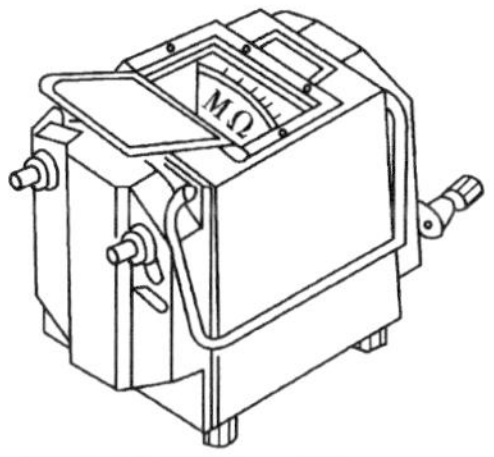	应水平放置,避免在摇动手柄时,因表身抖动和倾斜产生测量误差
	开路试验	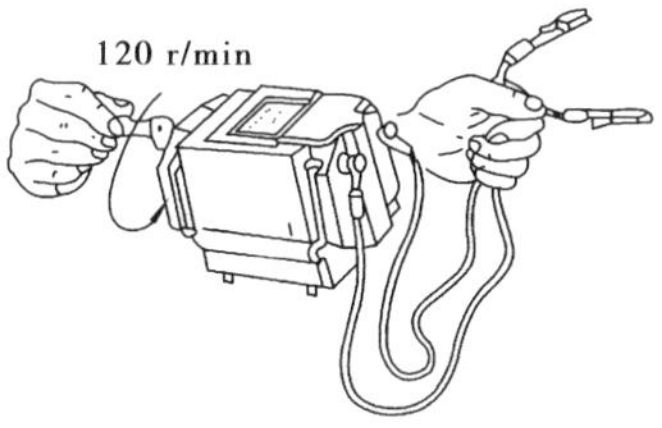	先将兆欧表的两接线端分开,再摇动手柄。正常时,兆欧表指针应指“∞”
	短路试验	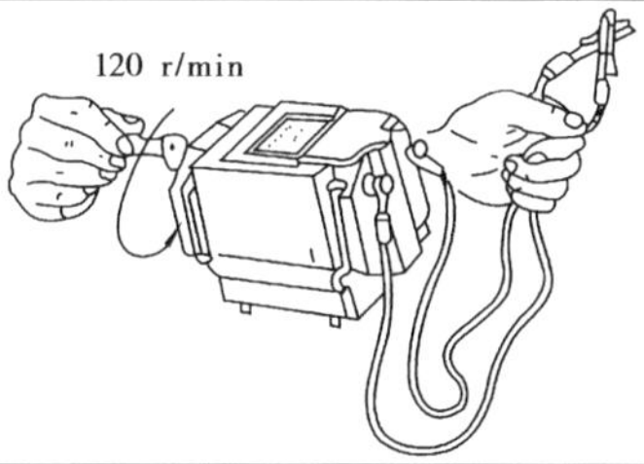	先将兆欧表的两接线端接触,再摇动手柄。正常时,兆欧表指针应指“0”
具体检测方法	对地绝缘电阻测量	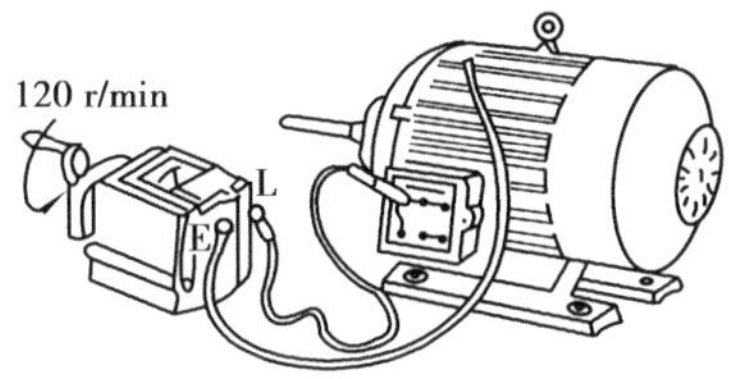	用单股导线将“L”端和设备(如电动机)的待测部位连接,“E”端接设备外壳
	绕组间绝缘电阻测量	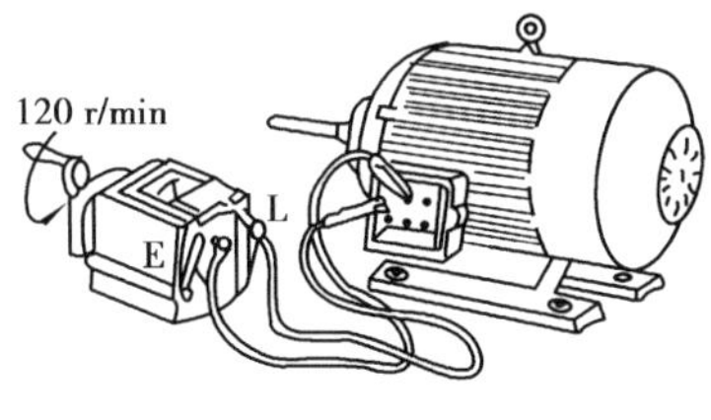	用单股导线将“L”端和“E”端分别接在电动机两绕组的接线端
善后工作		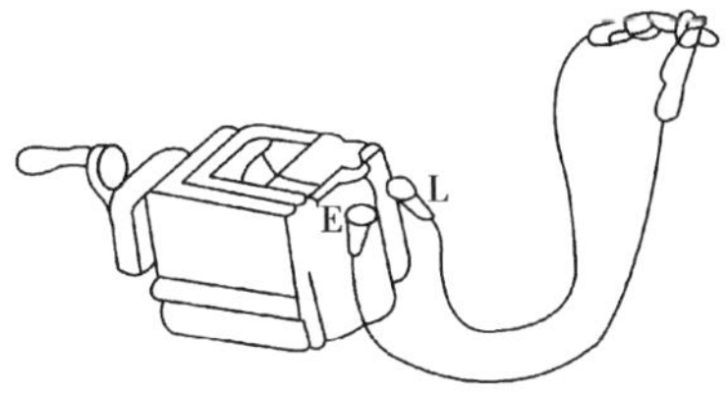	使用后,将“L”和“E”两导线短接,对兆欧表进行放电,以免发生触电事故

思考与习题二

1. 电工操作常用的通用电工工具、线路安装工具、设备维修工具各有哪些?
2. 怎样使用电笔、螺丝刀和钢丝钳?
3. 一支内热式电烙铁插上电源后烧不热,应怎样检查这种故障?如果一插上电源就熔断熔丝,又该怎样检查?
4. 在电烙铁钎焊工艺中,对焊点质量有哪些基本要求?
5. 万用表有哪些类型,如何使用?有哪些注意事项?

第3节　导线加工基本操作

电气装修工程中,导线的连接是电工基本工艺之一。导线连接的质量关系着线路和设备运行的可靠性和安全程度。对导线连接的要求是:电接触良好,机械强度足够,接头美观,且绝缘性能正常。

导线的连接包括连接前线头绝缘层的剖削、线头的连接以及线头绝缘层的恢复三个步骤,下面分别进行分析。

一、线头绝缘层的剖削

表 1.13　线头绝缘层的剖削

导线类型	剖削工艺要点	操作示意图
塑料硬线	①钢丝钳剖削(2.5 mm^2 以下):在所需剖削处,用钢丝钳切破绝缘层表皮,左手拉紧导线,右手用力夹紧钢丝钳头部,将绝缘层勒去 ②电工刀剖削(4 mm^2 及以上):在剖削处用电工刀口对导线成45°角切入绝缘层,再以15°角推进,最后将未削去的部分扳翻,齐根切去	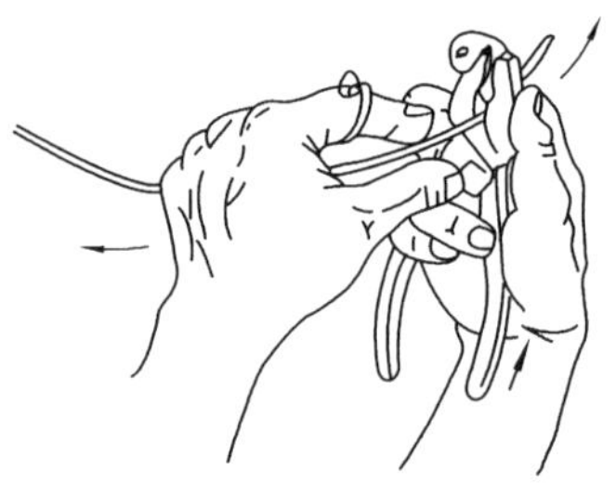
塑料软线	用钢丝钳按住剖削2.5 mm^2 塑料硬线绝缘层的方法操作	
塑料护套线	外面公共绝缘层用电工刀剖削:先按所需长度,用刀尖对准两股芯线的中间划开护套层,将其向后扳翻,齐根切去,其余芯线可用钢丝钳或电工刀按上述方法剖削	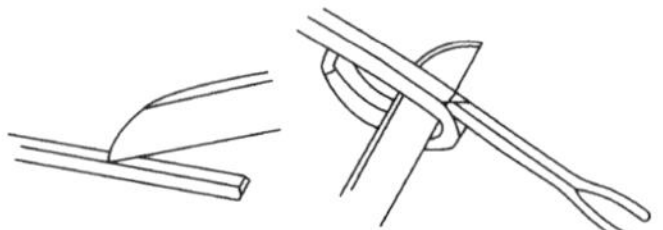 (a)　(b)
橡皮线	橡皮线外有一层纤维编织层,用电工刀像剖削塑料护套层的方法剖削,再用钢丝钳或电工刀剖削橡皮绝缘层	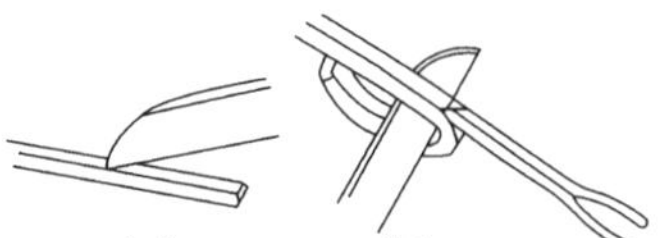 (a)　(b)

续表

导线类型	剖削工艺要点	操作示意图
花线	先用电工刀在剖削处将棉纱编织层切去一圈拉去，再用钢丝钳勒去橡皮绝缘层	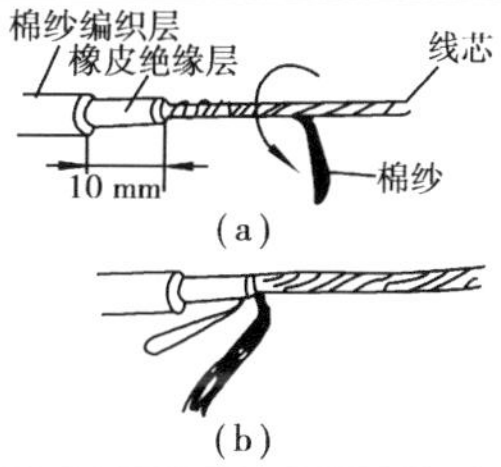
橡套电缆	外包公共保护层用电工刀按剖削塑料护套层的方法切除，露出的每根芯线橡皮绝缘层用钢丝勒去	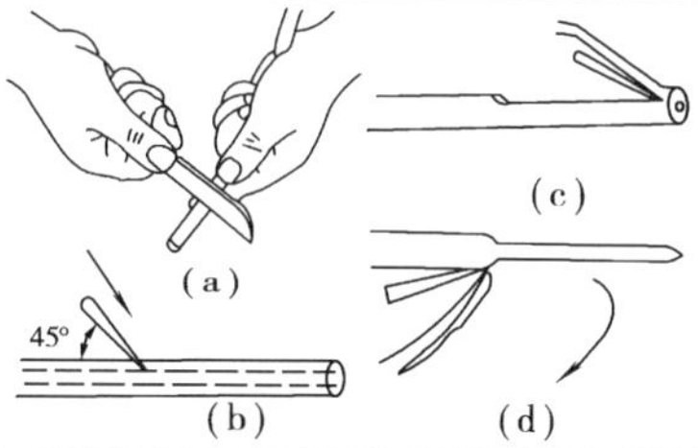
电磁波（漆包线）	直径为 1 mm 及以上用细砂布（纸）擦去；0.6 ~ 1 mm用薄刀片刮去；0.1 mm 及以下的用微火烤焦漆皮，再轻轻刮去	

二、线头绝缘层的连接

连接类型	连接工艺要点	操作示意图
小直径单股芯线的绞接	将去除绝缘层和氧化层的两线头“十”字交叉，互相在对方绞合 2 ~ 3 圈，扳直两线头自由端在对方线芯上缠绕线芯直径的 6 ~ 8 倍长，剪去多余线头，修除毛刺	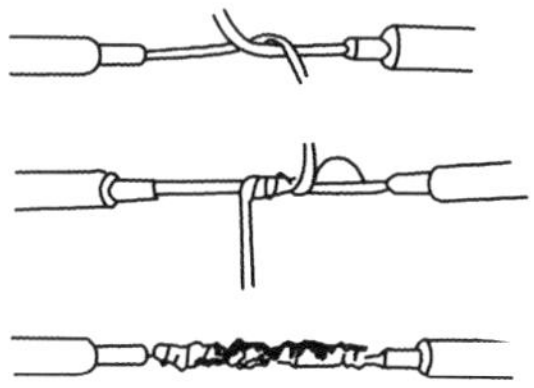
大直径单股芯线的缠绕	将两股芯线相对交迭，再用直径为 1.6 mm 的裸铜线缠绕。直径 5 mm 及以下者缠绕 60 mm 长，大于 5 mm 者缠绕 90 mm 长	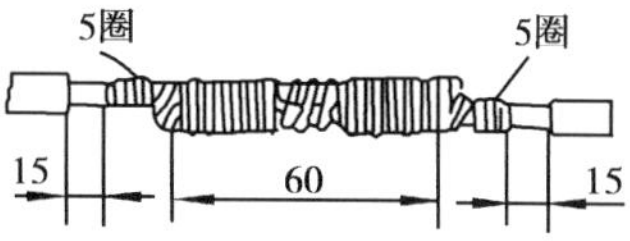
小直径单股芯线的 T 型连接	去路芯线与干路芯线十字相交，支路芯线根部留出 3 ~ 5 mm 裸线，将去路芯线在干线上按顺时针方向缠绕 6 ~ 8 圈，剪去多余线头，修除毛刺	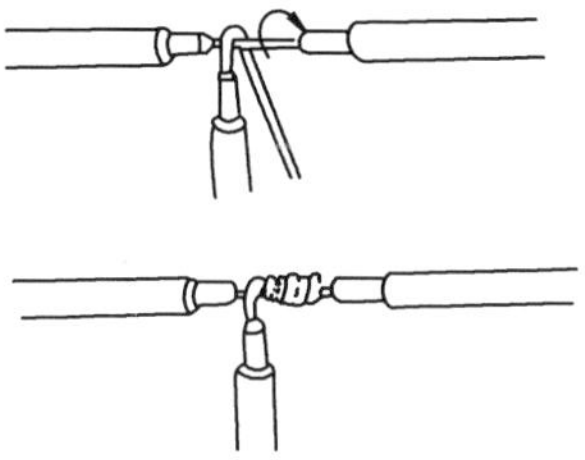

续表

连接类型	连接工艺要点	操作示意图
大直径单股芯线的T型连接	用缠绕法，方法与大直径单股芯线的缠绕法相同	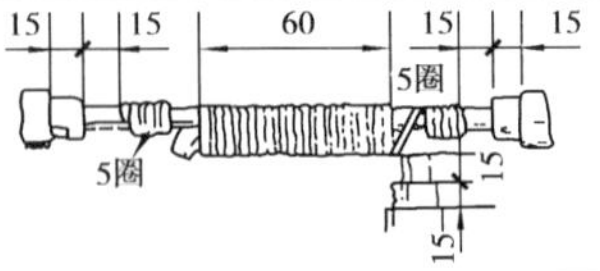
七股芯线的直线连接	将两股线头分散成单股并拉直，在线头距根部三分之一处顺着原扭转方向进一步扭紧，余下的三分之二散成伞形，将两股伞形线头相对，隔股交叉，直到根部相接，再捏平两边散开的线头，将导线按2,2,3分成三组，将第3组扳至垂直，按顺时针方向缠绕两圈，再下扳成直角贴紧芯线，第2,3组缠绕方法相同。注意缠绕时让后一组线头压住前一组已折成直角的根部。最后一组线头在芯线上缠绕3圈，最后剪去多余部分，修除毛刺	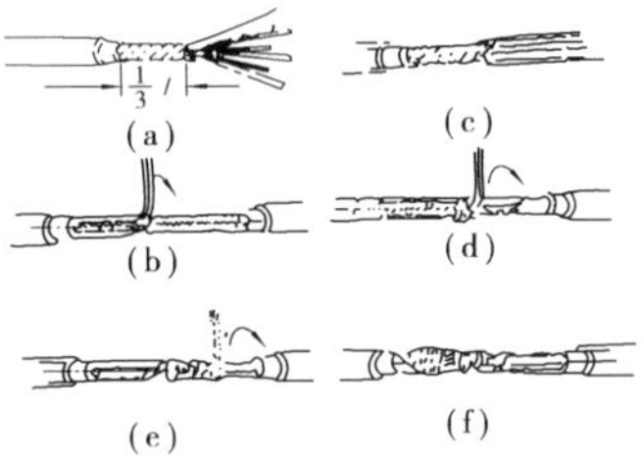
七股芯线的T型连接	将支路芯线分散拉直，在距根部八分之一处将其进一步绞紧，将支路芯线按3股和4股分成两组并整齐排列。接着用一字螺丝刀将干线分成对称的两组，并在分出的中线撬开一定距离，将去路的一组穿过该中缝，另一组排在干路的一组在干线上排在干路芯线前面。先将未穿过中缝的一组在干线上排绕3～4圈，剪去多余线头，再将穿过干线的一组按相反方向(反时针)缠绕3～4圈，剪去多余部分，修除毛刺	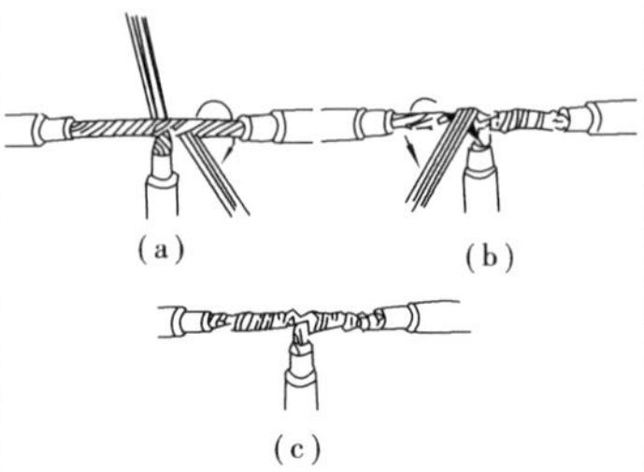
螺钉压接法	该法适用于有线孔和压接螺丝的接线桩。接线时，将线头穿入线孔，用适当力度旋转压线螺丝，利用螺丝的螺钉头部将导线压紧，如有两根或以上的导线要穿同一线孔压接时，应将线绞接成一股再压接	 (a)在瓷接头上做分路连接 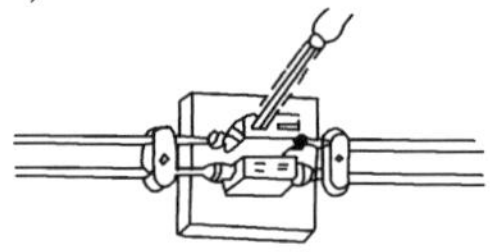 (b)在瓷接头上做直线连接
线头与平压式接线桩、瓦形接线桩的连接	本压接线桩是利用半圆头，圆柱头或六角头螺钉加垫圈将线压紧。对载流量较小的单股芯线，先将线头弯曲成接线圈(俗称羊眼圈)按顺时针方向压接在压接螺钉的垫圈下。对于不超过100 mm^2 的多股芯线，仍需先制作接线圈的制作见右图中的(a)、(b)、(c)、(d)。瓦形接线桩的接线多用于单股芯线，压接方法与平压线桩大同小异。但要求弯曲成钩状。如果两股线压接，要求将两个钩状线头相对压接，如右图(e)、(f)所示	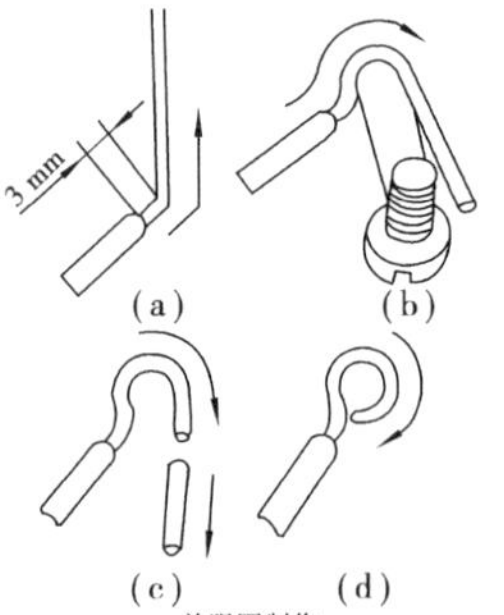 羊眼圈制作 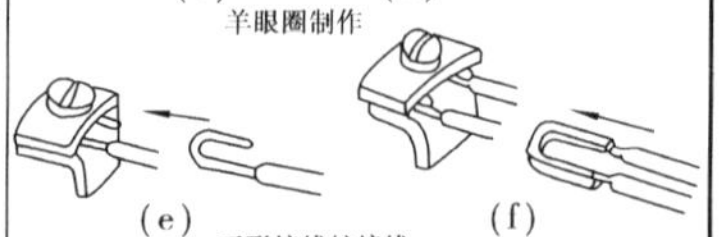 瓦形接线桩接线

三、线头绝缘层的恢复

在 380 V 的线路上恢复绝缘层时，先包缠 1 ~ 2 层黄蜡带，再包缠一层黑胶带。在 220 V 线路上恢复绝缘层，可先包一层黄蜡带，再包黑胶带，黑胶带只包两层。

名　称	说　明	图　示
线头绝缘层的恢复步骤一	在线头连接完成后，导线连接前破坏的绝缘层必须恢复，且恢复后的绝缘强度一般不应低于剖削前的绝缘强度，才能保证用电安全	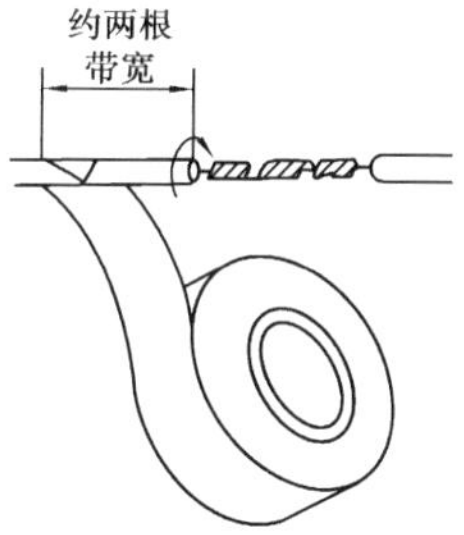
线头绝缘层的恢复步骤二	电力线上恢复线头绝缘层常用黄蜡带、涤沦薄膜带和黑胶带（黑胶布）三种材料	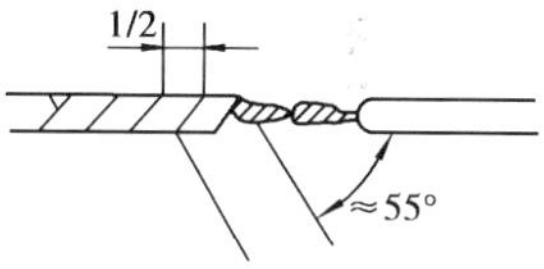
线头绝缘层的恢复步骤三	绝缘带宽度选 20 mm 比较适宜	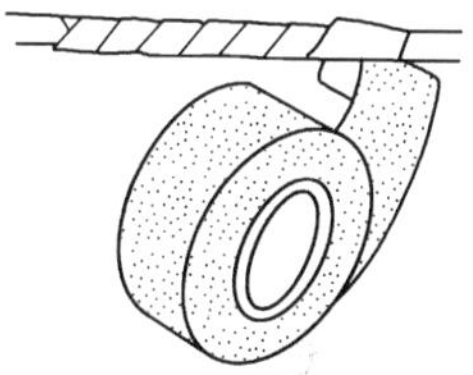
线头绝缘层的恢复步骤四	包缠时，先将黄蜡带从线头的一边在完整层上离切口 40 mm 处开始包缠，使黄蜡带与导线保持 55°，后一圈仍压叠前一圈的 1/2	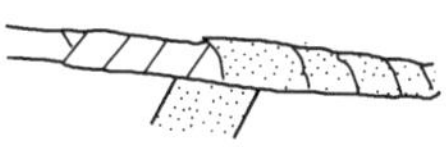

思考与习题三

1. 怎样剖削塑料硬线、塑料软线、塑料护套线、橡皮线、花线、橡套软线、铅包线的绝缘层？
2. 导线线头与接线桩的连接有哪几种方法？各应怎样操作？

实 训 1

一、实训内容

口对口人工呼吸法和胸外心脏压挤法。

二、实训目的

掌握口对口人工呼吸法和胸外心脏压挤法。

三、衬垫,塑料人模型,光碟

四、实训步骤

(1)每3名同学一组,其中一人做被施救者,一人做施救者,一人观察时间及施救者动作是否规范、适当并做记录。

(2)进行口对口人工呼吸法训练(用模型)。

(3)进行胸外心脏压挤法训练。3名同学轮流换位,直至全部掌握口对口人工呼吸法和胸外心脏压挤法。

五、成绩评定

成绩评定表

评定类别		评定内容	得　分
实训态度(15分)		态度好、认真15分,较好10分,差0分	
触电急救要领掌握(10分)		①口对口人工呼吸法掌握5分(实验报告中体现) ②胸外心脏压挤法要领掌握5分(实验报告中体现)	
实训器材安全(5分)		器材损坏酌情扣分	
实训步骤	进行口对口人工呼吸法训练(35分)	吹气前的准备工作充分14分,吹气量和换气掌握较好14分,时间掌握正确7分	
	进行胸外心脏压挤法训练(35分)	叠手姿势正确7分,压点正确7分,挤压、放松动作规范14分,时间掌握正确7分	
总　分			

实　训　2

一、实训目的

学会剖削常用导线绝缘层、连接导线线头并恢复其绝缘层。

二、实训器材

电工刀、钢丝钳、塑料硬线、塑料软线、塑料护套线、橡皮线、花线、橡套电缆、铅包线、7股铜芯绞线、ϕ1 mm漆包线、沟线夹。

三、实训步骤与工艺要点

(1)导线绝缘层剖削训练　剖削导线绝缘层,并将有关数据记入表1.14中。

表1.14 常用导线的识别与绝缘层剖削记录

导线种类	导线规格	剖削长度	剖削工艺要点
塑料硬线			
塑料软线			
塑料护套线			
橡皮线			
花线			
橡套电缆			
铅包线			
漆包线			

(2)导线线头连接训练 将常用导线进行连接,并将连接情况记入表1.15中。

表1.15 常用导线的连接记录

导线种类	导线规格	连接方式	线头长度	绞合圈数	密缠长度	线头连接工艺要点
单股芯线		直连				
单股芯线		T形连				
7股芯线		直连				
7股芯线		T形连				
漆包线		直连				

(3)线头绝缘层的恢复 在连接完工的线头上用符合要求的绝缘材料包缠绝缘层,并将包缠情况记入表1.16中。

表1.16 线头绝缘层包缠记录

线路工作电压	所用绝缘材料	各自包缠层数	包缠工艺要点
380 V			
220 V			

四、实训要点或结果分析

(1)7股芯线T形连接时的工艺特点是什么?你用什么办法实现连接的牢固和美观?

(2)恢复导线绝缘层时你是怎样做到保证它的绝缘强度和外形美观的?

<table>
<tr><th colspan="2">评定类别</th><th>评定内容</th><th>得　分</th></tr>
<tr><td colspan="2">实训态度(15 分)</td><td>态度好、认真 15 分,较好 10 分,差 0 分</td><td></td></tr>
<tr><td colspan="2">常用导线的识别(10 分)</td><td>常用导线的识别与绝缘层剖削掌握 5 分(实验报告中体现)
常用导线的连接掌握 5 分(实验报告中体现)</td><td></td></tr>
<tr><td colspan="2">实训器材安全(5 分)</td><td>器材损坏酌情扣分</td><td></td></tr>
<tr><td rowspan="2">实训步骤</td><td>常用导线的识别与绝缘层剖削(35 分)</td><td>常用导线的识别正确 15 分,绝缘层剖削正确 15 分,按时完成 5 分,不正确酌情扣分</td><td></td></tr>
<tr><td>常用导线的连接(35 分)</td><td>常用导线的连接牢固且工艺好 30 分,按时完成 5 分,连接不牢固且工艺不好,一个扣 2 分扣完为止</td><td></td></tr>
<tr><td colspan="3">总　分</td><td></td></tr>
</table>

实训 3　电烙铁钎焊工艺

一、实训目的

(1)通过电烙铁的拆装,了解电烙铁结构,会排除电烙铁的常见故障。

(2)通过对铜、铁金属丝的焊接及在印制电路板上元器件的焊接和拆焊,使读者能较熟练地从事电器装配和修理中的基本焊接。

二、实训器材

电烙铁、烙铁架、镊子、尖嘴钳、螺丝刀、刮线刀、吸锡器、排锡器、捅针、印制电路板、万用表、焊锡、铜丝、焊片、阻容元件、晶体管、集成电路、收录机功能转换开关等。

三、实训步骤与工艺要点

(1)电烙铁拆装训练　拆卸一支内热式电烙铁(或读者手中其他规格的电烙铁)并测量发热器电阻,研究完基本结构后组装还原,并将拆卸情况记录在表 1.17 中。

表 1.17　电烙铁拆装训练记录

<table>
<tr><th rowspan="2">拆装步骤</th><th rowspan="2">解体扣零部件名称</th><th colspan="2">发热器电阻/Ω</th><th rowspan="2">烙铁头形状</th></tr>
<tr><th>拆卸前</th><th>解体后</th></tr>
<tr><td></td><td></td><td></td><td></td><td></td></tr>
</table>

(2)焊接训练　分别用铜丝和铁丝焊接正方体、圆锥体、灯、花等图形,并将焊接情况记入表 1.18 中。

(3)施焊和拆焊训练　在印制电路板上用废电阻、晶体管、集成块等元器件(部分可用铜丝、大头针等)进行施焊和拆焊(1 000 个以上焊点),并将施焊和拆焊情况记录于表 1.19 中。

表 1.18　几种几何图形焊接记录

几何图形	材料及规格	电烙铁规格	焊料	焊剂	图形主要尺寸	图　示
正方体						
圆锥体						
灯						
花						

表 1.19　印制电路板上元器件施焊与拆焊记录

训练种类	焊接元器件(材料)名称规格及拆焊工具	焊点数	电烙铁规格	焊　料	焊　剂	操作步骤
施焊						
拆焊						

四、实训工艺要点或结果分析

(1)拆卸电烙铁时,烙铁芯很容易被损坏,你是怎样拆卸的?

(2)技术上,拆焊往往比施焊更困难,速度更慢,你有哪些办法提高拆焊速度?

评定类别		评定内容	得　分
实训态度(15 分)		态度好、认真 15 分,较好 10 分,差 0 分	
电烙铁钎焊工艺(10 分)		电烙铁拆装掌握 5 分(实验报告中体现) 施焊和拆焊掌握 5 分(实验报告中体现)	
实训器材安全(5 分)		器材损坏酌情扣分	
实训步骤	(10 分)	电烙铁拆装正确,按时完成 10 分,否则酌情扣分	
	(30 分)	几种几何图形焊接按要求完成 30 分	
	(30 分)	印制电路板上元器件施焊与拆焊按要求完成 30 分	
总　分			

第 2 章　常用机床电气元器件

应用电动机拖动生产机械,称为电力拖动。利用继电器、接触器实现对电动机和生产设备的控制和保护,称为继电接触控制。

实现继电接触控制的电气设备,统称为控制电器,如刀闸、按钮、继电器、接触器等。下面介绍常用控制电器的用途及电工表示符号。

第 1 节　低压开关和主令电器原理及识别技能

一、低压开关

低压开关主要用于隔离、转换以及接通分断电路用。有时也用来控制小容量电动机的启动、停止和正反转。常见的低压开关有刀开关、转换开关和低压断路器等。

1. 刀开关

常见的刀开关有瓷底胶盖闸刀开关、封闭式负荷开关等。常见的刀开关如表 2.1 所示。

表 2.1　常见的刀开关

名称	外　形	结　构
瓷底胶盖闸刀开关		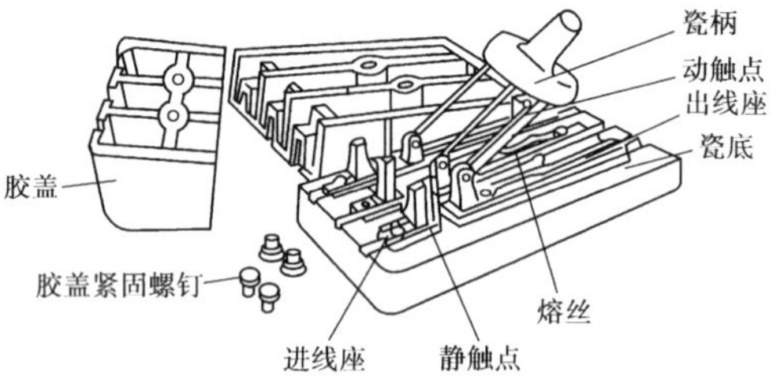
转换开关		

续表

名称	外　形	结　构
铁壳开关	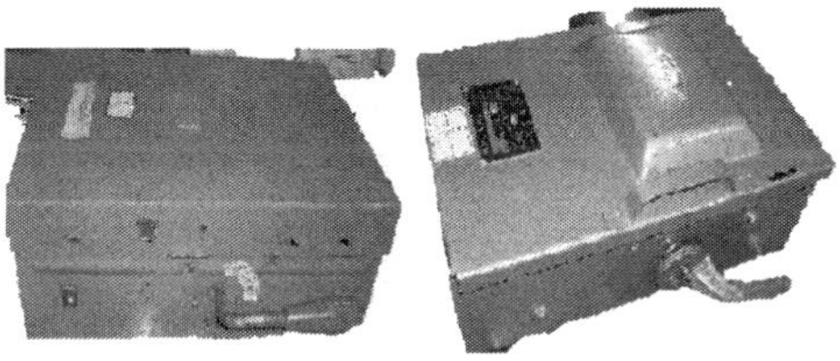	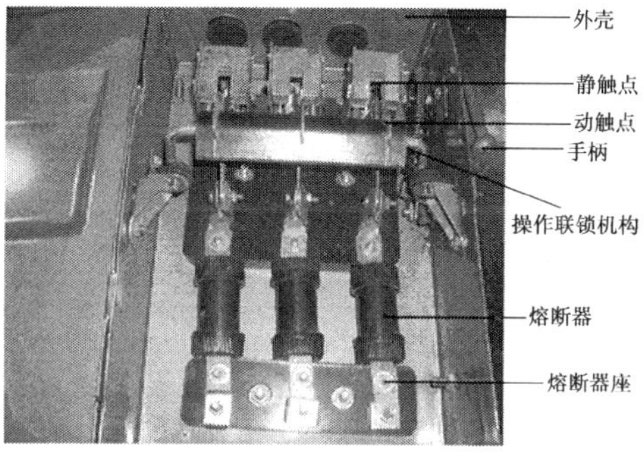

2. 转换开关

转换开关又称为组合开关，由数层动、静触片组装在绝缘盒而成的。动触点装在转轴上，用手柄转动转轴使动触片与静触片接通与断开。可实现多条线路、不同联接方式的转换。图 2.1 为用转换开关实现三相电动机起停控制的接线图，转换开关中的弹簧可使动、静触片快速断开，利于熄灭电弧。但转换开关的触片通流能力有限，一般用于交流 380 V、直流 220 V，电流 100 A 以下的电路中做电源开关。

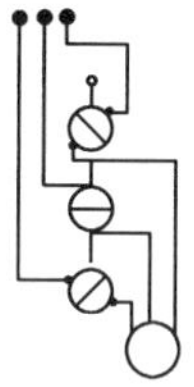

图 2.1　用组合开关起停电动机的接线图

3. 自动开关

自动开关又称为自动空气开关或自动空气断路器，可实现短路、过载、失压多种保护功能，同时具有开关的功能。自动空气断路器原理图如图 2.2。

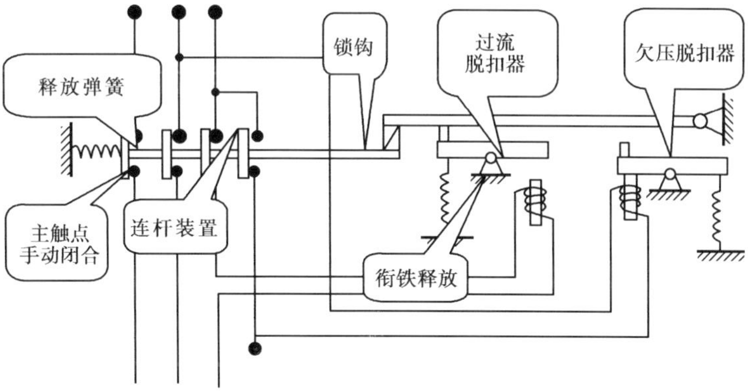

图 2.2　自动空气断路器原理图

二、主令电器

1. 按钮

按钮又称为手动切换电器，常用于接通和断开控制电路。按钮的外形图和结构如表 2.2，按钮的内部结构及符号如表 2.3 所示。

表 2.2　按钮的外形图和结构

名称	外　形	结　构
按钮		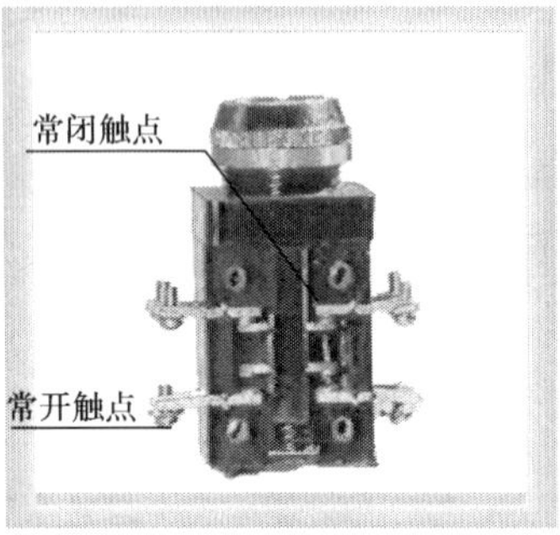

表 2.3　按钮的内部结构及符号

结构	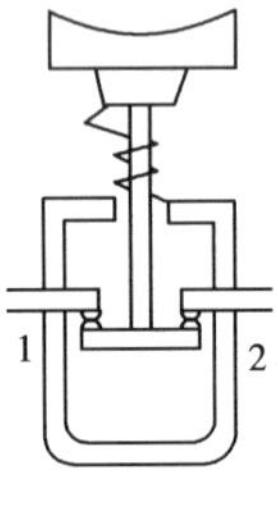	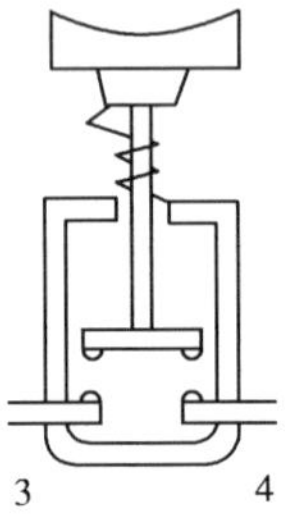	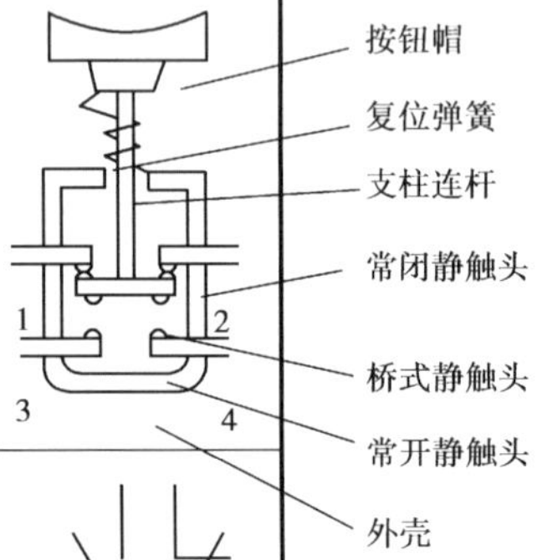
符号	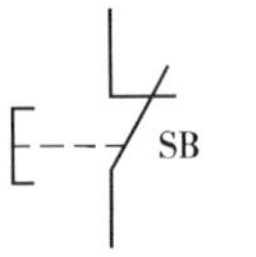	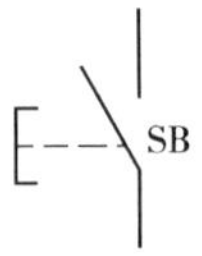	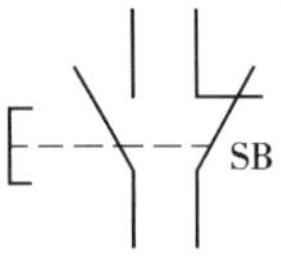
名称	常闭按钮 (停止按钮)	常开按钮 (启动按钮)	复合按钮

2. 行程开关(限位开关)

行程开关又称为限位开关,用于自动往复控制或限位保护等。结构与按钮类似,但其动作要由机械撞击。行程开关的外形如图 2.3。

表 2.4　行程开关的示意图及符号

名称	示　意　图		符　号
	未撞击	撞击	
行程开关	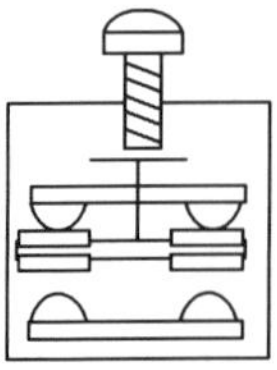	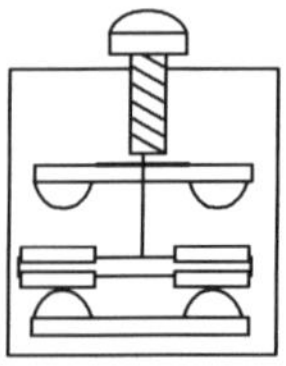	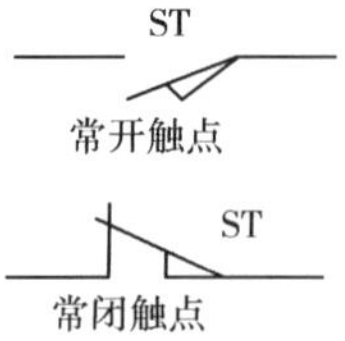

图 2.3　行程开关的外形

第 2 节　熔断器、接触器、继电器原理及识别技能

一、熔断器

用于低压线路中的短路保护。常用的熔断器有瓷插式熔断器、螺旋式熔断器、无填料管式熔断器、快速熔断器。外形和结构如表 2.5。

表 2.5　熔断器的外形和结构

名称	外　形	结　构
瓷插式熔断器	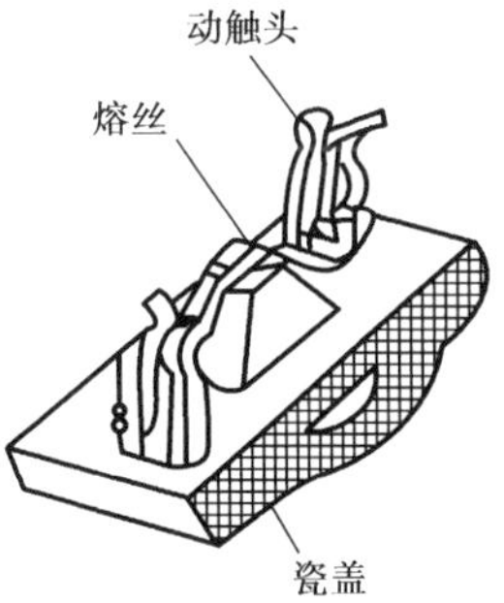	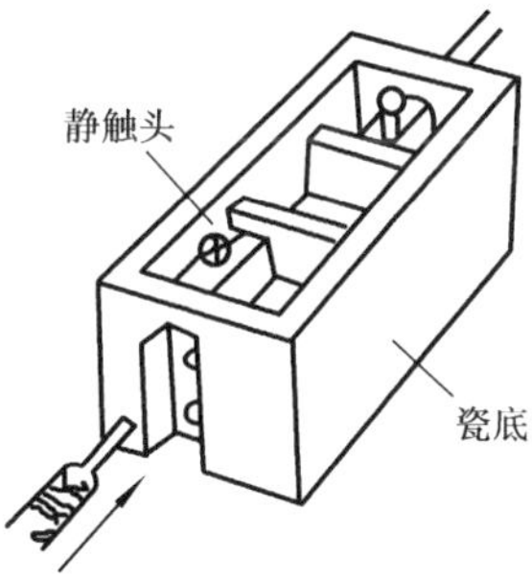

续表

名称	外　形	结　构
螺旋式熔断器	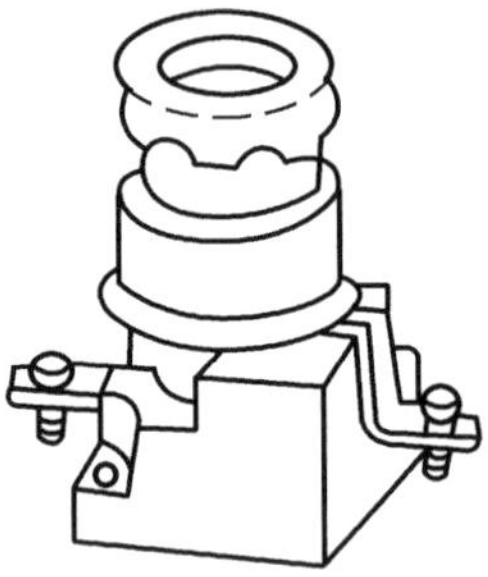	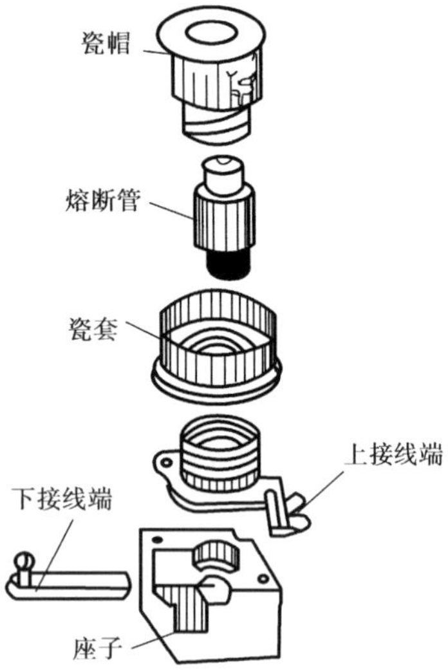
无填料管式熔断器	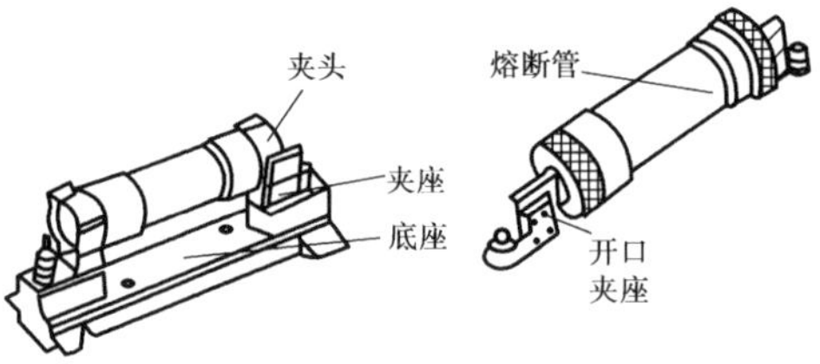	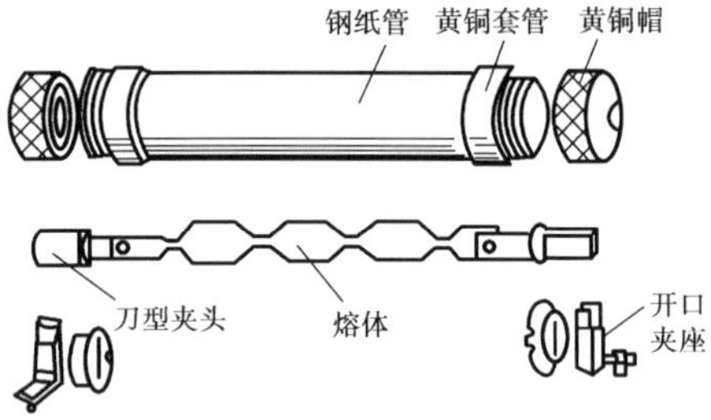

有许多电路，特别是在室内的电路中，都有保险丝。保险丝是安全开关。如果电路中的电路太大时，保险丝会由于产生大量的热而熔化，电路因此被切断，以防止损坏昂贵的电器用品。同时要求迅速、可靠切断电源，因此熔断器额定电流 IF 的选择就显得尤为重要。熔断器额定电流 IF 的选择如表 2.6。

表 2.6　熔断器额定电流 IF 的选择

控制对象	IF 的选择
电灯、电炉等电阻性负载	IF > IL
单台电机	≥电动机的启动电流/2.5 A
频繁启动的电机	≥电动机的启动电流/1.6～2 A

二、接触器

用于频繁地接通和断开大电流电路的开关电器。如用于主电路流过的大电流（需加灭弧装置)。接触器的结构外形及符号如表2.7。接触器的内部结构和符号如图2.4。

表2.7　接触器的结构、外形

名称	结　构	外　形
接触器		

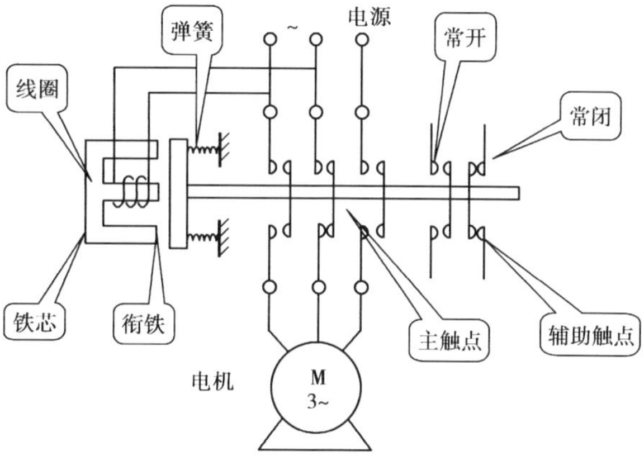

(a)接触器的内部结构

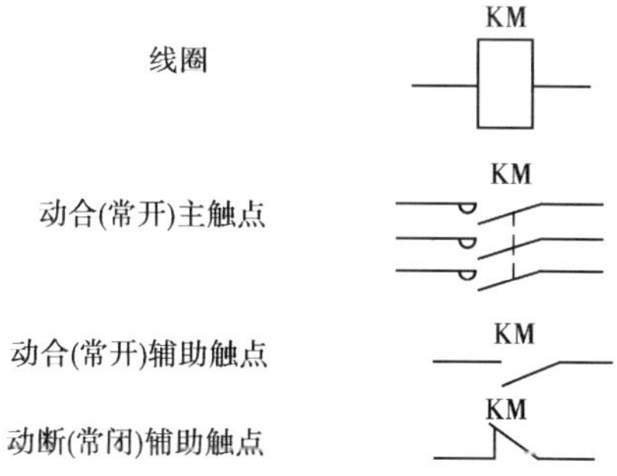

(b)接触器的符号

图2.4

属于同一器件的线圈和触点用相同的文字表示,常用的交流接触器有CJ10,CJ12,CJ20和3TB等系列。接触器技术指标:额定工作电压、电流、触点数目等。如CJ10系列主触点额定电流5,10,20,40,75,120 A等数种;额定工作电压通常是220 V或380 V。

三、继电器

继电器和接触器的结构和工作原理大致相同。主要区别在于:接触器的主触点可以通过大电流;继电器的体积和触点容量小,触点数目多,且只能通过小电流。所以,继电器一般用于控制电路中。

1. 电流及电压继电器

(1)电流继电器:可用于过载或过载保护。

(2)电压继电器:主要作为欠压、失压保护。

2. 中间继电器

通常用于传递信号和同时控制多个电路,也可直接用它来控制小容量电动机或其他电气执行元件。中间继电器的符号、外形如表 2.8。

表 2.8　中间继电器的符号、外形

名称	符　号	外　形
中间继电器	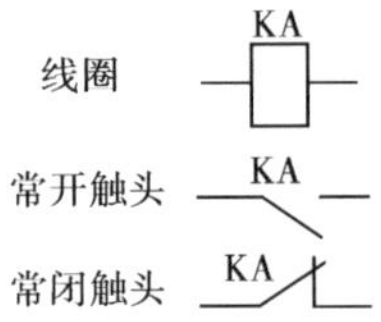	

3. 时间继电器

时间继电器是从得到输入信号(线圈通电或断电)起,经过一段时间延时后才动作的继电器。适用于定时控制。

(1)直流电磁式时间继电器

直流电磁式时间继电器的结构图如图 2.5。直流电磁式时间继电器的工作原理:当衔铁未吸合时,磁路气隙大,线圈电感小,通电后激磁电流很快建立,将衔铁吸合,继电器触点立即改变状态。而当线圈断电时,铁芯中的磁通将衰减,磁通的变化将在铜套中产生感应电动势,并产生感应电流,阻止磁通衰减,当磁通下降到一定程度时,衔铁才能释放,触头改变状态。因此继电器吸合时是瞬时动作,而释放时是延时的,故称为断电延时。

(2)空气式延时继电器

时间继电器的型号有 JS7-A 和 JJSK2 等多种类型。空气式时间继电器的延时范围大(有 0.4 ~60 s 和 0.4 ~180 s 两种)。结构简单,但准确度较低。空气式时间继电器符号、外形如下表 2.9。

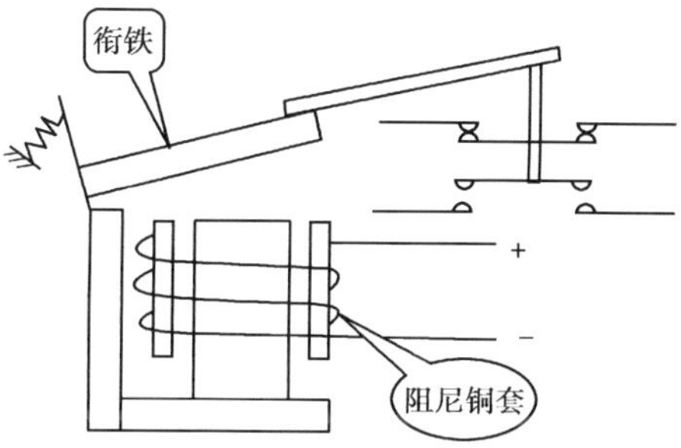

图2.5　直流电磁式时间继电器结构图

表2.9　空气式时间继电器符号、外形

名称	符　号	外　形
空气式延时继电器	线圈 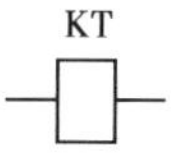 常开触点通电延时闭合 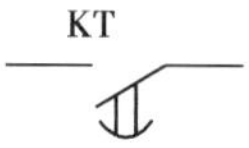 常闭触点通电延时断开 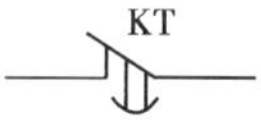 常开触点断电延时断开  常闭触点断电延时闭合 	

通电延时的空气式时间继电器结构示意图如图2.6。断电延时的空气式时间继电器结构示意图如图2.7。动作步骤:线圈通电⇒衔铁向下吸合⇒连杆动作⇒触头动作。

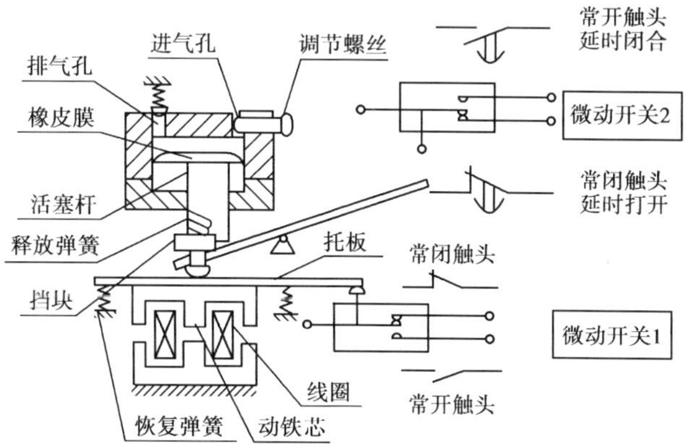

图2.6　通电延时的空气式时间继电器结构

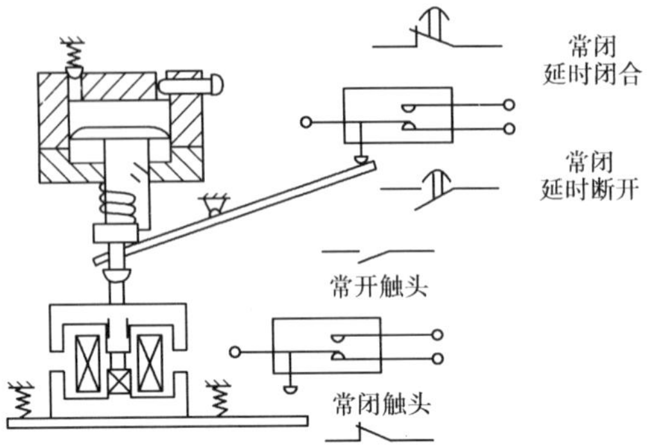

图 2.7　断电延时的空气式时间继电器结构

4. 热继电器

用于电动机的过载保护。热继电器的符号、外形如下表 2.10。

表 2.10

名称	符　号	外　形
热继电器	 	

热继电器的结构原理图如图 2.8。工作原理:发热元件接入电机主电路,若长时间过载,双金属片被加热。因双金属片的下层膨胀系数大,使其向上弯曲,杠杆被弹簧拉回,常闭触点断开。

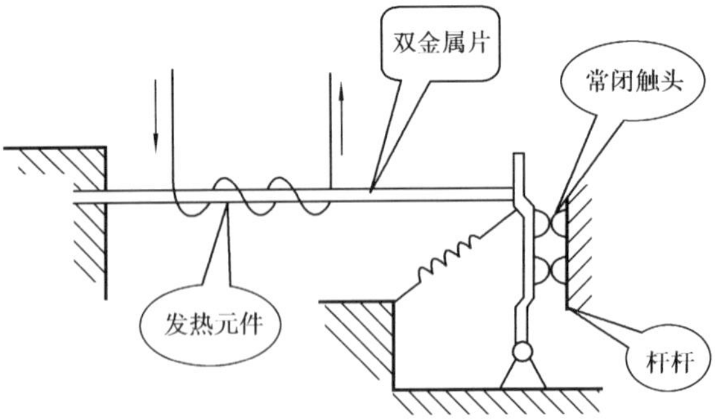

图 2.8　热继电器的结构原理

第3节 晶体管、晶闸管、达林顿管器原理及识别技能

一、晶体管

1. 晶体二极管

(1)半导体的导电特性如表2.11

表2.11

半导体的导电特性	原 理
热 敏 性	当环境温度升高时,导电能力显著增强(可做成温度敏感元件,如热敏电阻)
光 敏 性	当受到光照时,导电能力明显变化(可做成各种光敏元件,如光敏电阻、光敏二极管、光敏三极管等)
掺 杂 性	往纯净的半导体中掺入某些杂质,导电能力明显改变(可做成各种不同用途的半导体器件,如二极管、三极管和晶闸管等)

温度愈高，载流子的数目愈多,半导体的导电性能也就愈好。所以,温度对半导体器件性能影响很大。无论N型或P型半导体都是中性的,对外不显电性。

(2)二极管的基本结构如表2.12

表2.12 二极管的基本结构

类型	结构图	特 点	应 用
点接触型	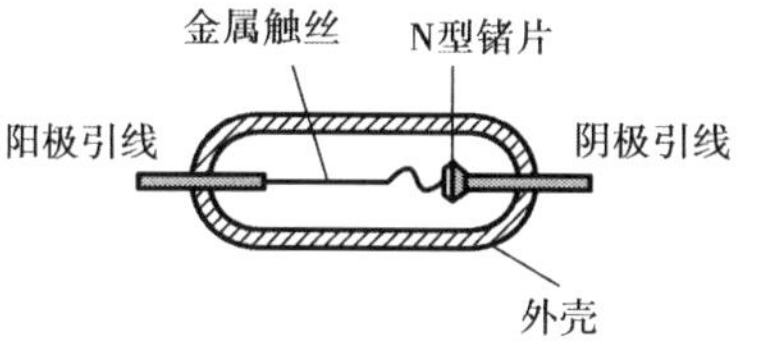	结面积小、结电容小、正向电流小	用于检波和变频等高频电路
面接触型	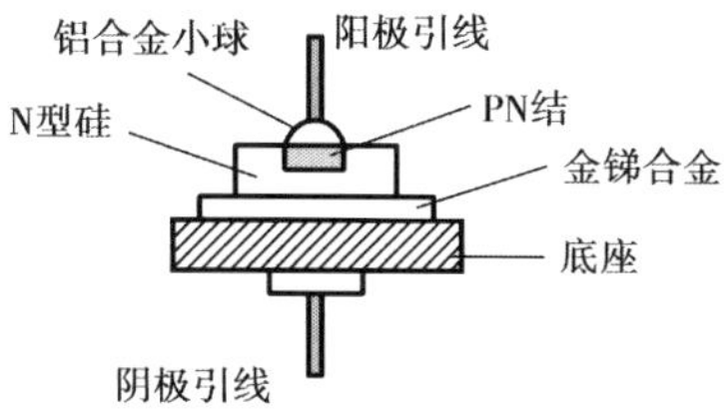	结面积大、正向电流大、结电容大	用于工频大电流整流电路
平面型	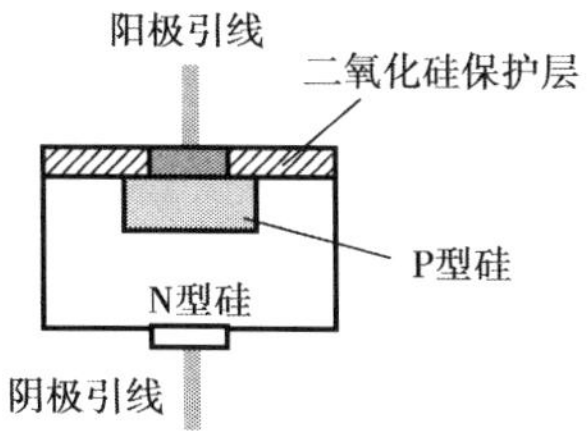		用于集成电路制作工艺中。PN结结面积可大可小 用于高频整流和开关电路中。

(3)单向导电性

外加电压大于反向击穿电压二极管被击穿,失去单向导电性。外加电压大于死区电压二极管才能导通。PN 结加正向电压时,PN 结变窄,正向电流较大,正向电阻较小,PN 结处于导通状态。PN 结加反向电压时,PN 结变宽,反向电流较小,反向电阻较大,PN 结处于截止状态。总的来说二极管的单向导电性如下。

①二极管加正向电压(正向偏置,阳极接正、阴极接负)时,二极管处于正向导通状态,二极管正向电阻较小,正向电流较大。

②二极管加反向电压(反向偏置,阳极接负、阴极接正)时,二极管处于反向截止状态,二极管反向电阻较大,反向电流很小。

③外加电压大于反向击穿电压二极管被击穿,失去单向导电性。

④二极管的反向电流受温度的影响,温度愈高反向电流愈大。

2. 晶体三极管

(1)三极管的结构、符号、电流关系

晶体三极管,是半导体基本元器件之一,具有电流放大作用,是电子电路的核心元件。三极管是在一块半导体基片上制作两个相距很近的 PN 结,两个 PN 结把整块半导体分成三部分,中间部分是基区,两侧部分是发射区和集电区,排列方式有 PNP 和 NPN 两种,如下图从三个区引出相应的电极,分别为基极 B、发射极 E 和集电极 C。

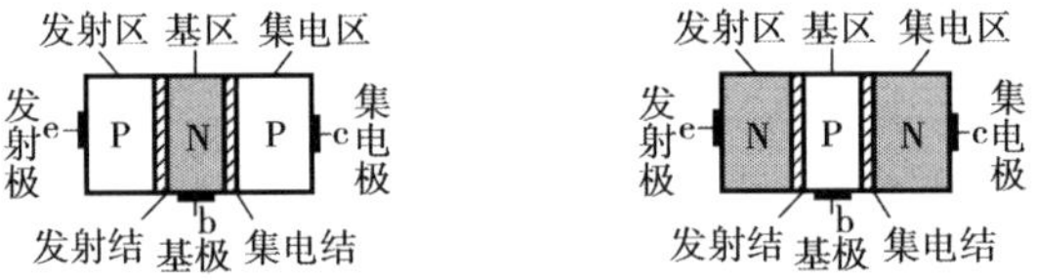

(a)PNP型　　(b)NPN型

发射区和基区之间的 PN 结叫发射结,集电区和基区之间的 PN 结叫集电结。基区很薄,而发射区和集电区较厚,杂质浓度大。常见的三极管的有两种类型,NPN 和 PNP 它们电路符号如上图所示,PNP 型三极管发射区“发射”的是空穴,其移动方向与电流方向一致,故发射极箭头向里;NPN 型三极管发射区“发射”的是自由电子,其移动方向与电流方向相反,故发射极箭头向外。在电路中三极管正常工作时,发射极箭头指向也是 PN 结在正向电压下的导通方向,其电流方向和三极管的类型有关,如下图所示。

(a)NPN型　　(b)PNP型

PNP 类型的三极管正常工作时,电流从 E 极流入三极管,从 B 极和 C 极流出三极管。NPN 类型的三极管正常工作时,电流从 B 极和 C 极流入三极管,从 E 极流出三极管。从这两种类型的三极管电流流向的分析可以得出 $I_E = I_B + I_C$。

(2)三极管的识别,部分常见三极管的外形如表 2.13

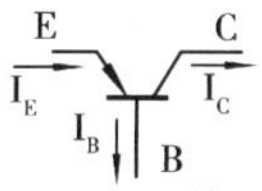

(a)NPN型

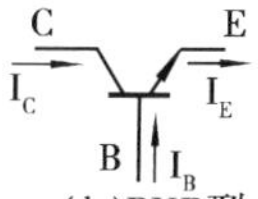

(b)PNP型

表 2.13　部分常见三极管的外形

名　称	塑封装的小功率三极管	金属封装的大功率三极管	贴片三极管
实物图	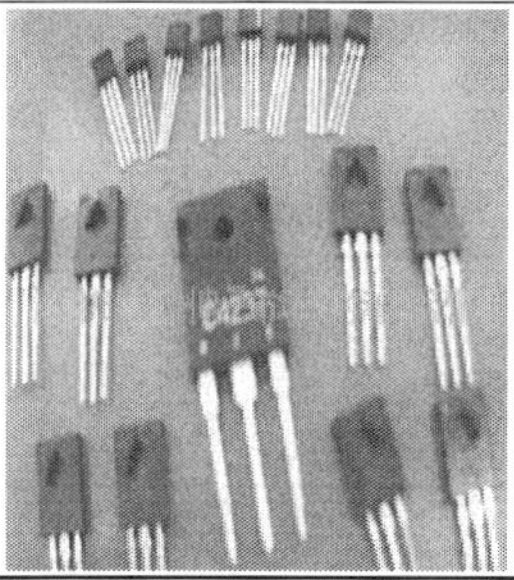		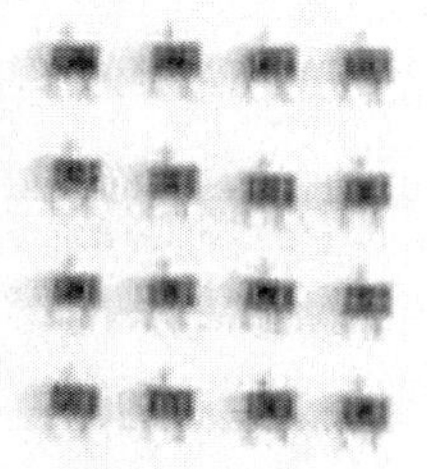

除以上具有代表性的典型三极管外，还有其他很多外形不同的三极管。如下图。

(3)三极管的分类如表 2.14 所示

表 2.14　三极管的分类

按材料分	锗管、硅管
按结构分	点接触型、面接触型
按工作频率分	高频管、低频管
按功率分	大、中、小型三极管
按 PN 结分	PNP，NPN 型
按制造工艺分	合金管和平面管
按用途分	电源管，行管，功放对管，调整管，开关管等
常用的进口管	韩国的 90xx，80xx 系列，欧洲的 2Sx 系列

(4)三极管的主要参数如表 2.15 所示

表 2.15　三极管的主要参数

型　号	材料与极性	Pcm/W	Icm/mA	BVcbo/V	ft/MHz
3DG6C	Si-NPN	0.1	20	45	>100
3DG7C	Si-NPN	0.5	100	>60	>100
3DG12C	Si-NPN	0.7	300	40	>300
3DG111	Si-NPN	0.4	100	>20	>100
3DG112	Si-NPN	0.4	100	60	>100
3DG130C	Si-NPN	0.8	300	60	150
3DG201C	Si-NPN	0.15	25	45	150
C9011	Si-NPN	0.4	30	50	150
C9012	Si-PNP	0.625	-500	-40	
C9013	Si-NPN	0.625	500	40	
C9014	Si-NPN	0.45	100	50	150
C9015	Si-PNP	0.45	-100	-50	100
C9016	Si-NPN	0.4	25	30	620
C9018	Si-NPN	0.4	50	30	1.1G
C8050	Si-NPN	1	1.5 A	40	190
C8580	Si-PNP	1	-1.5 A	-40	200
2N5551	Si-NPN	0.625	600	180	
2N5401	Si-PNP	0.625	-600	160	100
2N4124	Si-NPN	0.625	200	30	300

(5)三极管的引脚分布规律

三极管的引脚分布分为塑封装和金属封装两种,区分如表 2.16 所示。

表 2.16　三极管的引脚分布规律

实物及引脚分布	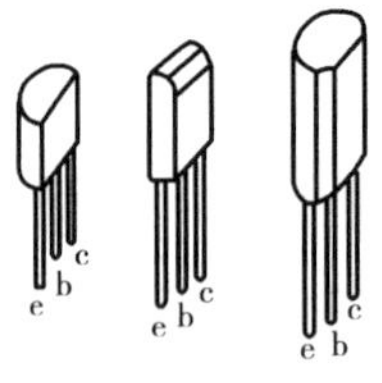	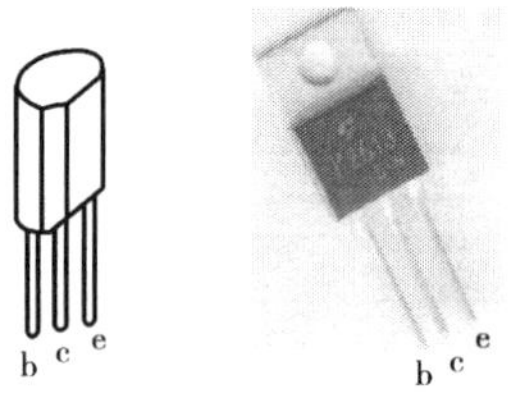
封装形式及型号	塑封装如 9012,9013,9014,9015,9018 等	塑封装如 1015,1815,1710,1651,2613 等
实物及引脚分布	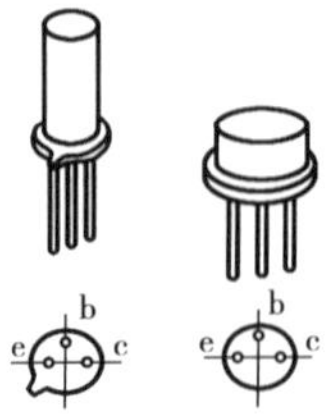	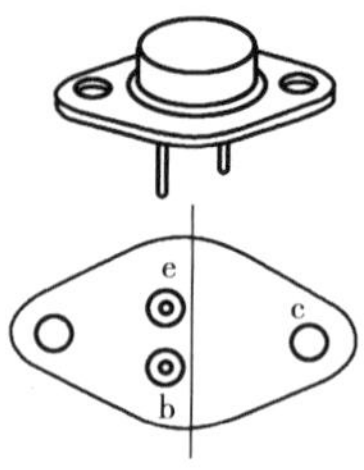
封装形式及型号	金属封装,如 3DD15D,DD03A 等	

3. 用万用表测试三极管(以 NPN 为例)

(1)判别管子的类型和基极

操作示意图	文字说明
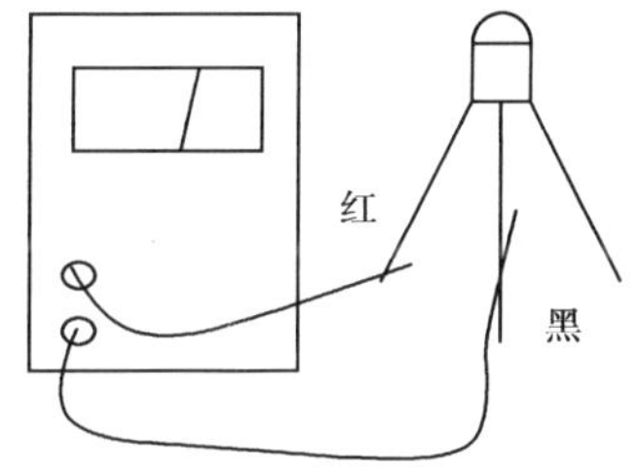	选用欧姆挡的 R×100(或 R×1 K)挡,先用红表笔任意接一个管脚,黑表笔任意接另一个管脚,可测出一个阻值
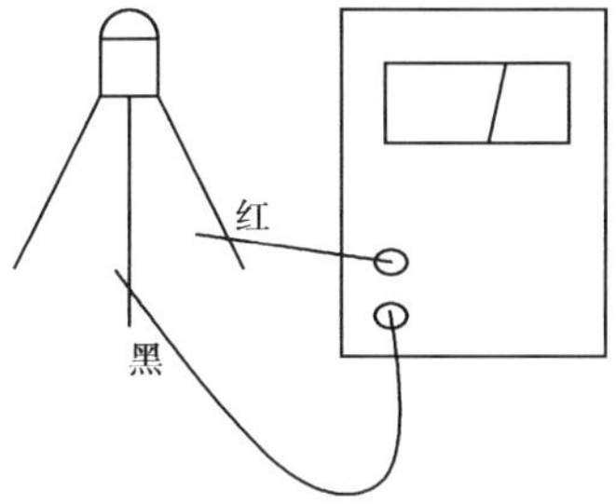	然后再用红表笔接另一个管脚再测出第二个阻值,这样我们得到了一组两个阻值。重复上述步骤,又测得一组电阻值,这样测 3 次,测试过程中发现其中有一组两个阻值都很小的且黑表笔没有改接其他引脚,如左图所示,那么对应黑表笔所接的引脚为基极,且管子是 NPN 型的。反之若是红表笔接的引脚为基极,且管子是 PNP 型的

(2)判别集电极

操作示意图	文字说明
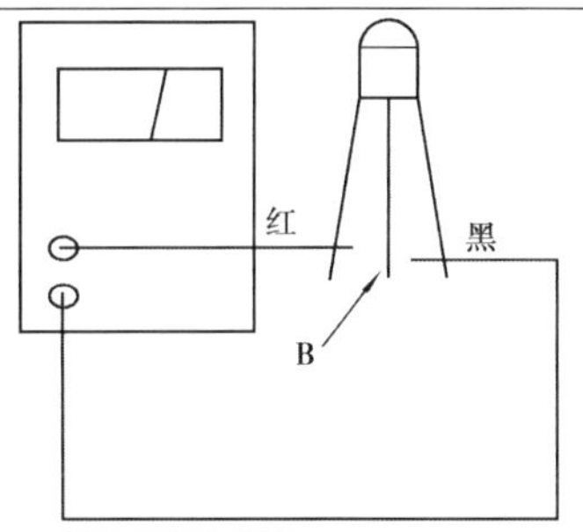	因为三极管发射极和集电极正确连接时 β 大(表针摆动幅度大),反接时 β 就小得多。因此,先假设一个集电极,用欧姆挡连接,(对 NPN 型管,发射极接红表笔,集电极接黑表笔)。测量时,用手按捏住基极和假设的集电极,两极不能接触,若指针摆动幅度大,而把两极对调后指针摆动小,则说明假设是正确的,从而确定集电极和发射极

(3)三极管性能的判别

操作示意图	文字说明
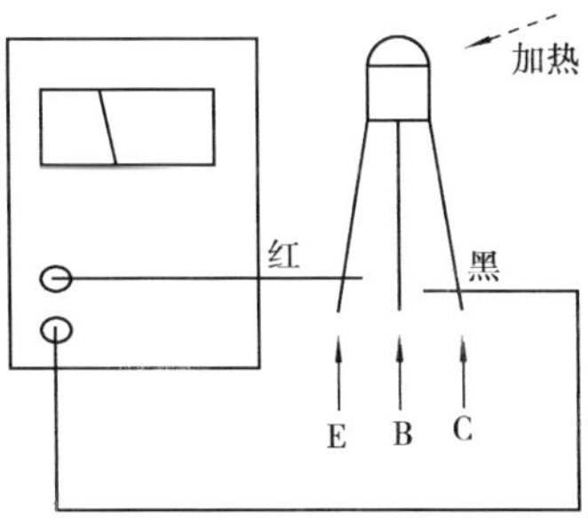	在三极管安装前首先要对其性能进行测试。条件允许可以使用晶体管图示仪,亦可以使用普通万用表对晶体管穿透电流 I_{CEO} 进行粗略测量估测,用万用表 $R\times10$ k 挡,对于 NPN 型管,黑表笔接集电极,红表笔接发射极(对于 PNP 型管则相反)。若阻值很小,说明穿透电流大,已接近击穿,稳定性差;若阻值为零,表示管子已经击穿;若阻值无穷大,表示管子内部断路;若阻值不稳定或阻值逐渐下降,表示管子噪声大、不稳定,不宜采用。在测试过程中,还可让电烙铁靠近测试三极管对三极管加热,同时观察万用表指针的变化从而确定的 I_{CEO} 变化,若加热后测试时发现万用表指针指示阻值比加热前明显下降,说明该三极管的热稳定性差

(4)电流放大系数 β 的估算

操作示意图	文字说明
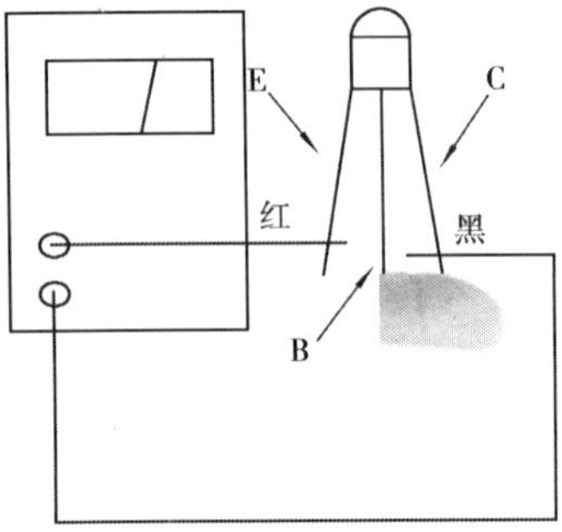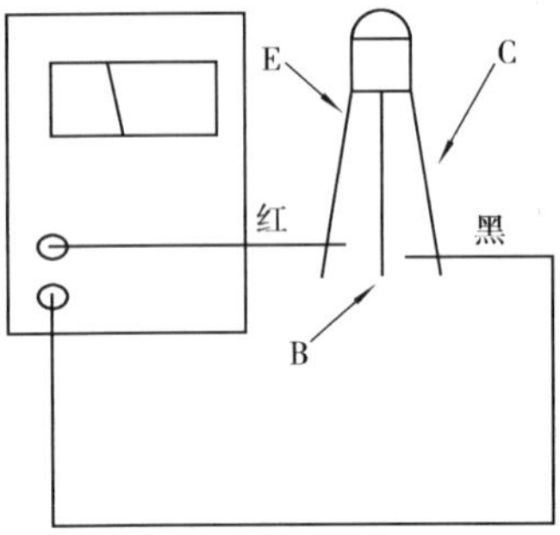	选用欧姆挡的 $R\times100$(或 $R\times1$ K)挡,对 NPN 型管,红表笔接发射极,黑表笔接集电极,测量时,只要比较用手捏住基极和集电极(两极不能接触),和把手放开两种情况小指针摆动的大小,摆动越大,β 值越高

二、晶闸管

晶闸管也叫可控硅(SCR),是一种"以小控大"的功率(电流)型器件,它像闸门一样,能够控制大电流的流通,闸流管由此得名。晶闸管具有体积小、重量轻、功耗低、效率高、寿命长及使用方便等优点,因而应用领域十分广泛,在家用电器、电子测量仪器和工业自动化设备中都能见到它们。现在电子制作电路,如交流无触点开关、调光、调速、调压、控温及稳压等也采用了晶闸管。本章以常用的单向、双向、可关断等等晶闸管为例,分析其检测的方法。

1. 单向晶闸管的特性

单向晶闸管(SCR),也叫单向可控硅。是一种三端器件,共有 3 个电极,控制极(门极)G、阳极 A 和阴极 K。单向晶闸管种类很多,按功率大小来区分,单向晶闸管有小功率、中功率和大功率 3 种规格,一般从外观上即可进行识别。小功率晶闸管多采用塑封或金属壳封装;中功率晶闸管的控制极引脚比阴极细,阳极带有螺栓;大功率晶闸管的控制极上带有金属纺织套。常见单向晶闸管外形如图 2.9 所示。目前,单向晶闸管已经被广泛用于可控整流、交流调压、逆变电源以及开关电源等电路。图 2.10 是单向晶闸管的结构、等效电路和电路符号。

由结构图 2.10 可见,单向晶闸管由 PNPN4 层半导体构成。它的特性是,当阳极 A 和阴极 K 之间加上正极性电压时,A,K 还不能导通。只有当控制极 G 再加上一个正向触发信号时,A,K 之间才能进入深饱和导通状态。而 A,K 两电极一旦导通后,即使去掉 G 极上的正向触发信号,A,K 之间仍保持通态,只有使 A,K 之间的正向电压足够小或在两者间施以反向电压时,才能使其恢复截止状态。

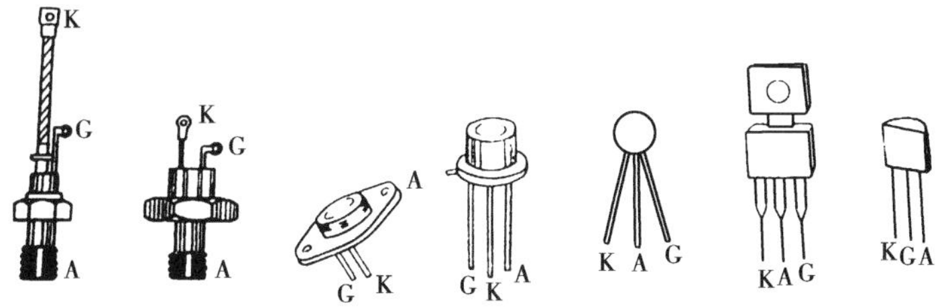

图 2.9　单向晶闸管外形

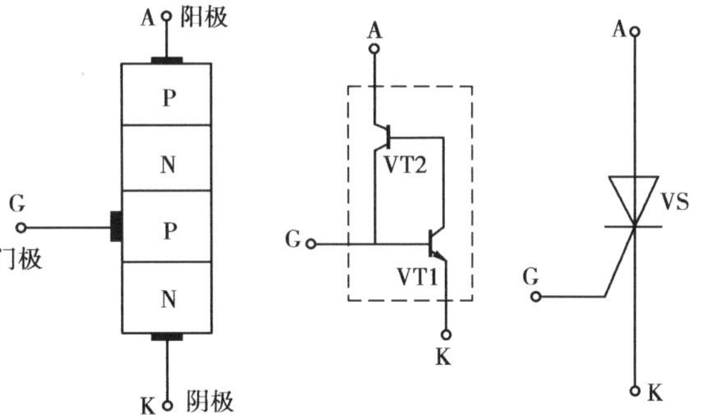

图 2.10　单向晶闸管的结构、等效电路和电路符号

晶闸管的以上特性可从其等效电路中得到解释：当晶闸管的阳极 A—阴极 K 间加上正向电压后，等效三极管 VT1，VT2 便具备了电流参放大条件。此时若在它的控制极 G 上加正向电压 UG，由于正反馈的作用，使 VT1，VT2 进入饱和，晶闸管阳极 A—阴极 K 间流过较大的电流，管压降接近零，电源电压几乎全部降落在负载上。晶闸管导通后，由于 VT1 的基极上始终有比最初的控制极电流大很多的电流流过，可以推知，此时即使去掉控制极电压 UG，晶闸管仍然维持其导通状态。

晶闸管的在下述 3 种情况下不导通：一是阳极 A—阴极 K 间加负电压（阳负、阴正），此时等效的两只三极管均因反向偏置而不导通；二是阳极 A—阴极 K 间加正电压，但没有最初的控制极触发电压 UG，晶闸管因得不到最初的触发电流，不能形成正反馈放大过程，所以不导通；三是阳极 A—阴极 K 间导通电流小于其维持其内部等效三极管的饱和状态，晶闸管因而也不导通。

一个性能良好的晶闸管，截止时其漏电流应很小，触发导通后其压降也应很小。这是对晶闸管进行性能检测的主要依据。

2. 单向晶闸管的检测

（1）判别各电极和好坏

由单向晶闸管的结构可知，控制极 G 和阴极 K 之间是一个 PN 结，由 PN 结的单向导电特性可知，其正反电阻值相差很大。而控制极 G 和阳极 A 之间有两个反向串联的 PN 结，因此无论 A，G 两个电极的电位谁高谁低，两极间总是呈高阻值。所以用万用表可以很方便地测出其电极引脚。

将万用表置在 R×100 挡上分别测量可控硅任意两引出脚间的电阻值。随两表笔的调换共进行 6 次测量，其中 5 次万用表的读数应为无穷大，一次读数为几十欧姆。读数为几十欧姆的那一次,黑表笔接的是控制极 G,红表笔接的是阴极 K,剩下的引脚便为阳极 A。若在测量中不符合以上规律,说明晶闸管损坏或不良。

(2)导通特性的测试

①10 A 以下晶闸管导通特性的测试。万用表置 R×1 挡,将黑表笔接阳极 A,红表笔接阴极 K,此时万用表指针不偏转。再将控制极 G 和阳极 A 瞬间短接,万用表的读数随即降到几十欧姆,说明可控硅能被触发并维持导通,它的基本性能是好的,否则不能用。

②10 A ~100 A 晶闸管导通特性的测试。对于 10 A ~100 A 大功率晶闸管,因其通态压降较大,并且 R×1 挡提供的电流低于维持电流,故晶闸管不能完全导通。为此可改用双表法,即把两块万用表的 R×1 挡串联起来使用(将第一块万用表的黑表笔与第二块万用表的红表笔短接),获得 3 V 的电源电压。也可在万用表 R×1 挡的外部串联 1 节 ~2 节 1.5 V 电池,将电源电压提升到 3 V ~4.5 V,以便检查 10 A ~100 A 的大功率晶闸管。

3. 单向晶闸管的代换

晶闸管的参数很多,但电路设计时一般都留有较大的余量,所以更换晶闸管只要几个主要参数相近就可以了。这些主要参数有:额定电流、额定电压、触发电流、触发电压等。额定电流和额定电压这两个参数最重要。最简单的方法是从实物或电路标注上查出晶闸管的型号和参数。如一单向晶闸管的外壳上印有“KP5”字样,表示它是 KP 型普通晶闸管,额定电流是 5 A。同样是 KP5 型的晶闸管,外形相同,而额定电压的范围可以从最低的 100 V 到最高的 3 000 V,这时究竟应该选哪一种呢? 从安全方面考虑,当然选用额定电压高的晶闸管好。但是额定电压值越高,晶闸管的价格也较高,造成浪费。在这种情况下,我们就应该通过对电路进行估算来确定它们的额定电压值。为保证晶闸管的安全,它的额定电压参数一般要取最高工作电压 1.5 倍 ~2 倍。

注意非标注型号晶闸管损坏,或者没有相同型号的晶闸管备用时,就要设法来找参数相近的晶闸管代用。代用时一般要注意以下几点。

(1)管子的外形要相同。因为外形不同,就无法安装。

(2)管子的开关速度要基本一致。如 KK 型快速晶闸管就不能用 KP 型或 3CT 型普通晶闸管代用,KP 型晶闸管则可以用 3CT 型普通管代用。

(3)选取代用管时,不管什么参数,都不必留有过大的余量,因为过大的余量不仅是一种浪费,有时反而起不好的作用。例如,选用额定电流是 30 A 的晶闸管来代换 20 A 的,虽然安全,但是 20 A 晶闸管只需较小的电流就能触发导通,而 30 A 的晶闸管则需要较大的电流才能触发导通。因此,当把这个 30 A 晶闸管更换到电路上去,可能会出现不触发或触发不灵敏的现象。

4. 双向晶闸管的特性

单向晶闸管实质上属于直流控制器件,要控制交流负载,必须将两只晶闸管反极性并联,让每只晶闸管控制一个半波,为此需用两套独立的触发电路,使用不够方便。双向晶闸管是在普通晶闸管的基础上发展而成的,它不仅能代替两只反极性并联的单向晶闸管,而且仅需一个触发电路,是目前比较理想的交流开关器件。其英文名为 TRIAC,即三端双向交流开关之意。尽管从形式上可将双向晶闸管看成两只普通晶闸管的组合,但实际上它是由 7 只晶体管和多只电阻构成的功率集成器件。常见双向晶闸管外形如图 2.11 所示。双向晶闸管的结构与电路符号如图 2.12 所示。双向晶闸管的 3 个电极分别是 T1,T2,G。与单向可控硅相比,主要是能双向导通,且具有 4 种触发状态。如图 2.13 所示。

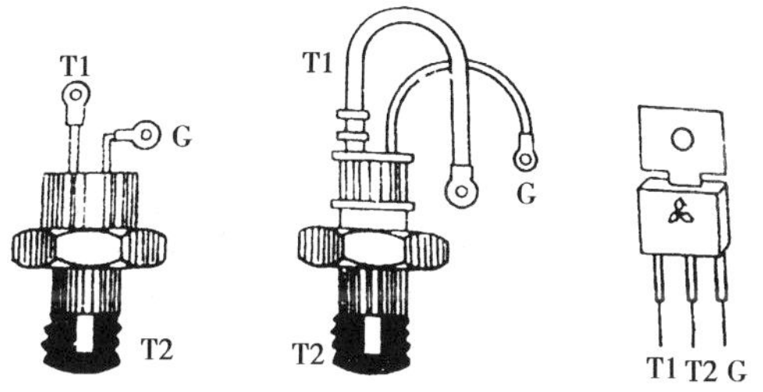

图 2.11　双向晶闸管外形

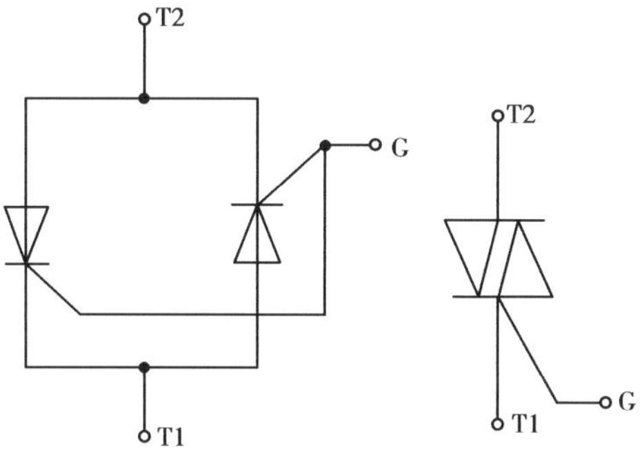

图 2.12　双向晶闸管的结构与电路符号

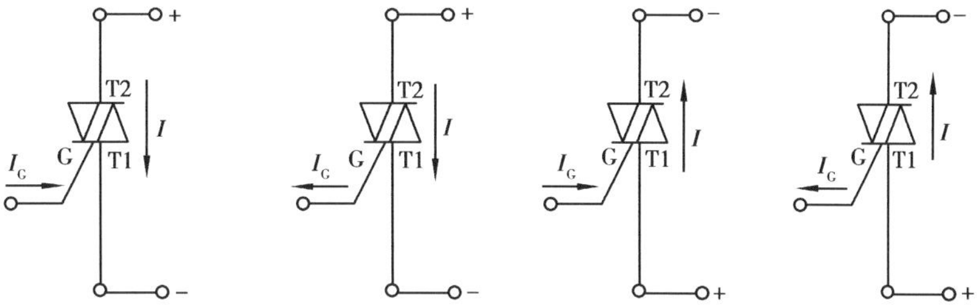

图 2.13　触发状态

当 G 极和 T2 相对于 T1 的电压为正时,导通方向为 T2→T1,此时 T2 为阳极,T1 为阴极。

当 G 极和 T1 相对于 T2 的电压为负时,导通方向也为 T2→T1,T2 为阳极,T1 为阴极。当 G 极和 T1 相对于 T2 为正时,导通方向为 T1→T2,此时 T1 变为阳极,T2 变为阴极。

另外,双向可控硅也具有去掉触发电压后仍能导通的特性,只有当 T1,T2 间的电压降低到不足以维持导通,或 T1,T2 间的电压改变极性时又恰逢没有触发电压可控硅才被阻断。

5. 双向晶闸管的检测

由双向晶闸管的结构可知,G 极与 T1 极靠近,距 T2 极较远。因此,G—T1 之间的正反向电阻都很小。因此,在用万用表的 R×1 挡测量可控硅任意两引出脚间的电阻值时,正常时有一组为几十欧姆,另两组为无穷大。阻值为几十欧姆时表笔所接的两引脚为 T1 和 G,剩余的引出脚 T2 极。

判别出 T2 后,可以进一步区分 T1 和 G。假定 T1 和 G 两电极中的任意一脚为 T1,用黑表笔接 T1,红表笔接 T2,将 T2 与假定的 G 极瞬间短路,如果万用表的读数由无穷大变为几十欧姆,说明可控硅能被触发并维持导通。调换两表笔重复上面操作,结果相同时,说明假定正确。如果调换表笔操作时,万用表瞬间指示为几十欧姆又指示为无穷大,说明可控硅没有维持导通,说明原来的假定是错误的,原假定的 T1 极实际上是 G 极,假定的 G 极实际上是 T1 极。

当测功率稍大的双向可控硅时,若 R×1 挡不能触发导通时,可在黑表笔接线中串接一节干电池,干电池应和表内电池的极性顺向串联,再按上述方法测试,就能触发导通。

三、达林顿管

达林顿管采用复合连接方式,将两只或更多只晶体管的集电极连在一起,而将第一只晶体管的发射极直接耦合到第二只管的基极,依次级连而成,最后引出 E,B,C 3 个电极。达林顿管的放大倍数的乘积,因此其放大倍数可达几千。达林顿管主要分为两种类型,一种是普通达林顿管,另一种是大功率达林顿管,下面分别介绍。

1. 普通达林顿管

名　称	说　明	图　示
达林顿管内部电路和外形	普通达林顿管内无保护电路,功率通常在 2 W 以下。用万用表对普通达林顿管的检测包括识别电极、区分 PNP 和 NPN 类型、估测放大能力等。因为达林顿管的 E—B 极之间多上发射结,所以应该使用万用表能提供较高电压的 R×10 k挡进行测量	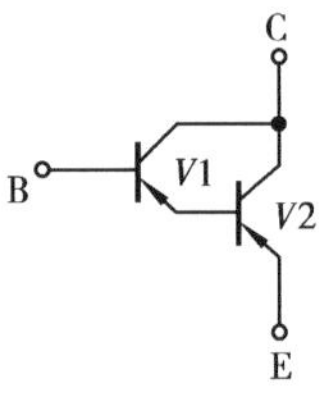 PNP型 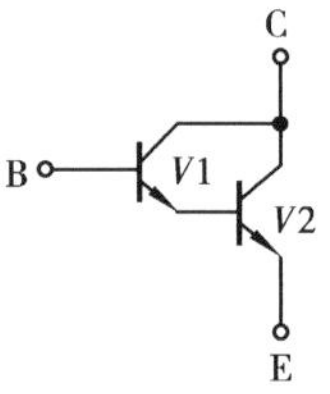 NPN型 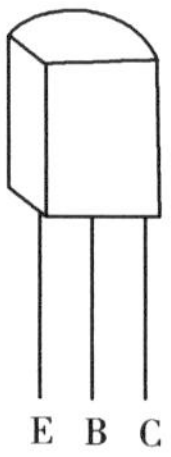
被测的达林顿管	达林顿管为例进行说明,为便于叙述方便,从左到右依次标为①、②、③脚	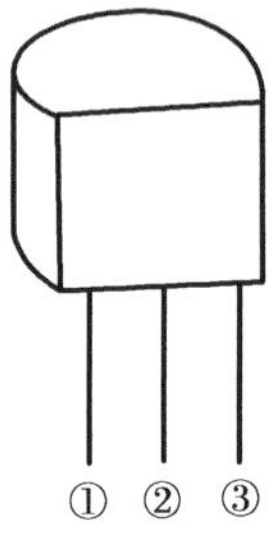

(1)识别基极 B 及管子类型

将万用表置于 R×10 k 挡,红表笔接②脚,黑表笔接①脚,测得电阻值为 11 k,调换表笔再测阻值为无穷大;将红表笔接②脚,黑表笔接③脚,测得的电阻值为 5. 2 k,调换表笔测得阻值为无穷大,将红表笔接①脚,黑表笔接③脚,测得电阻值为 250 k,调换表笔测得电阻值为 900 k。由上述测试结果便可以判定②脚为基极,且被测管为 PNP 型达林顿管。

(2)判别管子集电极 C、发射极 E 和检测放大能力

首先将红表笔接③脚,黑表笔接①脚,电阻值为 900 k,然后保持两表笔与相应管脚接触不变,用舌尖去舔基极引脚②,此时万用表指针大幅度向右摆动到 30 k 位置。最后将红、黑表笔对调,即将红表笔接①脚,黑表笔接③脚,万用表指针指到 250 k。保持表笔位置不动,并再次

用舌尖去舔基极引脚②,此时万用表指针保持原位不动。由此判定被测达林顿管的①脚为发射极 E,③脚为集电极 C。测试过程还表明管子的放大能力很强。测试时需要注意:因 $R\times1$ k 挡电池电压仅为 1.5 V,所以不宜使用此挡检测达林顿管的放大能力。

2. 大功率达林顿管

<table>
<tr><th>名称</th><th>说　明</th><th>图　示</th></tr>
<tr><td>大功率达林顿管的外形</td><td>由于其电流增益极高,所以当温度升高时,前级二极管的基极电流被逐级放大,结果造成整体热稳定性能变差。当环境温度较高、漏电严重时,有时易使管子出现误导通现象,为了克服这种不足,大功率达林顿管在普通达林顿管的基础上均增加了保护功能,从而适应了在高温条件下工作时功率输出的需要。大功率达林顿管的外形如图所示</td><td>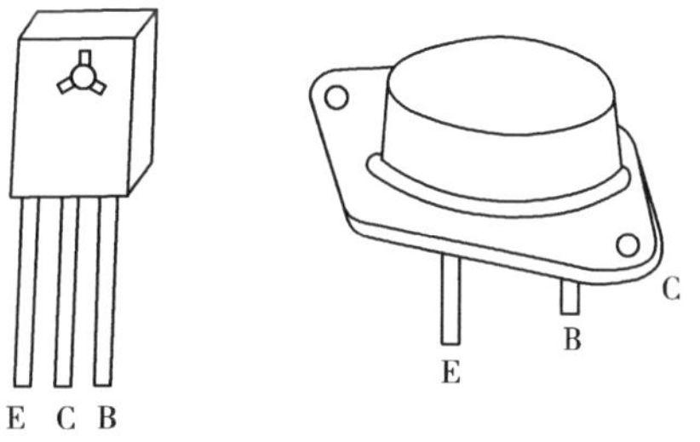
</td></tr>
<tr><td>大功率达林顿管的内部结构</td><td>这类管子在 C 和 E 之间反向并接了一只起过压保护作用的续流二极管 V3,当感性负载(如继电器线圈)突然断电时,通过 V3 可将反向尖峰电压释放掉,从而保护内部晶体三极管不被击穿损坏。另外,在晶体三极管 V1 和 V2 的发射结上还分别并入了电阻 R1 和 R2。R1 和 R2 的作用是为漏电流提供泄放支路。因而称之为泄放电阻。因 V1 的基极漏电流较小,所以 R1 的阻值通常取得较大些;V1 的漏电流经放大后加到 V2 的基极上,加之 V2 自身存在的漏电流,使得 V2 基极漏电流比较大,因此 R2 的阻值通常取得较小。一般在设计大功率达林顿管时,R1 常取几千欧,而 R2 则取几十欧,这样可使两者之间满足 R2≤R1 的关系
大功率达林顿管中的保护元件 V3 以用释放电阻 R1,R2,均全部集成在管心上,再用塑料或金属外壳进行封装,并引出相应电极</td><td>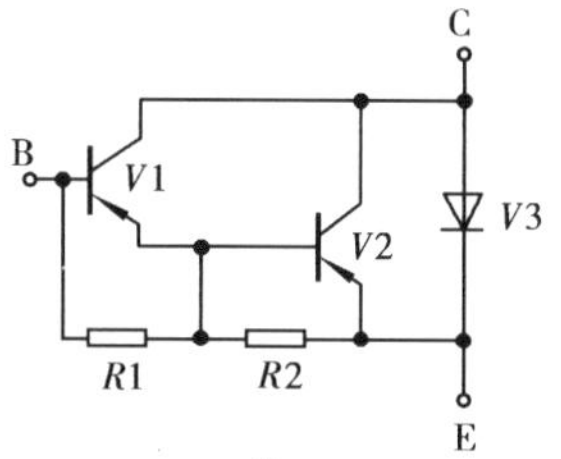

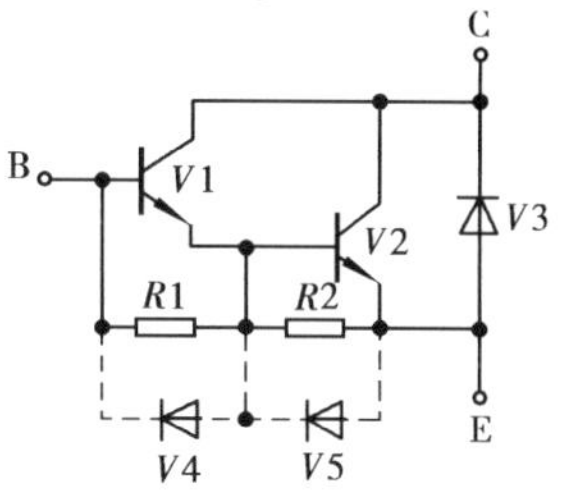
</td></tr>
</table>

检测大功率达林顿管的方法与检测普通型达林顿管基本相同。但由于大功率达林顿管内部设置了 V3,R1,R2 等保护和释放漏电流元件,所以在检测时应将这些元件对测量数据的影响加以区分,以免造成误判。具体可按下述几个步骤进行:

1)用万用表 $R\times10$ KΩ 测量 B,C 之间 PN 结电阻值,应明显测出具有单向导电性能。正、反向电阻值应有较大差异。

2)在大功率达林顿管 B-E 之间有两个 PN 结,并且接有电阻 R1 和 R2。用万用表电阻挡检测时,当正向测量时,测到的阴值是 B-E 结正向电阻值与 R1,R2 阻值并联的结果;当反向测量时,发射结截止,测出的则是($R1+R2$)电阻之和,大约为几十欧,且阻值固定,不随电阻挡位的变换而改变。但需要注意的是,有些大功率达林顿管在 $R1$,$R2$ 上还分别并有二极管 $V4$ 和 $V5$,因此当 B-E 之间加上反向电压(即红表笔接 B,黑表笔接 E)时,所测得的则不是($R1+R2$)之和,而是($R1+R2$)与两只二极管正向电阻之和的并联电阻值。

3)大功率达林顿的 E-C 之间并联有二极管 $V3$,所以,对于 NPN 型管,当黑表笔接 E,红表笔接 C 时,二极管应导通,所测得的阻值即是二极管 $V3$ 的正向电阻值;对于 PNP 型管,则红、黑表笔对调,所测阻值为 $V3$ 的正向电阻值。

4)检测大功率达林顿管放大能力的方法与检测普通达林顿管的操作方法相同,可参照进行。

知识扩展　总线控制技术简介及应用

实训 1　熔断器、接触器、继电器识别与检测

一、实训内容

熔断器、接触器、继电器识别与检测。

二、实训目的

(1)学会各种常用熔断器、接触器、继电器识别与检测。
(2)学会熔断器、接触器、继电器的标识后,掌握其质量的检测方法。

三、实训器材

指针式万用表一只,熔断器、接触器、继电器不同型号若干。

四、实训步骤

(1)熔断器的外观标识、检测

编号	外表标志内容	判断结果	性能好坏的鉴别
1			
2			
3			
4			
5			

续表

编号	外表标志内容	判断结果	性能好坏的鉴别
6			
7			
8			
9			
10			
11			
12			
13			
14			
15			

(2)接触器的外观标识、检测

编号	外表标志内容	判断结果	性能好坏的鉴别
1			
2			
3			
4			
5			
6			
7			
8			
9			
10			

续表

编号	外表标志内容	判断结果	性能好坏的鉴别
11			
12			
13			
14			
15			

(3)继电器的外观标识、检测

编号	外表标志内容	判断结果	性能好坏的鉴别
1			
2			
3			
4			
5			
6			
7			
8			
9			
10			
11			
12			
13			
14			
15			

五、成绩评定

成绩评定表　　学生姓名________

评定类别		评定内容	得分
实验态度 10 分		态度好、认真 10 分,较好、较认真 7 分,态度差 0 分	
万用表的使用 5 分		正确 5 分,有不安全的行为酌情扣分	
职业素养培养 10 分		万用表损坏扣 2 分,丢失或损坏一个元件扣 1 分扣完为止	
实验步骤	外观识别 30 分	能根据外观标正确识别	
	万用表检测 30 分	正确检测熔断器、接触器、继电器接触点及参数	
	好坏鉴别 15 分	鉴别质量好坏	
总　分			

实训 2　晶体管、晶闸管、达林顿管器识别与检测

一、实训内容

晶体管、晶闸管、达林顿管器识别与检测

二、实训目的

(1)学会各种常用晶体管、晶闸管、达林顿管器的识别与检测。
(2)学会晶体管、晶闸管、达林顿管器的标识后,掌握其质量的检测方法。

三、实训器材

指针式万用表一只,三极管、晶闸管、达林顿管不同型号若干。

四、实训步骤

(1)三极管的外观标识、检测

编号	外表标志内容	封装类型	判断结果		画图示意三极管引脚排列	性能好坏的鉴别
			极型类型	材料		
1						
2						
3						

续表

编号	外表标志内容	封装类型	判断结果		画图示意三极管引脚排列	性能好坏的鉴别
			极型类型	材料		
4						
5						
6						
7						
8						
9						
10						
11						
12						
13						
14						
15						

(2)晶闸管的外观标识、检测

编号	外表标志内容	判断结果	画出晶闸管引脚排列	性能好坏的鉴别
1				
2				
3				
4				
5				
6				
7				
8				
9				

续表

编号	外表标志内容	判断结果	画出晶闸管引脚排列	性能好坏的鉴别
10				
11				
12				
13				
14				
15				

(3)达林顿管的外观标识、检测

编号	外表标志内容	判断结果	画达林顿管引脚排列	性能好坏的鉴别
1				
2				
3				
4				
5				
6				
7				
8				
9				
10				
11				
12				
13				
14				
15				

五、成绩评定

评定类别		评定内容	得分
实验态度 10 分		态度好、认真 10 分,较好、较认真 7 分,态度差 0 分	
万用表的使用 5 分		正确 5 分,有不安全的行为酌情扣分	
职业素养培养 10 分		万用表损坏扣 2 分,丢失或损坏一个元件扣 1 分扣完为止	
实验步骤	外观识别 30 分	能根据外观标正确识别	
	万用表检测 30 分	正确判别一个三极管、晶闸管、达林顿管的 3 个引脚	
	好坏鉴别 15 分	鉴别质量好坏	
总　分			

复习思考题

1. 如何用万用表判别三极管的极性、引脚及质量好坏?
2. 如何用万用表判别晶闸管引脚及质量好坏?
3. 如何用万用表判别达林顿管引脚及质量好坏?
4. 如何进行熔断器的识别、检测?
5. 如何进行接触器的识别、检测?
6. 如何进行继电器的识别、检测?

第3章 电动机与变压器

第1节 直流电动机结构原理及日常维护

一、直流电机的构造

直流电机由固定部分和转动部分组成,其中固定部分叫做定子,包括机座、主磁极、换向磁极、端盖、电刷组件等部件。转动部分又叫转子,多称电枢,包括电枢铁心、电枢绕组、换向器、风扇、转轴等部件。下面介绍定子和电枢的主要部件及其作用。

1. 定子

名称	纵剖面立体图
图示	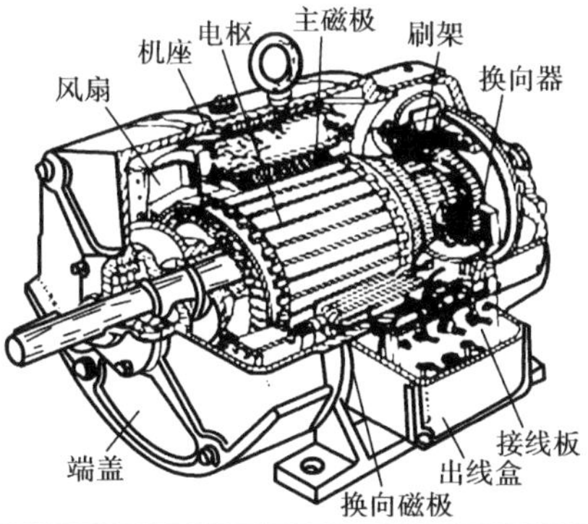
说明	定子由机座、主磁极、换向磁极、电刷组件等组成,此图为它的纵剖面立体图
名称	横剖面平面图
图示	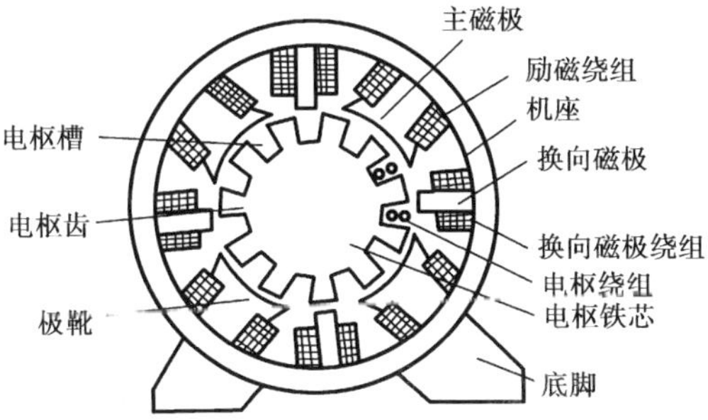
说明	定子由机座、主磁极、换向磁极、电刷组件等组成,此图为横剖面平面图

续表

名称	用薄钢片叠成的主磁极铁芯
图示	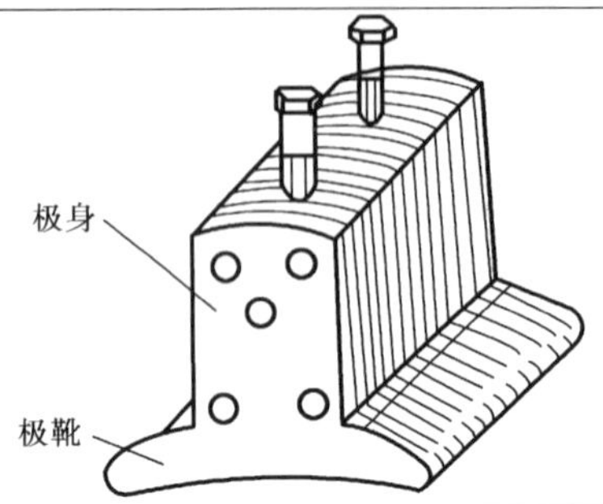
说明	机座系直流电机的外壳，用铸钢或钢板焊成，用作支撑和保护整机结构，同时又是电机磁路的一部分，有良好的导磁性能和机械强度
名称	主磁极和励磁绕组一起固定在机座上
图示	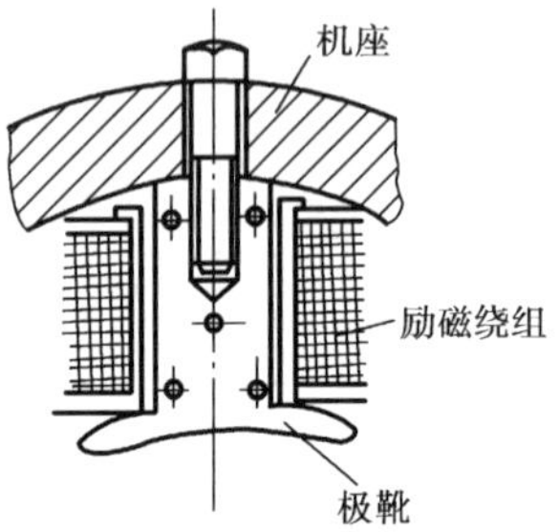
说明	主磁极由铁芯和励磁绕组组成。铁芯由极身和极靴两部分组成，如图所示，极靴的面积比极身宽，便于使磁极中的磁通分布均匀。为了减小涡流，磁极铁芯采用 rflil3 厚的钢片叠压而成。励磁绕组绕在铁芯外面，主磁极的作用是在励磁绕组中通入励磁时产生主磁通
名称	电刷总成
图示	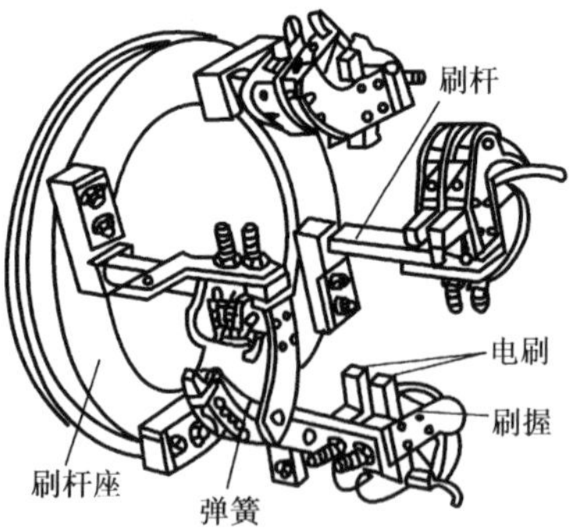
说明	换向磁极的作用是为了改善换向性能，减小换向火花。换向磁极与转子隙较大，涡流较小，可用整块钢制成。其上的绕组一般与电枢绕组串联，用横截面较大的导线绕制

续表

<table>
<tr><td>名称</td><td>电刷在刷握中的安装</td></tr>
<tr><td>图示</td><td>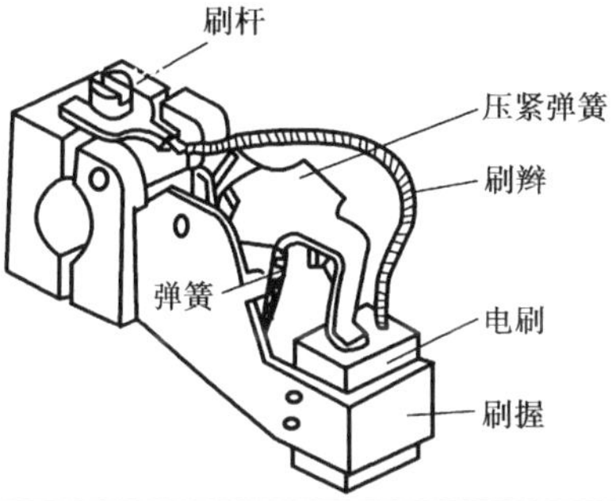
</td></tr>
<tr><td>说明</td><td>电刷组件电刷组件由电刷、刷握、刷杆、刷杆座及压紧弹簧等组成,电刷置于刷握内,用弹簧将其紧压在换向器上,以保持两者良好的电接触。电刷内有用细铜丝编织成的刷辫与外电路导通,从而连接电枢、电刷及外电路,引入或导出电枢电流</td></tr>
</table>

2. 电枢

电枢又叫转子,由电枢铁芯、电枢绕组、换向器、转动轴等组成,如表所示。它的用途是在励磁磁场作用下,产生感应电动势和电磁转矩,实现电能与机械能之间的转换。下面分析各部分的作用与具体结构。

<table>
<tr><td>名称</td><td>电枢外形</td></tr>
<tr><td>图示</td><td>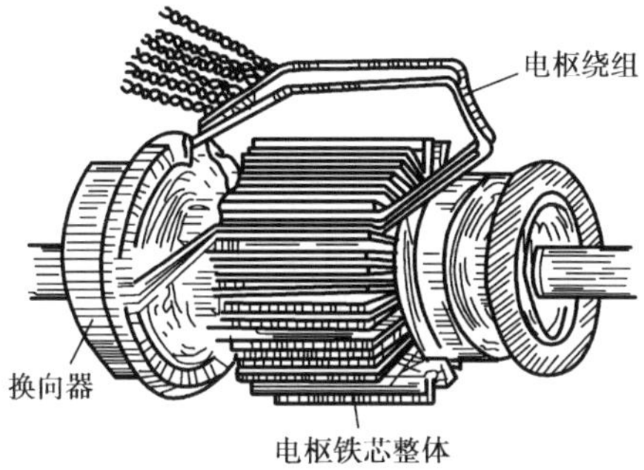
</td></tr>
<tr><td>说明</td><td>电枢铁芯是电机磁路的另一部分。由 0.35 ~ 0.5 mm 厚的硅钢片叠压而成,以便减小涡流。在电枢外缘,留有嵌放绕组的铁芯槽。整个铁芯固定在转轴上,随轴一起转动</td></tr>
<tr><td>名称</td><td>铁芯冲片</td></tr>
<tr><td>图示</td><td>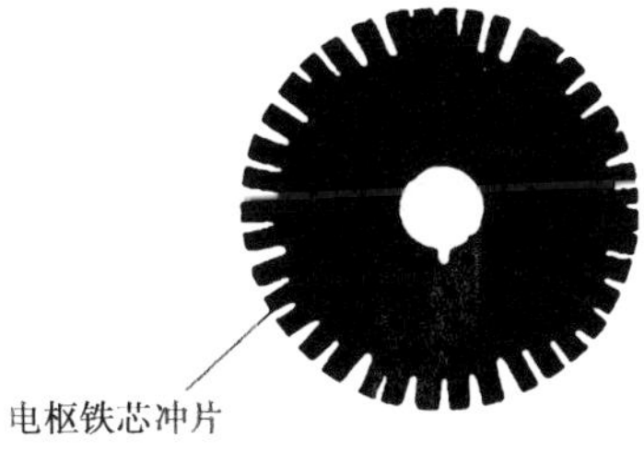
</td></tr>
</table>

续表

说明	电枢绕组是直流电机电路的主要部分。由绝缘铜导线或扁铜线在模具上绕制成型后嵌放在电枢铁芯槽中,并用槽楔封口,以防止高速转动时散出。伸出铁芯槽的端部,均用非磁性丝带扎紧,每个线圈的首尾端,均按一定规律,焊接到换向片上
名称	换向器
图示	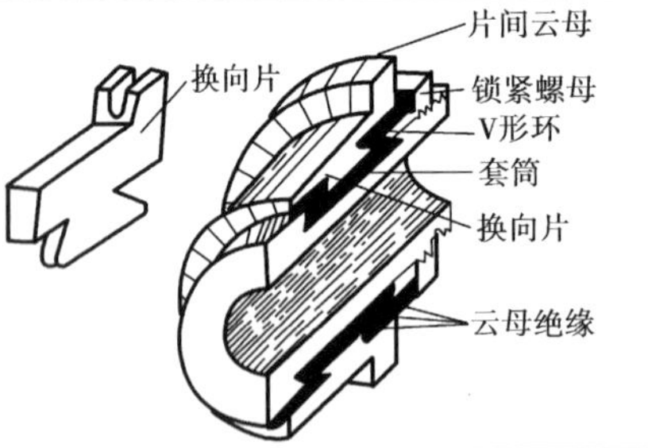
说明	换向器由若干个楔形铜片装成一圆柱体,片与片之间用云母绝缘。换向片与转轴之间又用塑料绝缘,固定在转轴的一端,按照一定规律与电枢绕组连接。它的作用是变换电枢电流方向并通过电刷将电枢绕组与外电路接通

3. 直流电机的其他部分

除上述主要部件外,直流电机的其他部分有端盖、轴承、转轴、风扇、接线板、接线盒等。它们的作用与交流电动机的相关部件相同,这里不再重述。

二、直流电动机的工作原理

直流电动机基本结构与直流发电机相同,其原理示意图如图 3.1 所示。此时直流电源正极接 A,负极接 B。电枢绕组中电流流向为 a—b—c—d。利用左手定则可以判定,ab 和 cd 分别受到向左和向右的磁场力,使电枢朝逆时针方向旋转。当电枢转到 90°时,电刷 A,B 均与两换向片之间的绝缘层接触,电源中断,电枢凭惯性旋转。经过 90°后,换向片又接通电源,但方向改变了。如在电枢转到 180°位置,cd 在上,ab 在下,电枢绕组中的电流流向为 d—c—a,用左手定则仍可判定,cd 和 ab 分别受到向左和向右的磁场力,保持逆时针旋转方向,电枢始终朝着一个方向旋转。

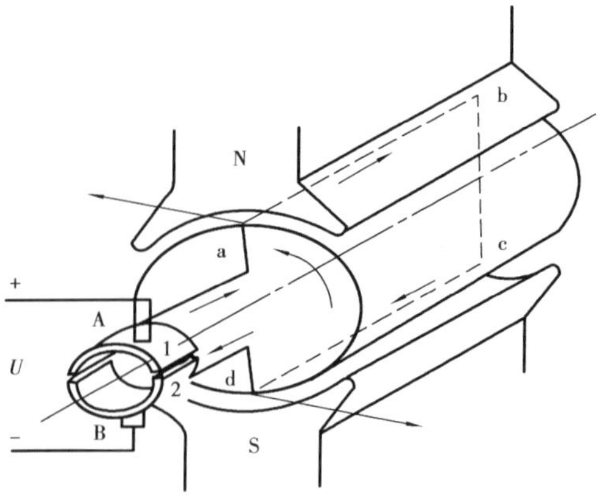

图 3.1　直流电机工作原理示意图

电枢转动后，其绕组切割励磁磁场磁感应线而产生感应电动势，用右手定则可以判定，该电动势的方向与电枢电流方向相反，称为反电动势，用 E_a 表示，其值为

$$E_a = C_e \Phi n$$

式中　C_e——电动机电动势常数。

此时加在电枢绕组上的电源电压 U 一方面用于平衡反电动势，另一方面用于克服电枢绕组的电阻电压降。由此可列出直流电动机电压平衡方程为

$$U = E_a + R_a I_a$$

其电枢电流为

$$I_a = \frac{U - E_a}{R_a}$$

直流电动机的转速随着负载的增大而下降。负载增大的最初瞬间，由于电枢的惯性，转速暂未改变，电枢反电动势、电枢电流 L 和电磁转矩 T 均未来得及变，但由于负载转矩 T_c 的增加，电磁转矩 $T < T_c$，电枢转速 n 下降，使反电动势 $E = C_{en}$减小，电枢电流 $I_a = U - E_a / R_a$ 增加，电磁转矩 $T = CTI_a$（CT 为电动机转矩常数，它与电动机磁极对数等有关）增加。当电磁转矩等于负载转矩时，电枢在较低的速度下等速运转时，电枢电流增大，电动机功率增大，但转速下降。当负载减小时，情况与上述规律相反。

三、直流电机的励磁方式

导体总数、并联支路数运转。可见，当负载增加，直流电机的性能与励磁方式密切相关，其励磁方式可分为并励、串励、复励、他励四类。

1. 并励电机

名称	结构示意图
图示	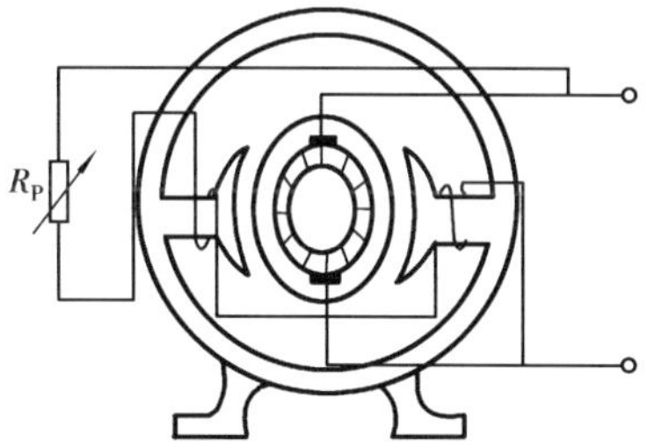
说明	这种电机励磁电流不仅与励磁回路有关，还将承受全部电枢端电压，所以为了减小励磁电流，必须减小励磁绕组线径，增加匝数，从而增大电阻。匝数的增多，又保证了励磁磁场的强度

续表

名称	电路原理图
图示	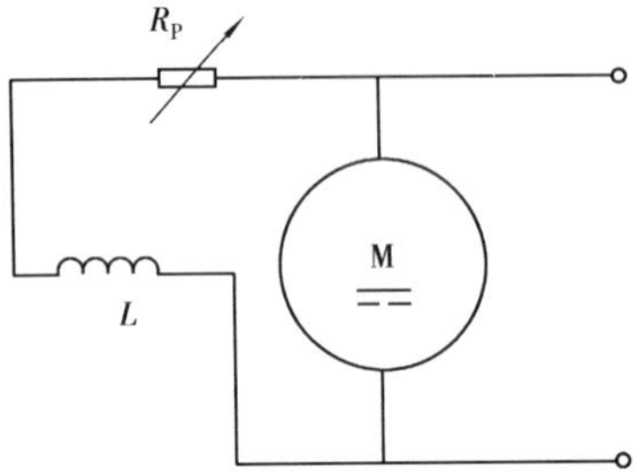
说明	为了保证电枢的输出功率,电枢绕组线径粗、匝数少、电阻小,应有足够大的工作电流

2. 串励电机

名称	串励电机结构示意图
图示	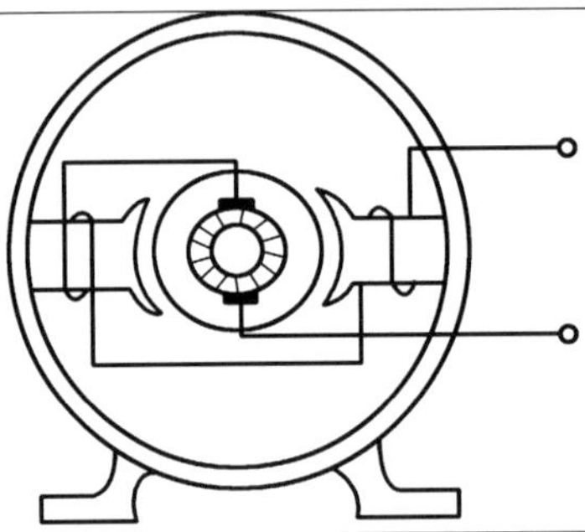
说明	此种情况的励磁电流与电枢电流相等。为了减小励磁电压,保证电枢绕组有足够的端电压,励磁绕组的线径粗、匝数少,从而保证其电阻小
名称	串励电机电路原理图
图示	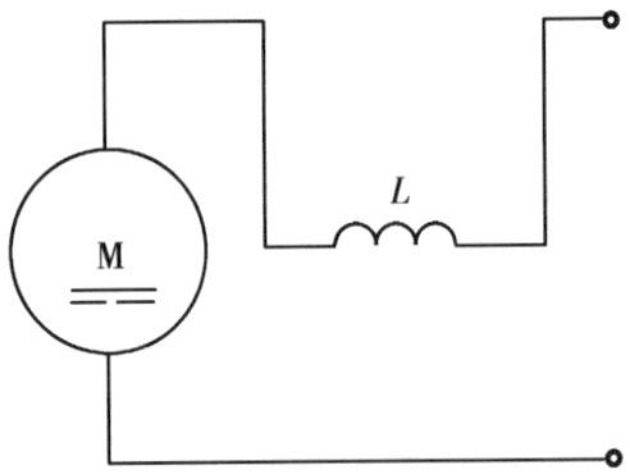
说明	虽然励磁绕组匝数少,但由于励磁电流大,也能保证励磁磁场的强度

3. 复励电机

<table>
<tr><td>名称</td><td>复励电机结构示意图</td></tr>
<tr><td>图示</td><td>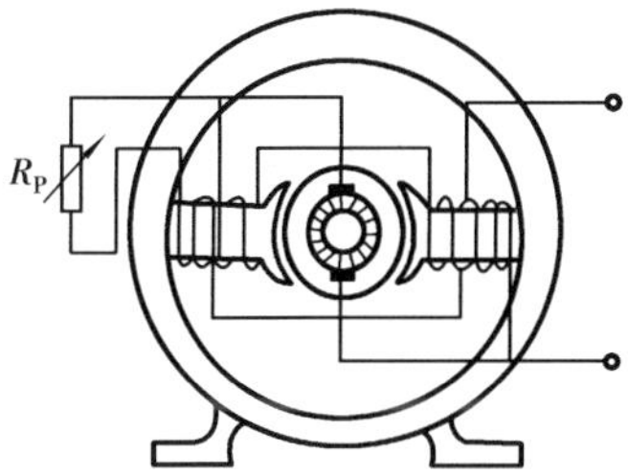
</td></tr>
<tr><td>说明</td><td>电机主磁极上嵌放着两套独立的励磁绕组，一套与电枢绕组并联，另一套与电枢绕组串联，但从励磁功能上看，多以并励绕组为主</td></tr>
<tr><td>名称</td><td>复励电机电路原理图</td></tr>
<tr><td>图示</td><td>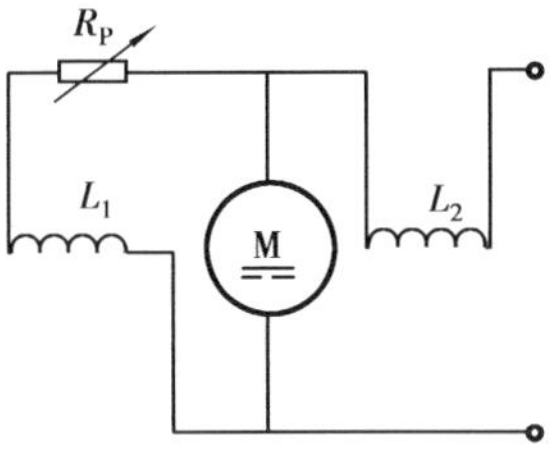
</td></tr>
<tr><td>说明</td><td>励磁方式的直流电机作为发电机时，它们的励磁电流都是由自己发出的，所以通称为自励电机。下面介绍的他励电机，不能用自己发出的电流励磁</td></tr>
</table>

4. 他励电机

<table>
<tr><td>名称</td><td>他励电机结构示意图</td></tr>
<tr><td>图示</td><td>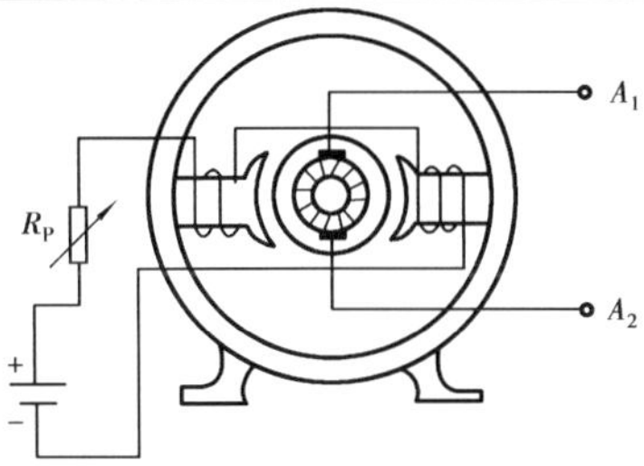
</td></tr>
<tr><td>说明</td><td>电机的励磁电流由另外的直流电源供给，为了控制励磁电流的大小</td></tr>
<tr><td>名称</td><td>他励电机电路原理图</td></tr>
<tr><td>图示</td><td>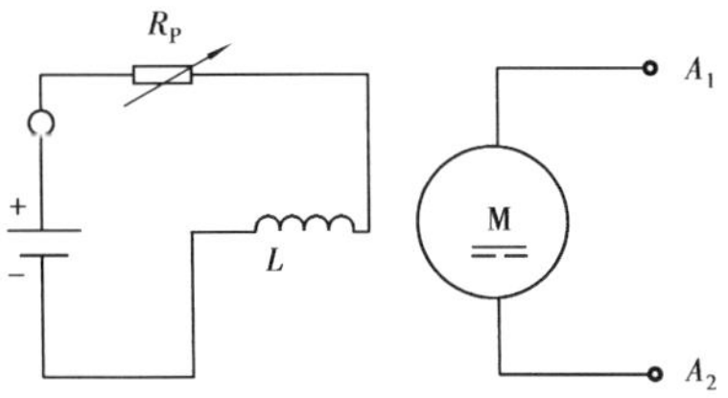
</td></tr>
<tr><td>说明</td><td>励磁回路中串联了磁场变阻器 R_p。这类电机设备较复杂，但它的优点是励磁电流不受电流影响，而只与励磁电源电动势和励磁绕组电阻有关</td></tr>
</table>

第2节　三相异步电动机原理及日常维护

一、笼型异步电动机的结构

笼型异步电动机主要由定子和转子两个基本部分组成。其结构如图 3.2 所示,定子和转子之间留有很小的空气间隙。

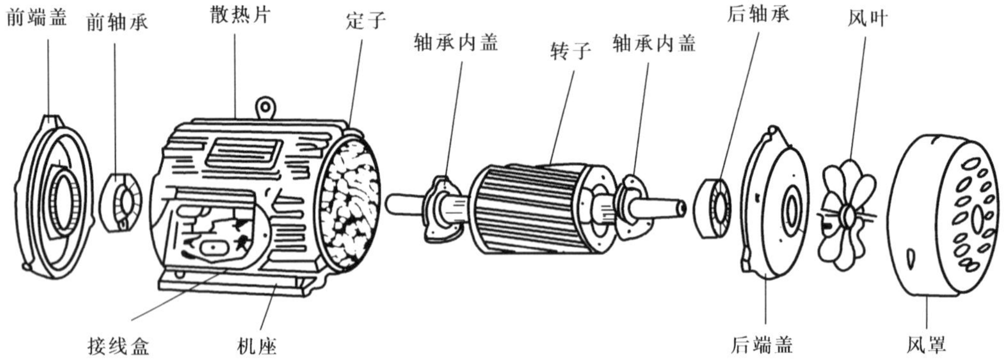

图 3.2　封闭式三相异步电动机的结构

1. 定子

定子绕组组成电动机的电路部分。它是由若干线圈组成的三相绕组,在定子圆周上均匀分布,按一定的空间角度嵌放在定子铁芯槽内,每相绕组有两个引出线端,一个叫首端,另一个叫尾端。三相绕组共有六个引出端,其中三个首端分别用 U1,V1,W1 表示,三个尾端分别用 U2,V2,W2 表示。

名称	定子铁芯与硅钢片
图示	
说明	定子由定子铁芯、定子绕组和机座三部分组成,其作用是通入三相交流电源时产生旋转磁场
名称	定子铁芯与硅钢片
图示	
说明	定子铁芯组成电动机磁路的一部分,通常由 0.35 ~ 0.50 mm 厚的硅钢片叠压而成,为减少磁滞和涡流损失,硅钢片表面有绝缘漆或氧化膜。在硅钢片内圆冲有均匀分布的槽口,以便在叠压成铁芯后嵌放线圈。整个铁芯被固定在铸铁机座内

机座主要用于容纳保护定子铁芯和绕组并固定端盖。中小型电动机的机座由铸铁制成。其上铸有加强散热功能的散热筋片。

2. 转子

转子的作用是通过磁通，并在定子旋转磁场作用下产生电磁转矩，沿着旋转磁场方向转动，并输出动力带动生产机械运转。转子由转子铁芯、转子绕组（笼型绕组）和转轴三部分组成。转子铁芯由外圆冲有均匀槽口、互相绝缘的硅钢片叠压而成，铁芯槽内有铝质或铜质的笼型转子绕组，两端有端环，如图 3.3 所示。整个转子套在转轴上形成紧配合。被支承在端盖中央的轴承中，这样由定子铁芯、转子铁芯和两者之间的空气间隙构成了电动机的完整磁路。

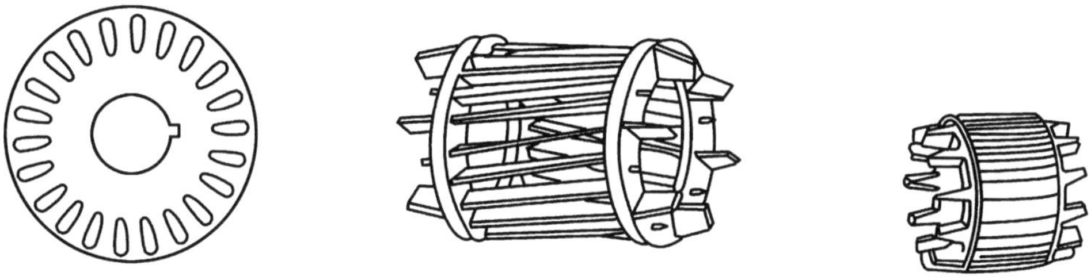

(a)转子硅钢片　　(b)笼型转子绕组　　(c)铸铝转子

图 3.3　笼型转子

3. 其他附件

除定子、转子两个主体部分外，电动机还有端盖、轴承、轴承盖、风扇叶和接线盒等附件。

二、笼型电动机的铭牌

任何新出厂的电动机，在机座上都装有一块铝质或铜质的标牌，叫铭牌。它简要地标明了该电动机的类型、主要性能、技术指标和使用说明。为用户使用和维修这台电动机提供了重要依据。这里综合了电动机有关铭牌内容，列出如下铭牌并予以解释。

三相异步电动机			
型号	Y112M-4	额定频率	50 Hz
额定功率	4 kM	绝缘等级	E 级
接法	△	温升	60 ℃
额定电压	380 V	定额	连续
额定电流	8.6 A	功率因数	0.85
额定转速	1440 r/min	重量	59 kg

1. 型号

型号表示电动机的品种、规格，由字母和数字组成，其含义如下：

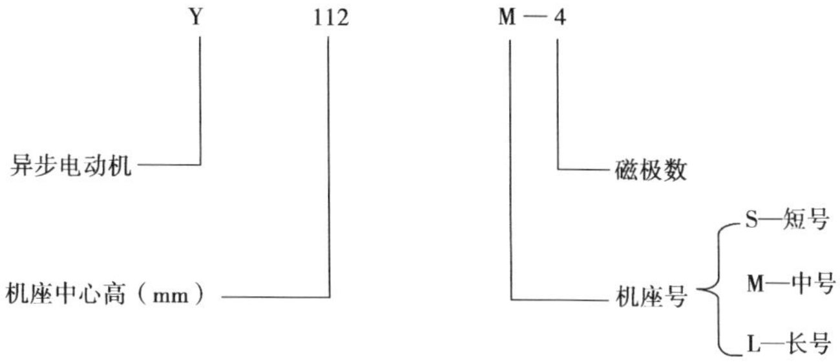

2. 额定功率

电动机按铭牌所给条件运行时，轴端所能输出的机械功率，单位为千瓦(kW)。

3. 额定电压

电动机在额定运行状态下加在定子绕组上的线电压，单位为伏(V)。

4. 额定电流

电动机在额定电压和额定频率下运行，输出功率达额定值时，电网输入定子绕组的线电流，单位为安(A)。

5. 额定频率

指电动机所用电源的频率。铭牌注明 50 Hz，表明该电动机只能在 50 Hz 电源上使用。

6. 额定转速

指电动机转子输出额定功率时每分钟的转数。通常额定转速比同步转速(旋转磁场转速)低 2% ~6%，其中同步转速、电源频率和电动机磁极对数的关系是：

$$同步转速 = \frac{60 \times 频率}{磁极对数}$$

7. 联结

指电动机三相绕组六个线端的连接方法。将三相绕组首端 U1，V1，Wl 接电源、尾端 U2，V2，W2 连接在一起，叫星形(Y)联结，如图 3.4(a)所示。若将 U1 接 W2，V1 接 U2，Wl 接 V2，再将这三个交点接在三相电源上，叫三角形(△)联结，如图 3.4(b)所示。

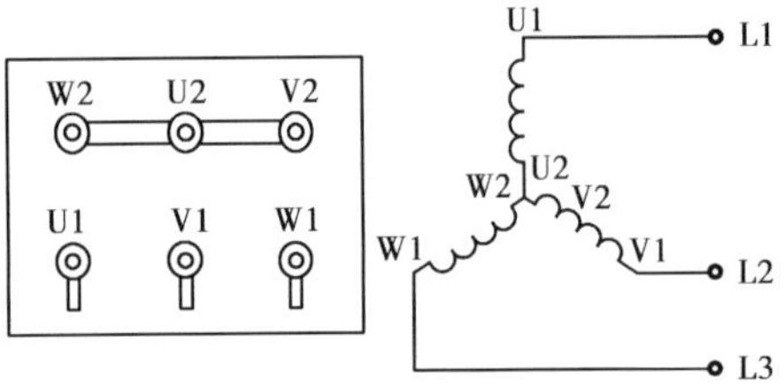

(a) Y联结

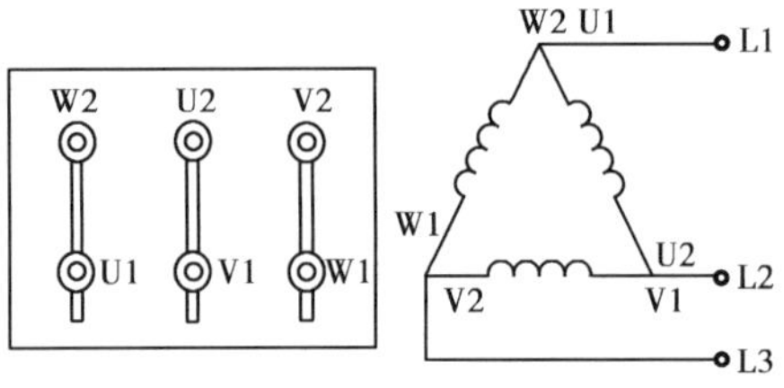

(b) △ 联结

图 3.4 三相绕组联结

8. 定额

电动机定额分连续、短时和断续三种。连续是指电动机连续不断地输出额定功率而温升不超过铭牌允许值。短时表示电动机不能连续使用，只能在规定的较短时间内输出额定功率。断续表示电动机只能短时输出额定功率、但可多次断续重复启动和运行。

9. 温升

电动机运行中，部分电能转换成热能，使电动机温度升高，经过一定时间，电能转换的热能与机身散发的热能平衡，机身温度达到稳定。在稳定状态下，电动机温度与环境温度之差，叫电动机温升。而环境温度规定为 40 ℃。如果温升为 60 ℃，表明电动机温度不能超过 100 ℃。

10. 绝缘等级

指电动机绕组所用绝缘材料按它的允许耐热程度规定的等级，这些级别为：A 级，105 ℃；E 级，120 ℃；B 级，130 ℃；F 级，155 ℃；H 级，180 ℃。

11. 功率因数

指电动机从电网所吸收的有功功率与视在功率的比值。视在功率一定时,功率因数越高,有功功率越大,电动机对电能的利用率也越高。

三、三相笼型异步电动机的选用、运行与维护

对电动机的选用、正常巡视和维护,是保证它稳定、可靠、经济运行的重要措施。这不仅可减少故障的发生,还能有效地延长设备使用寿命,提高使用效益。

四、电动机的选用

1. 选择使用电动机的基本原则

(1)能完全满足被拖动的生产机械在机械特性方面的要求。

(2)在工作过程中,电动机的功率应被充分利用,否则会降低其功率因数。

(3)电动机的结构、形式能与周围环境条件相适应。

2. 选择使用电动机的基本方法

(1)电动机额定电压的选择　电动机额定电压必须与供电电压一致。

(2)电动机额定转速的选择　当电动机额定转速与生产机械额定转速一致时,传动机构最简单,可用直接传动。在实际生产中,功率相同的电动机转速越高,电动机尺寸、重量、成本越小,选高速电动机很经济。但用高速电动机拖动低速生产机械时,其传动机构复杂。究竟在转速上怎样搭配,应根据实际使用条件综合考虑。

(3)电动机容量的选择　电动机额定功率应满足生产机械对功率的要求。

(4)电动机形式的选择根据电动机工作方式的不同可选择连续、短时、断续三种方式中的一种。根据安装、传动方式的不同,可选择卧式或立式。实践中电动机多用卧式安装,只有为了满足传动的特殊要求才采用立式安装。根据工作环境的要求应选择合适的防护形式:干燥、清洁的环境选开启式;干燥、灰尘不多、无腐蚀和爆炸性气体环境选防护式;潮湿、多尘、有风雨侵袭及腐蚀性气体环境应用封闭式;有爆炸危险环境应用防爆式。

五、开车前的检查

对新安装或停用三个月以上的电动机,在开车前必须按使用条件进行必要的检查,检查合格方能通电运行。应检查的项目如下:

(1)检查电动机绕组绝缘电阻。对额定电压在380 V及以下的电动机,用500 V以上的兆欧表检查三相定子绕组对地绝缘电阻和相间绝缘电阻,其电阻值热态时不应小于0.5～2 MΩ。如果绝缘电阻值偏低,应进行烘烤后再测。

(2)检查电动机绕组的联结、所用电源电压是否与铭牌规定相符。检查该电动机供电电网上的电压是否稳定,其波动值不得超过+10%和-5%。

(3)对反向运转可能损坏设备的单向运转电动机,必须首先判断通电后的可能旋转方向。判断方法是在电动机与生产机械连接之前通电检查,并按正确转向连接电源线,此后不得再更换电源相序。

(4)检查电动机的启动、保护设备是否符合要求,检查内容包括:启动、保护设备的规格是否与电动机配套,接线是否正确;所配熔体规格是否恰当,熔断器安装是否牢固;这些设备和电

动机外壳是否妥善接地。

(5)检查电动机的安装情况，检查电动机端盖螺钉、地脚螺钉、与联轴器连接的螺钉和销子是否紧固；皮带的连接是否牢固，松紧度是否合适，联轴器或带轮中心线是否校准；机组的转动是否灵活、有无非正常的摩擦、卡塞、窜动和异响等。

六、启动注意事项

(1)通电后密切注意电动机的启动状态，如电动机不转或转速很低或有嗡嗡声，必须迅速拉闸断电，否则会导致电动机烧毁，甚至危及线路及其他设备。断电后，查明电动机不能启动的原因，排除故障后再重新试车。

(2)电动机启动后，留心观察电动机、传动机构、生产机械等的动作状态是否正常，电流、电压表读数是否符合要求。如有异常，应立即停机，检查并排除故障后重新启动。

(3)注意限制电动机连续启动的次数。通常电动机能连续启动的允许次数为：空载 3 ~ 5 次；长时间工作后停机再连续启动，不得超过 2 ~ 3 次；因启动电流很大，若连续启动次数太多，可能损坏绕组。

(4)通过同一电网供电的几台电动机，尽可能避免同时启动，最好按容量不同，从大到小逐一启动。因同时启动的大电流将使电网电压严重下跌，不仅不利于电动机的启动，还会影响电网对其他设备的正常供电。

七、电动机运行中的巡查

电动机运行是否正常，可从线路的电压、电流、电动机温升、音响等情况是否正常进行判断。

1. 观察电动机电源电压

运行中的电动机对电源电压的稳定度要求较高。电源电压允许值不得超过额定值的 10%，不得低于额定值的 5%。三相电压要对称，不对称值也不得超过 5%。否则应减轻负载，有条件时，可对电源电压进行调整。

2. 观察电动机工作电流

在线路电压为额定值时，电动机的工作电流直接反映出负荷的大小。只有在额定负载下运行时，电动机的线电流才接近于铭牌上的额定值，这时电动机工作状态最好，温升也符合要求。

3. 检查电动机温升

电动机温升是否正常，是判断电动机运行是否正常的重要依据之一。电动机的温升不得超过铭牌规定值。在实际应用中，如果电动机电流过大、三相电压和电流不平衡、电动机出现有关机械故障等均会导致温升过高，影响其使用寿命。对于没装电流表、电压表和过载保护装置的小电动机的温升在要求不高的场合一般不需要较准确的测量，可用皮肤感觉估测：用手背贴在电动机外壳上(检验外壳不带电后进行)，若没有烫得要缩手的感觉，则电动机不过热，若烫得需要立即缩手，说明电动机已经过热。也可在机壳上滴水滴检验，如果水滴只冒热汽而没有声音，表明电动机不过热；如果既冒热汽又伴有“咝咝”声，则表明已经过热。

4. 观察有无故障现象

对运行中的电动机，应随时检查紧固件是否松动、松脱，有无异常振动、异响，有无温升过高、异味和冒烟，若有，应立即停机检查。

运行中的电动机若发出较大的“嗡嗡”声，不是电流过大就是缺相运行；如果出现异常摩擦声，可能是转子扫膛（摩擦定子铁芯）；用螺丝刀一端抵到轴承位，一端紧贴人耳，若有“咕噜”声，则轴承中滚珠破碎，有“咝咝”声，是轴承缺油；电动机振动加大，可能是基础不稳，地脚螺丝松动，或与生产机械之间传动装置配合不良，定子绕组部分开路、短路或转子断条；若有焦臭味或冒烟，说明电动机长时间大电流运行引起严重过热，将绝缘材料烧焦。

运行中的电动机，一旦出现下列严重故障时，必须立即断电，紧急停机。

(1)发生人身触电事故。

(2)电动机或有关设备、线路冒烟、起火。

(3)电动机剧烈振动。

(4)轴承剧烈发热和明显异响。

(5)电动机所拖动的生产机械损坏。

(6)电动机发生窜轴冲击、扫膛、转速突然下降、温度迅速上升。

八、电动机的定期维修

电动机除了在运行中应进行必要的维护外，无论是否出现故障，都应定期维修。这是消除隐患、减少和防止故障发生的重要措施。定期维修分为小修和大修两种。小修只作一般检查，对电动机和附属设备不作大的拆卸，大约每半年或更短的时间进行一次；大修则应全面解体检查，彻底清扫和处理，大约一年进行一次。

1. 定期小修项目

(1)清洁电动机机壳，除去污物和油垢。

(2)检测绕组绝缘电阻，测完后按要求连接好绕组接头。

(3)检查接线端子，检查接线盒紧固螺丝是否松动，盒内有无烧伤和杂物，接线螺母有无松动。

(4)检查紧固件及接地线，检查端盖螺丝、地脚螺丝、轴承盖螺丝是否紧固，保护接地线是否良好、牢固。

(5)检查电动机和生产机械之间的传动装置是否正常，传动良好。

(6)检查轴承是否磨损、松旷，润滑油是否干涸、变质、变脏。

(7)检查电动机附属设备是否完好、清洁；擦拭外壳，检查触点是否良好，检测绕组及带电部分对地绝缘电阻是否符合要求。

2. 定期大修项目

(1)检查各零部件有无机械损伤和丢失，如有应修理或配齐。

(2)对电动机和启动设备进行解体，清除灰尘、油垢。注意检查绕组的绝缘状况，若已老化或变色、变脆，应特别注意保护，如有剥落，应进行局部绝缘处理。

(3)拆下轴承并洗掉废油，检查转动是否灵活，是否磨损和有旷动。检查后对不能使用的应当更换，对能用的加足钠基脂或钙钠基脂等高速黄油，再按要求组装复位。

(4)检查定子和转子绕组检查定子绕组有无绝缘性能下降，对地短路，相间短路、开路，接错等故障；检查转子绕组有无断条，并针对检查中发现的问题进行修理。

(5)检查定子和转子铁芯有无磨损和变形，应特别注意检查定子、转子气隙中有无突出物及发亮点，这是引起扫膛的隐患或是已发生扫膛的标志，应锉平或刮低，对变形的部位应修复。

(6)检查电动机附属设备检查启动设备、保护装置、指示测定仪表等是否完好,并应清除脏物,检查、打磨触点和接线端子,更换已损坏的零部件。

(7)检查电动机的装配检查电源线的连接,与启动设备、保护装置等的连接,接地装置等的安装是否符合要求。

(8)检查电动机与生产机械之间的传动装置检查带轮、联轴器的紧固和校准状况,紧固件的紧固状况、皮带的连接状况等是否符合要求。

(9)对上述内容经检验无误后的电动机应通电试验。先用手扳动转动部分看运转是否灵活,确认无毛病时通电空载运行半小时,再带负荷试车。试车合格,才说明该电动机及附属设备大修任务完成。

第3节　单相电动机的控制电路

单相异步电动机的控制在实用上主要有正反转控制和调速控制两大类,如家用电器中洗衣机的正、反转洗涤、调速,电风扇的调速等。本节将介绍这两种控制电路的组成及原理。

一、单相异步电动机的正反转控制

1. 正反转控制原理

单相异步电动机的正反转控制多用于对电容式电动机的控制,特别广泛地用于洗衣机电动机,因为这种电动机的主、副绕组可以交替使用。如果将副绕组切换成主绕组使用时,假定原来的副绕组比主绕组滞后∩/2,切换后原来的副绕组成了主绕组,它将比原来的主绕组(现为副绕组)超前∩/2,即倒相∩,使电动机定子旋转磁场反向,转子反转。

2. 正反转控制电路

单相电容式电动机正反转控制电路如图3.5所示。设开关S置于触点“1”时为正转,此时是以绕组A为主绕组,B为副绕组的接线状态。当S切换到触点“2”时,B成了主绕组,A成了副绕组,电动机即发生反转。

单相电动机的这种控制方式对它的启动性能有一定影响,目前正在推广一种将电动机定子绕组嵌成三相对称绕组,将其用在单相电源上。其接线如图3.6所示,它的正反转控制原理与单相电容式电动机相同,但它在启动电路上串接了一个合适的电阻,可以大大改善电动机启动和运行性能,它在目前生产的新型洗衣机中越来越受到青睐。

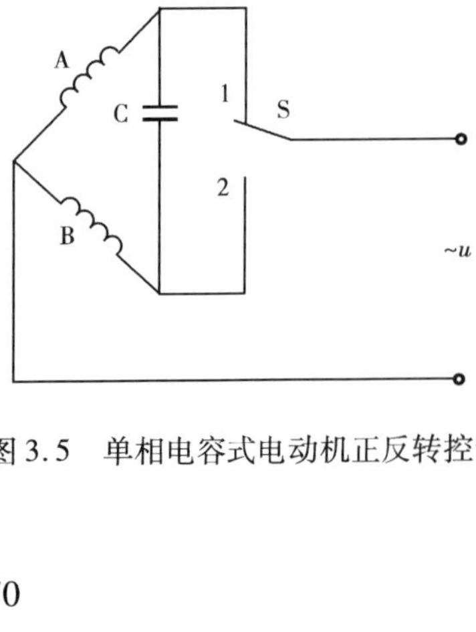

图3.5　单相电容式电动机正反转控制

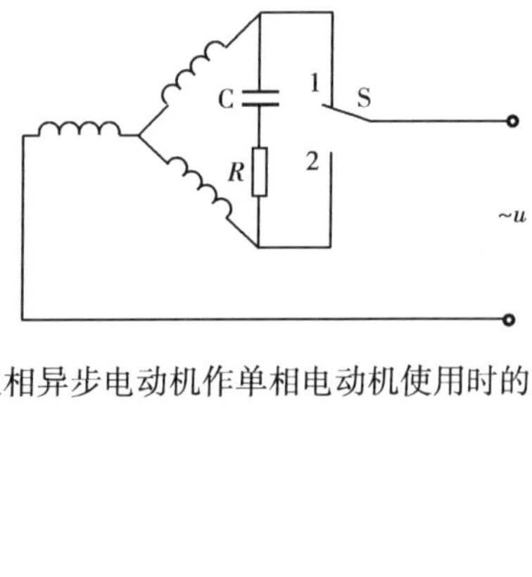

图3.6　三相异步电动机作单相电动机使用时的正反转控制

二、单相异步电动机的调速控制

单相异步电动机调速的方法有多种,下面介绍简单实用的改变绕组主磁通实现调速的电路。

1. 利用绕组抽头调速

(1)调速原理改变绕组主磁通调速的实质是通过转换开关的不同触点,与事先设计好的绕组不同抽头连接,在电动机外部通过抽头的变换增、减主绕组的匝数,从而增、减绕组端电压和工作电流来调节主磁通,使转速发生改变。这种调速方式不需任何附加设备,是目前最经济的一种调速电路,广泛使用于电风扇和空调器的调速。

(2)电路分析　绕组抽头调速常用的有主绕组抽头和副绕组抽头两种形式。

<table>
<tr><td>名称</td><td>主绕组抽头</td></tr>
<tr><td>图示</td><td>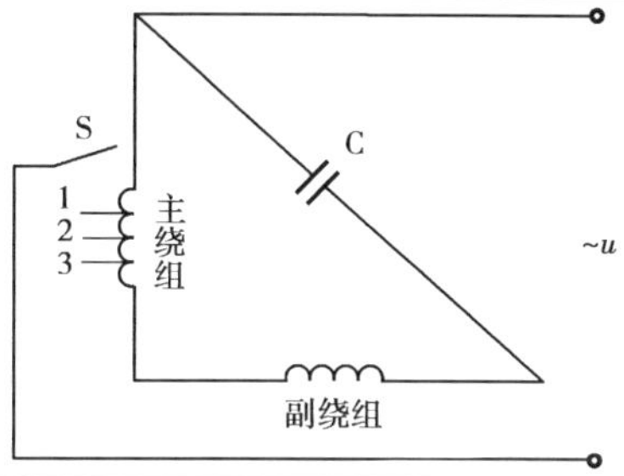
</td></tr>
<tr><td>说明</td><td>主绕组抽头“1”是高速挡,当开关S与之接通时,主绕组匝数最少,工作电流最大,主磁通最多,转差率s小,根据转子转速公式 $n_2=n_1(1-s)$,转子转速最高
在s分别接通中速挡“2”和低速挡“3”时,串入电路的主绕组匝数增多,副绕组匝数减少,工作电流减小,主磁通减少,若负载转矩不变,主磁通减少时,转差率s增大,根据转子转速公式 $n_2=n_1(1-s)$ 可知,即使旋转磁场转速n1不变,转子转速n2也因s增大而下降</td></tr>
<tr><td>名称</td><td>副绕组抽头</td></tr>
<tr><td>图示</td><td>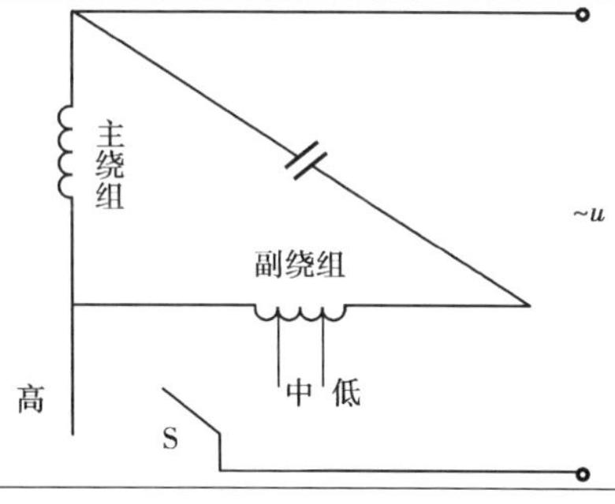
</td></tr>
<tr><td>说明</td><td>为副绕组抽头调速电路,它的调速原理与主绕组抽头调速类似,读者可以自行分析</td></tr>
</table>

2. 串联电抗器调速

串联电抗器调速电路如图3.7所示,工作原理与电动机绕组抽头调速相似。它是在电动机绕组外面串联有抽头的电抗器(又名调速线圈),这实际上是一只感抗很大的铁芯线圈,通过转换开关,将不同匝数的电抗器绕组与电动机绕组串联,改变电路的感抗值,也就改变了电动机绕组电流的大小,从而改变电动机主磁通的大小,改变其转差率,也就改变了转速。

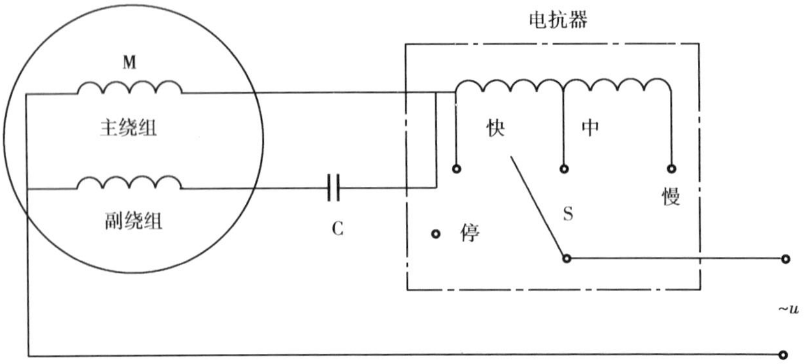

图 3.7　电抗器调速电路

从图 3.7 中还可看出，串入电动机绕组的电抗器线圈匝数越少，电动机转速越快，反之则越慢。这在电扇，特别是吊扇、台扇和落地扇中用得较为广泛。

第 4 节　伺服电动机原理及日常维护

一、目的

学会伺服电动机三种不同控制方式的接线规律，进一步了解伺服电动机的工作原理及控制电路的工作原理。

二、实验器材

笼型转子伺服电动机、无极性电容（1 pF，1.5 μF，2.0 μF，2.5 μF 各 1 只）、五位转换开关、木质配电板、闸刀开关、接线排（JX2—1005）、万用表、转速表、一字螺丝刀和十字螺丝刀各 1 只、变阻器 2 个、熔断器 2 个、木螺钉、导线适量。

三、训练步骤与工艺要点

1. 线路连接

在已固定好伺服电机及相关元器件的（图 3.8 所示）电路板上，按图 3.9 求连接线路。

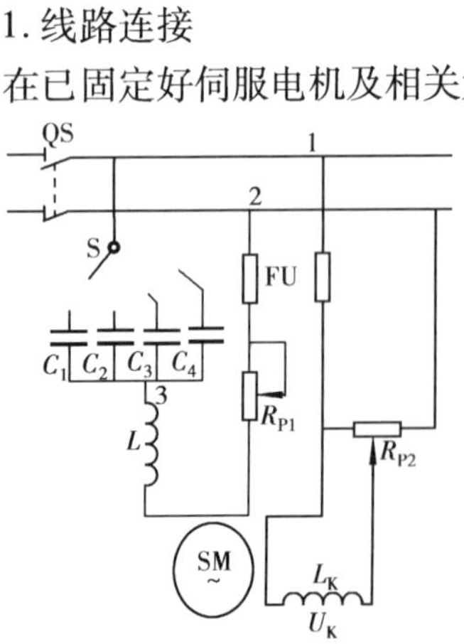

图 3.8　交流伺服电动机控制电路

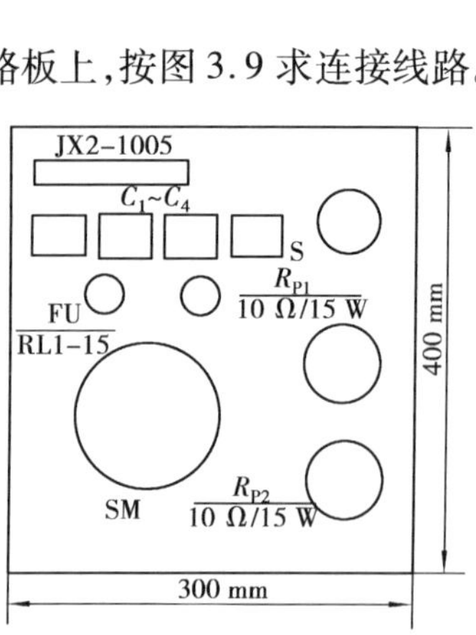

图 3.9　伺服电动机控制电路安装板

2. 线路检测

线路连接完毕，经反复直观检查无误后，用万用表适当电阻量程挡分别检测励磁回路。

(1)励磁回路检测

1)将万用表置于 R×100 Ω 或 R×1 kΩ 量程挡，两表笔分别搭接四只电容器两根弓当表笔搭接瞬间，表针向右偏转一个明显角度，然后缓慢回到原位，表明电容器质量可靠。

2)将 R_{p1} 滑动触点调到最大阻值(即滑到最上端)，将万用表表笔搭接在四只电容接点"3"和"2"上，万用表所示电阻值应为励磁绕组电阻和变阻器 R_{p1} 阻值之和。

(2)控制回路检测

将变阻器 R_{P2} 滑动触点调到最右端，用万用表测两电源线"1"、"2"点间的电阻值，应为伺服电动机控制绕组与变阻器 R_{P2} 标称阻值的并联值，将测量结果记入表 3.1 中。

表 3.1　励磁回路与电枢回路安装质量检查记录

回路	励磁回路电阻/Ω				电枢回路电阻/Ω			
检测部位	励磁绕组电阻	变阻器 R_{p1} 电阻	"2"、"3"点间的电阻	误差	电枢绕组电阻	变阻器 R_{p2} 电阻	"1"、"2"点间的电阻	误差
实测制								
是否正常								

演示励磁电流与控制电流之间的相位差由于篇幅和课时有限，对双踪示波器的使用在此不作介绍。对励磁电流 IL 和控制电流 IK 之间是否满足 90°相位差的测试工作由教师通过演示完成。要求连接将励磁电流和控制信号按示波器操作规范输入 SR8 输入系统。闭合 QS 向伺服电动机控制电路输入励磁电流和控制电流。为了省去复杂而又昂贵的移相设备，本实训采用电容移相。在励磁绕组已确定的前提下，为了使移相尽可能接近 90°，这里并联了四只不同容量的电容器供选择，并通过转换开关完成实验比较，即当转换开关接触某只电容器时，IL 与 IK 相位差最接近 90°，则这只电容器就是该伺服电动机的移相电容。此时再通电使电动机转动，用转速表测出转子转速，记入表 3.2 中。

表 3.2　伺服电动机不同情况下转速测试记录

控制前	幅值控制方式			相位控制方式				幅值-相位控制方式			
IL 与 IK 接近 90°	Uk 最大	Uk 为中间值	Uk 为零	C1 接通	C2 接通	C3 接通	C4 接通	Uk 最大 C1 接通	Uk 为中间值，C2 接通	Uk 为零 C3 接通	Uk 为最大 C4 接通
转子转速/$(r \cdot min^{-1})$											

3. 交流伺服电动机三种控制方式的实训

(1)幅值控制方式保持 IL 与 IK 之间的相位差不变，通过变化 R_{P2} 的阻值来调节控制电压装板下用转速表测出电动机转速，并将测量结果记入表 3.2 中。可以发现，Uk 大时转速大，Uk 小磁回路和控时转速小，Uk 为 0 时电动机停转。

(2)相位控制方式保持励磁电流 IL 和控制电流 IK 大小不变，通过改变励磁回路不同的移相电容，改变 IL 与 IK 之间的相位差，再用转速表测出不同相位差时电动机的转速，并将其记入 i 根引出线。表 3.2 中。可以看出，IL 与 IK 之间的相位差偏离 90°越远，电动机转速越小。

（3）幅值一相位控制方式在改变控制电压 Uk 幅值的同时，通过改变移相电容的大小来改电容器公共变 IL 与 IK 间的相位差。可以发现，Uk 幅值和 IL 与 IK 间相位差同时改变时，电动机转速将发生变化。试按表 3.2 所给条件用转速表测出其对应转速，将其记入该表中。

四、实训工艺要点或结果分析

（1）该实训所用伺服电动机在总体结构、绕组参数上与单相笼型异步电动机相比，有哪些异同点？

（2）幅值控制式和相位控制式在控制伺服电动机转速上遵循什么样的规律？

（3）幅值一相位控制式实训中，伺服电动机转速与 Uk 幅值和 IL、IK 间的相位差之间有什么关系？

第 5 节　特殊电动机原理及日常维护

特种电动机在现代的生产设备、电子计算机、空间技术及科学研究领域有着广泛的应用，它们在自动控制系统、计算机装置中分别作为测量、比较、放大、执行和解算元件。所以，常将它们称为控制电机，对它们的要求是使用性能优越，运行参数稳定，工作十分可靠。本节将介绍使用极为广泛的单相交直流两用串励电动机、伺服电动机和步进电动机，使读者了解它们的基本结构、工作原理、运行特性及其应用。

一、单相交直流两用串励电动机

单相交直流两用串励电动机大量用于手电钻中作为动力机，它具有交、直流电源均可使用的优点。

1. 基本结构与工作原理

单相交直流两用串励电动机在结构上与直流电动机基本相同，仍由定子和电枢两大部分组成。定子包括外壳、磁极、电刷组件，电枢由转子铁芯、绕组、转轴及换向器等组成。

名称	电路图
图示	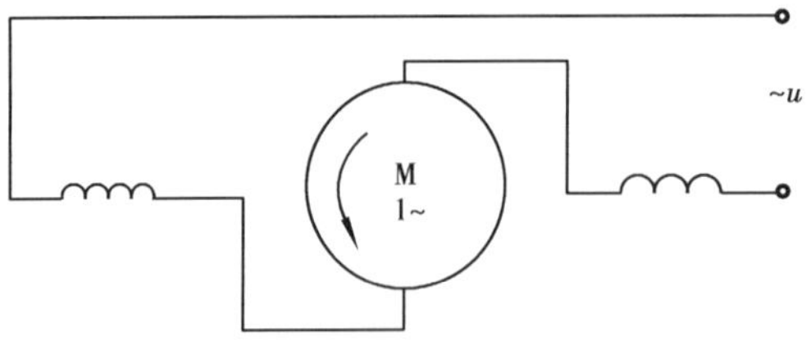
说明	它的励磁绕组和电枢绕组串联后接在交流或直流电源上。开启电源后，励磁绕组和电枢绕组将通过同一电流，定子磁极产生磁通，作用于电枢的载流绕组上，使电枢受到磁场力作用而产生电磁转矩，带动电枢旋转

续表

名称	电源极性正向连接的转向
图示	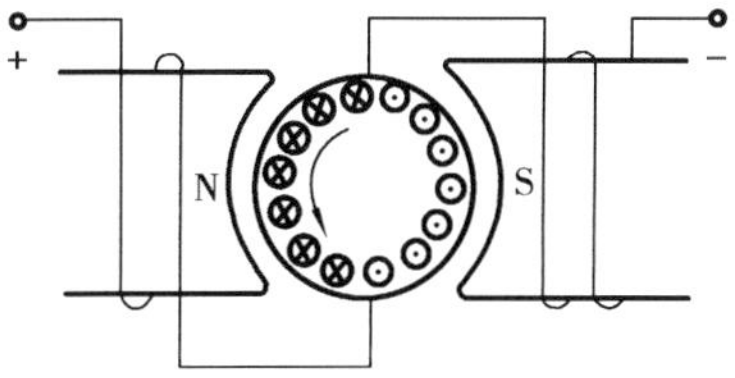
说明	这种电动机接入电源时,无论是正向连接(设左边接正极、右边接负极)或反向连接(设左边接负极、右边接正极),根据主磁通少的方向和电枢绕组电流方向,利用左手定则,均可判断出其电磁转矩方向相同,可实现在电源极性改变后保持转向不变的特点
名称	电源极性反向连接转向
图示	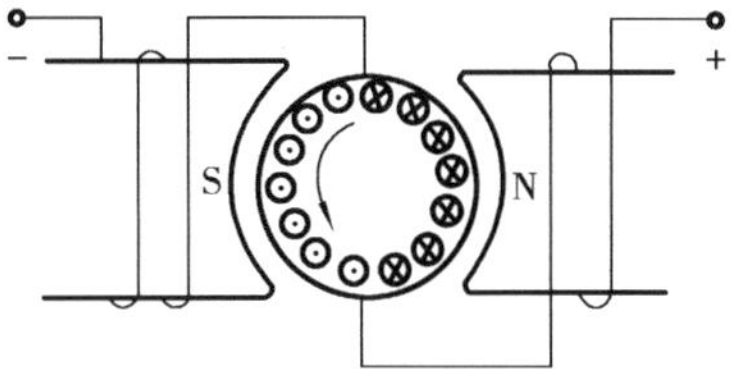
说明	所以,它既可使用直流电源又可使用交流电源。其原因很简单,由于励磁绕组与电枢绕组串联,当电源反向时,两个绕组电流方向同时反向,根据直流电动机工作原理,能保持电枢的转向不变

2. 机械特性及其应用

单相交直流两用串励电动机不仅基本结构、工作原理与直流串励电动机相似,它还具有启动转矩大、机械特性软的特点。

单相交直流两用串励电动机多数使用交流电源,为了减少涡流和磁滞损耗,它的主磁极铁芯、电枢铁芯,均用硅钢片叠压而成。这种电动机转速很高,空载时可达 20 000 r/min,在带负载运行时中速一般保持在400～1 000 r/min。所以这种电动机不能直接接电源空载运转,否则将出现“飞车”事故。就是维修后试车,也得带上减速机或其他负载后方能通电。

这种电动机由于有换向器和电刷,容易产生火花,影响通信设备,也影响自身使用寿命。再则结构较复杂,易发生故障,运行可靠性也不佳。所以,它多用于电动工具中。

二、伺服电动机

在特种电机中,伺服电动机的使用也较为广泛。它作为自动控制系统中的执行元件,主要用于将电信号转换成机械运转的角速度或角位移。它的工作特点是很少达到稳定转速,多数时间都处在转速接近于零的状态运行并频繁启动、停止和反转。在自动控制系统中使用的伺服电动机分交流和直流两种,下面以交流伺服电动机为例分析其基本结构、工作原理、机械特性及其应用。

1. 基本结构

名称	交流伺服电动机原理图
图示	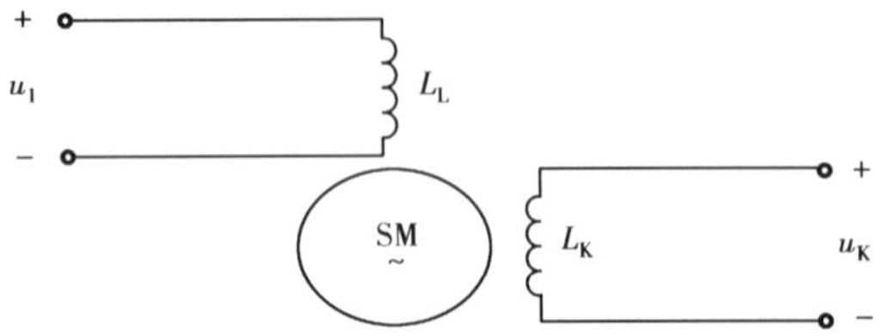
说明	在小功率自动控制系统中，多使用交流伺服电动机。它的基本结构与一般单相电容式异步电动机相似。其定子绕组仍然绕制成两相，且在空间按 90°电角度分布。一个称为励磁绕组 L，另一个称为控制绕组 K，两绕组分别用独立的电源和信号源供电
名称	笼型转子结构
图示	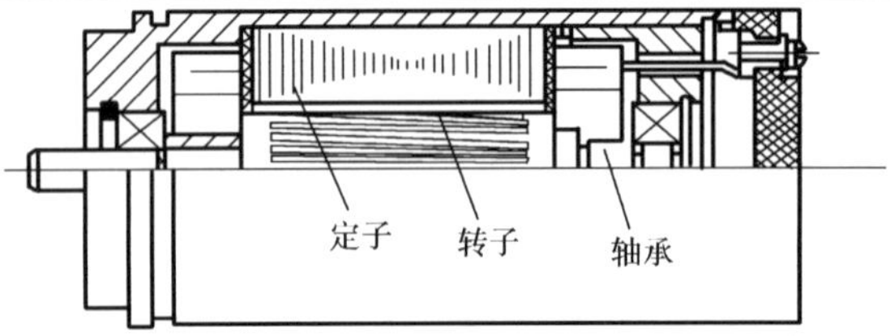
说明	其中，L 与励磁电源 u_1 连接，K 与控制信号源 u_K 连接。它的转子结构有笼型和非磁性杯形两种，笼型转子结构与笼型异步电动机相同，不同的是在材质上转子导体用电阻率高的铸铝或青铜。非磁性杯形转子外形如茶杯，壁薄，质量轻，惯性小，多用高电阻率的硅锰青铜或锡锌青铜制成
名称	杯形转子结构
图示	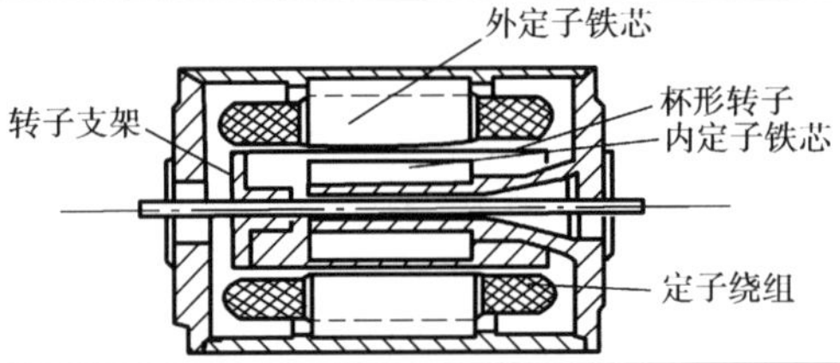
说明	两绕组分别用独立的电源和信号源供电。其中，L_L 与励磁电源 u_1 连接，u_K 与控制信号源 u_K 连接。它的转子结构有笼型和非磁性杯形两种，转子结构与笼型异步电动机相同，不同的是在材质上转子导体用电阻率高的铸铝或青铜。非磁性杯形转子外形如茶杯，壁薄，质量轻，惯性小，多用高电阻率的硅锰青铜或锡锌青铜制成

2. 工作原理与机械特性

交流伺服电动机工作原理与单相笼型异步电动机基本相同。当它的励磁绕组接通励磁电源，控制绕组接通控制信号源后，两绕组将流过相位差为 90°电角度的两相电流，在定子圆周内产生旋转磁场，该旋转磁场切割转子导体产生感应电流，该感应电源与旋转磁场相互作用而产生电磁转矩，使转子转动。无论是笼型转子还是杯形转子，都具有质量小、惯性小的特点，一旦控制信号中断，旋转磁场消失，电机会立即停转。这种电动机转速的大小与励磁电压大小、控制电压大小及它们之间的相位差均有关系，只要改变3个量中的一个或两个，均可改变电动机转速。作为自动控制系统中的执行元件，灵敏度应很高，要求有较小信号就能启动，信号一停必须停转。所以转子导体需要用电阻率很高的材料制作，使机械特性变软，从而提高其灵敏度，其机械特性曲线如图3.10所示。

三、步进电动机

步进电动机与一般电动机不同。一般电动机通电后连续转动，而步进电动机则是通以电脉冲信号后一步一步转动，每通入一个电脉冲信号只转动一个角度。所以，步进电动机是将电脉冲信号转换成机械角位移或直线位移的自动控制执行元件。步进电动机按工作原理不同分为反应式、永磁式和永磁感应式几种。按运动状态不同又分有旋转式、直线运动式和平面运动式几种。本节只介绍目前应用广泛的反应式旋转运动步进电动机的基本结构、工作原理及应用。

1. 基本结构

反应式旋转运动步进电动机有单段式和多段式两类。目前使用最多的是单段式，其结构示意如图3.10所示。它的定子和转子均用硅钢片或其他软磁性材料制成，定子磁极数为相数的两倍，即 $p=2m$，p 为磁极对数，m 为相数，每对定子磁极上绕有一对控组，被称为一相在定子磁极极面和转子外缘均开有分布均匀的小齿，两者齿型和齿距相同。如果使两者齿数恰当配合，可实现使U相磁极的小齿与转子小齿一一对正，而V相磁极的小齿与转子小齿错开1/3齿距，W相则错开2/3齿距。这种结构的优点在于：电动机制造简便、精确度高，每转一步所对应的转子转角（步距角）小，容易获得较高的启动转矩和运行频率。不足之处是当电动机直径较小而相数又较多时，径向分相困难。

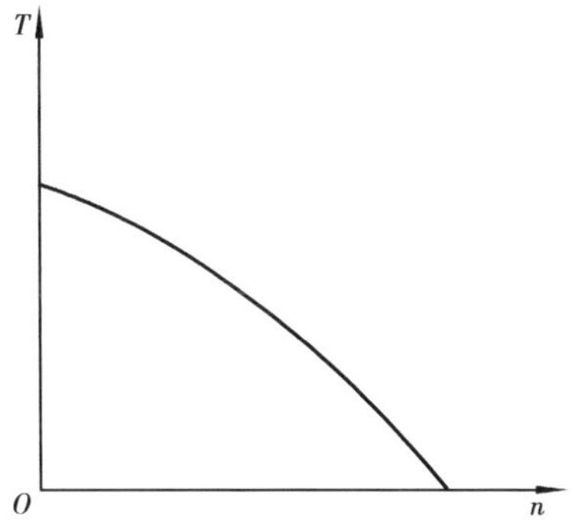

图3.10 交流伺服电机机械特性

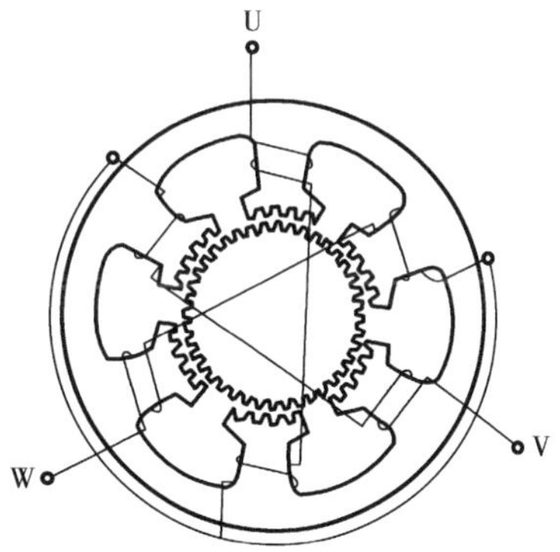

图3.11 单段反应式旋转运动步进电机结构

2. 工作原理

图3.11所示为三相反应式步进电动机原理图。当W相绕组通入直流电（或电脉冲）时，转子被定子磁场磁化，磁场力将转子轴线拉至与U相绕组轴线重合位置。此时若切换为V相绕组通电（或电脉冲），则转子在定、转子间磁场力作用下沿顺时针方向旋转60°。每转动一步，转子可以准确自锁，不会因惯性而发生错位。

上述所讲的步进电动机的“三相”不同于交流电的“三相”，它只表明定子圆周上有三套独立的控制绕组，但不能同时通电。在工程技术上，从一相通电切换到另一相同点称为一拍，而三相依次通电的运行方式称为三相单三拍运行方式。在使用中,为了减小步距角,还可将UV两相同时通电,使转子轴线转至UV两相之间的轴线上。这类按UV—VW—WU的顺序,两相同时依次通电的运行方式称为三相双三拍运行方式。此外还可按U—UV—V—VW—W—WU的组合方式依次通电,称为三相六拍运行方式,其步距角更小。

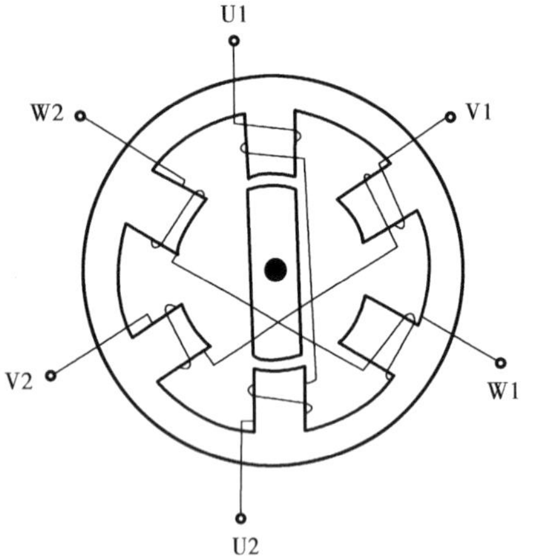

图3.12　三相反应式步进电动机原理图

为了进一步减小步距角,多采用图3.12所示的槽齿结构。在U相通电时,U相磁极小齿与转子小齿一一对正,V相磁极小齿与转子小齿错开1/3齿距,而W相定、转子轴线间则错开2/3齿距。若切换为V相绕组通电时,转子将转过1/3齿距的角度,使V相磁极小齿与转子小齿一一对正。此时W相定、转子轴线间只错开1/3齿距。当V相断电,W相通电时,转子又转过1/3齿距,使W相磁极小齿与转子小齿一一对正。由此可得出如下结论,设转子齿数为Z,步进电动机拍数为Ⅳ,则转子每转过一个齿距,相当于在空间转过了$360°/Z$,而每一拍所转角度又为齿距的$1/N$,所以步距角为

$$\theta_s = \frac{360°}{ZN}$$

可以看出,步距角与步进电动机的转子齿数成反比,与拍数成反比。例如,对于$Z=40$的三相三拍步进电动机,其步距角为$\theta = 360°/40 \times 3 = 3°$。工程技术上,步进电机广泛应用于数字控制系统中作为执行元件。

第6节　小型变压器及日常维护

一、自耦变压器

1.典型结构

名称	自耦变压器原理结构图
图示	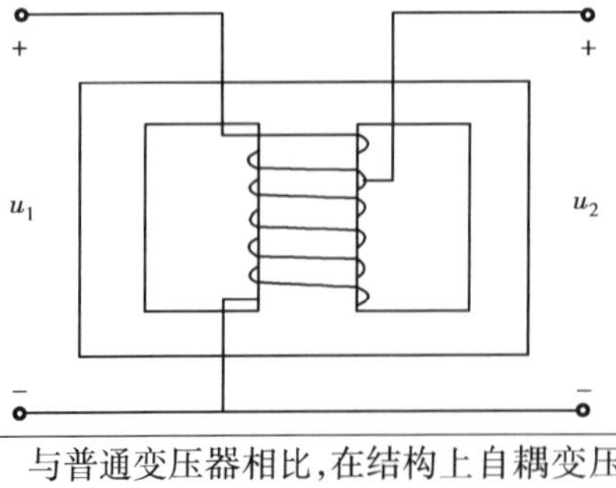
说明	与普通变压器相比,在结构上自耦变压器也是由铁芯和一次、二次绕组组成。其特殊性在于:二次绕组不单独绕制,而是与一次绕组共用一个线圈

续表

名称	调压器外形
图示	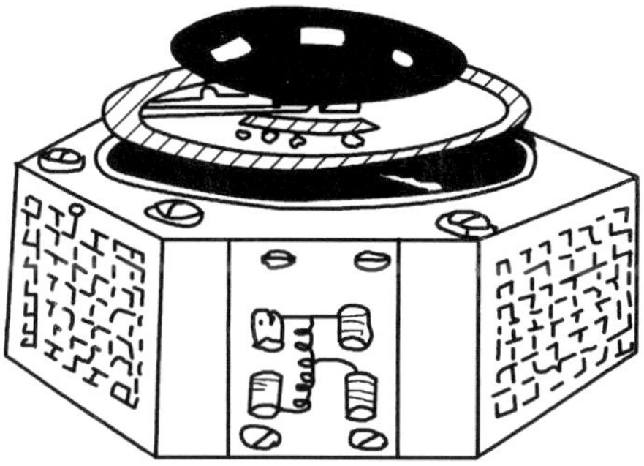
说明	在技术上，对于小容量自耦变压器多做成绕组中间抽头可滑动接触的形式，以便于连续调节输出电压，这种用于连续调节输出电压的自耦变压器又叫自耦调压器，广泛应用于工程技术和实验室中
名称	调压器电路原理图
图示	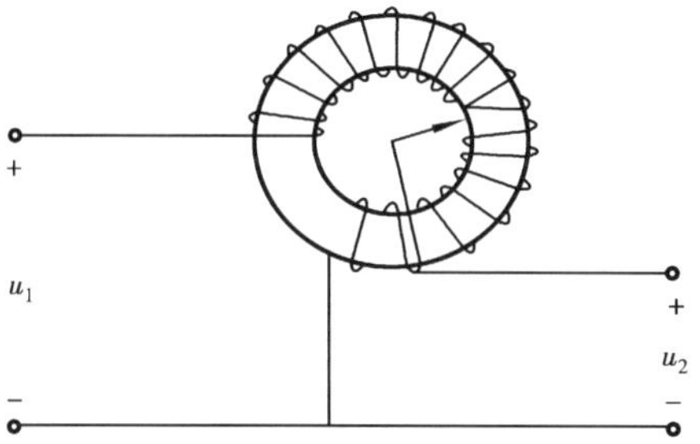
说明	为了方便连续调压，将其铁芯冲压成圆环形；将绕组均匀绕在上面，绕组上端面去除绝缘漆，便于用碳刷和转柄制成的调压组件在其上旋转而实现连续调压

2. 工作原理

自耦变压器可以做成升压、降压变压器，由于一次、二次绕组间有直接的电连接，不能做隔离变压器和安全变压器用，如图3.13所示。下面以降压变压器为例讨论其工作原理。

若一次绕组加上交变电压 u_1，在变压器铁芯中将产生交变磁通 Φ_m，从而在Ⅳ$_1$ 中产生感应电动势 E_1，经过理论推导有

$$E_1 = 4.44fN_1\Phi_m$$

因自耦变压器在磁耦合上与普通变压器相同。又由于 u_1 的作用，一次绕组中的磁通又在二次绕组 N_2 上感应出电动势 E_2，即

$$E_2 = 4.44fN_2\Phi_m$$

两式相比，得

$$\frac{E_1}{E_2} = \frac{N_1}{N_2}$$

若忽略变压器一次绕组与二次绕组的电阻，则有

$$\frac{E_1}{E_2} = \frac{u_1}{u_2}$$

即

$$\frac{u_1}{u_2} = \frac{N_1}{N_2}$$

可以看出，只要一次绕组输入电压 u_1 确定，一次绕组匝数 N_1 确定，则变压器输出电压 u_2 只与二次绕组匝数 N_2 有关。选择不同的 N_2 则可得到不同的 u_2。自耦调压器就是根据这一原理制成的，连续改变匝数 N_2 而得到连续可变的输出电压 u_2。

若将自耦变压器一次、二次绕组制成如图 3.14 所示结构，即可得自耦升压变压器。如将上端制成滑动触点，则既可升压又可降压。实验室用的输出电压 0～250 V 的自耦调压器即采用的这种绕组结构。

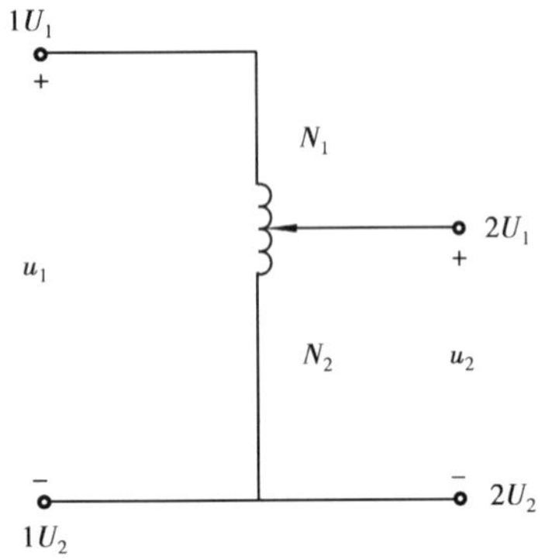

图 3.13　自耦变压器原理图

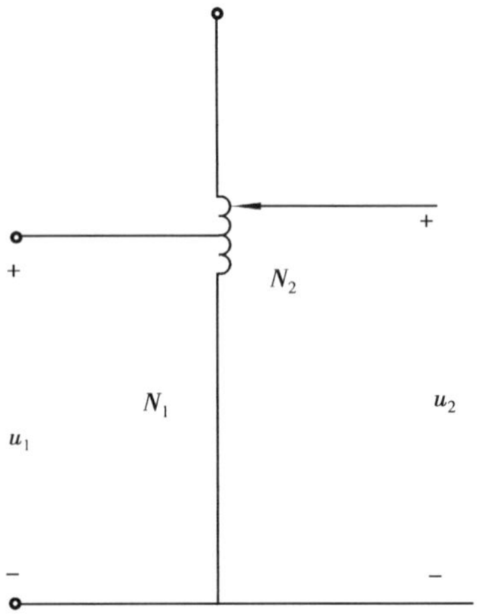

图 3.14　自耦升压变压器原理图

3. 自耦变压器的应用

由于自耦变压器结构简单、用料省、效率高、电压调节方便，广泛用于工农业生产，特别广泛用于实验室。由于一次、二次绕组之间有电路上的直接连接，使用时应注意三点：

(1)不得作隔离变压器。

(2)不得作安全变压器。

(3)不得带电接线和拆线，人体不得随意接触一次、二次绕组及相连电路的裸露部分。

二、仪用互感器

仪用互感器主要用于与测量仪表配合，扩大仪表量程，完成对电路参数的测量。常用的有电压互感器与电流互感器。

1. 电压互感器

电压互感器原理图如图 3.15 所示。从图中可以看出，它是一种降压变压器。使用中将高压电源 u_1 接于互感器压侧 $u_1 - u_2$ 两端，低压侧接于 $u_1 - u_2$ 两端，输出低电压 u_2，技术上通常制成 u_2 额定值为 100 V，并接于交流电压表以扩大该电压表量程，同时使仪表与高压电源处于电气隔离状态，以保护人身及设备安全。

电压互感器在设计与制作上要求较高，性能优良，接近于理想变压器，电压变换关系满足 $u_1/u_2 = N_1/N_2$。由于电压互感器运行时的特殊性，在使用中必须注意如下三点要求：

(1)互感器的二次绕组一端、铁芯、外壳必须妥善接地,以保证使用的安全。

(2)一次、二次绕组两侧都应加接熔断器,用以保护电路和设备。

(3)互感器的负荷功率不得超出本身额定容量,否则将造成测量误差增大,危险时还可能损坏器材。

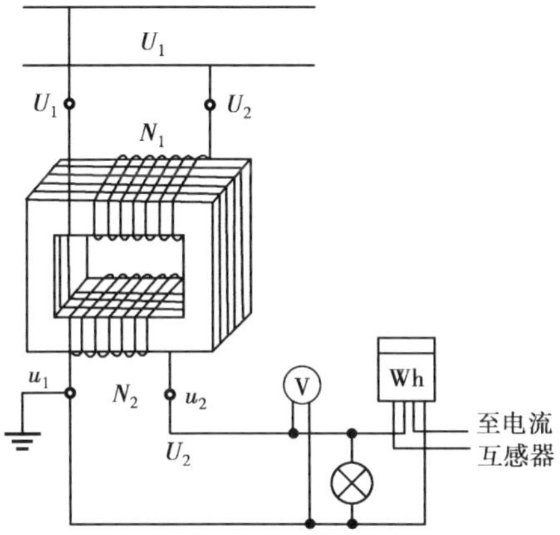

图3.15　电压互感器

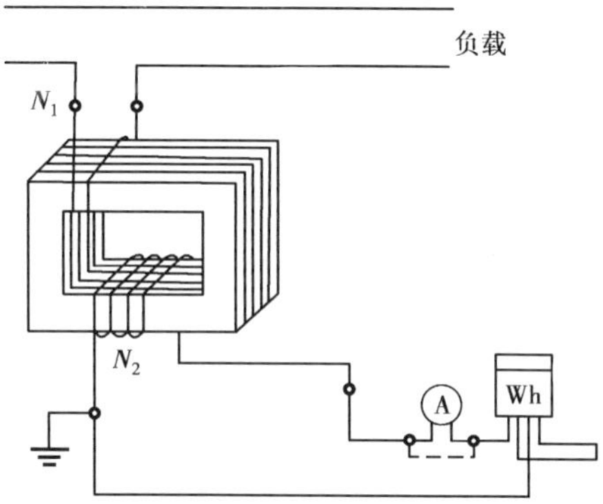

图3.16　电流互感器

2. 电流互感器

电流互感器也是一种扩大测量仪表量程的变压器,原理如图3.16所示。从图中可以看出,就电压而言是一种升压变压器。它的一次绕组只有几匝串联接入被测线路,工作于低压大电流,二次绕组多接电流表的电流线圈,工作于高压小电流状态。就电流而言,它扩大了电流表的量程,技术上电流互感器二次绕组输出电流通常设计成5 A。为了安全,一次、二次绕组采用了电气隔离措施。

类似电压互感器,电流互感器的性能亦接近理想变压器,其电流变换关系满足$I_1/I_2=N_2/N_1$。

电流互感器正确使用的注意事项如下:

(1)二次绕组的一端、铁芯及外壳必须接地,以保证使用安全。

(2)所用电流互感器一次绕组额定电流应大于被测电流,其额定电压亦应与被测电路电压一致。

(3)工作中负荷功率不得超过其本身容量,以免增大测量误差甚至危及器材。

(4)严禁将二次绕组开路。因二次绕组一旦开路,二次绕组输出电流突然减小到零,根据电磁感应原理,二次绕组两端将感应出瞬间高压,危及人身及设备安全。

3. 三相电力变压器

三相电力变压器用于输、配电系统,完成电压与电流变换,以适应供用电网络及设备的需要。其原理结构如图3.17所示,它有三个铁芯柱,每个铁芯柱上对称绕着同一相的高压绕组和低压绕组,三相高压绕组的首尾端分别用U_1,V_1,W_1和U_2,V_2,W_2表示,其对应的低压绕组首、尾端分别用u_1,v_1,w_1和u_2,v_2,w_2表示。按照国家标准,三相电力变压器高、低压绕组的接法有Y,yn,YN,d,YN,y,Y,y和Y,d等。在表示绕组接法的上述符号中,大写字母Y,YN表示高压绕组按星形连接,前者无中性线,后者有中性线。小写字母y,yn,d则分别表示低压绕组是无中性线星形连接。有中性线星形连接和三角形连接。无中型线星形连接、三角形连接用三相三线制,有中型线星形连接用三相四线制。

三相变压器的额定容量为:

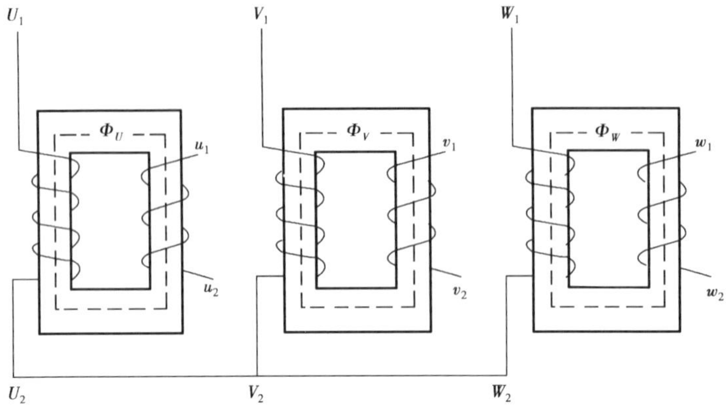

图 3.17　三相变压器原理图

$$S_N = \sqrt{3}U_{2N}I_{2N}$$

式中，U_{2N}，I_{2N}分别为三相变压器的二次绕组线电压、线电流。但应注意的是，三相变压器的变压比实际指的是一次绕组相电压与二次绕组电压的比值。

图 3.18 为常用油浸式三相电力变压器外形。铁芯和绕组组成的变压器置于用钢板制成的油箱中，油箱外壁焊有散热用的油管（与箱内冷却油相通）。储油箱（又名油枕）为冷却油的热胀冷缩提供空间。变压一次、二次绕组引出线用绝缘套管将绕组端头与油箱绝缘并联通高、低压外电路。

图 3.18 所示为 SJ1 系列三相电力变压器由于铁芯用热轧硅钢片制作，损耗大、效率低，故我国早已停止生产，自 20 世纪 80 年代起生产及上网均为 S7，S9 系列低损耗节能变压器，其散热装置通常均采用片式散热器。

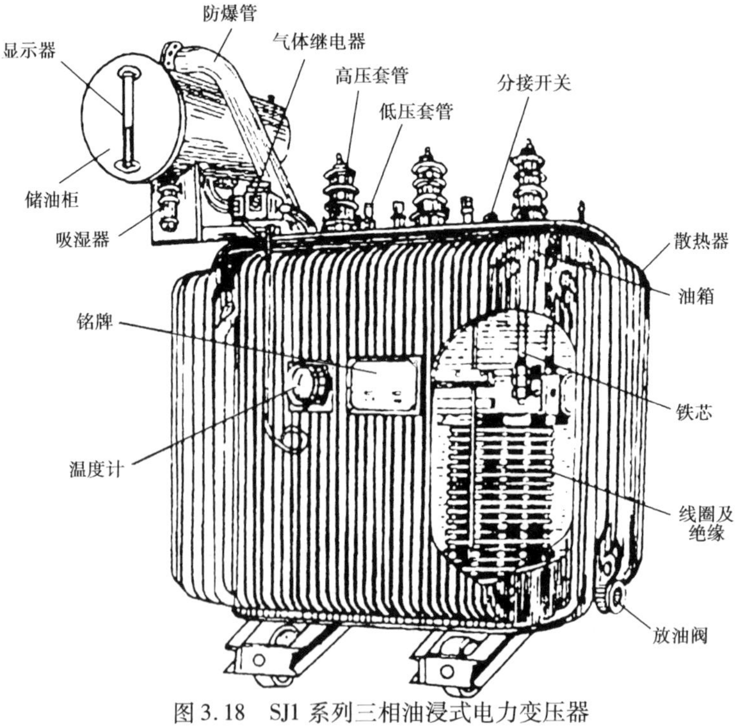

图 3.18　SJ1 系列三相油浸式电力变压器

第7节　电动机故障检测与排除

前两节讨论了小型变压器的手工制作与简单检测。这里讨论小型变压器的常见故障现象,分析故障原因并找出修理方法。为了节省篇幅,现以电子电器中的电源变压器为例将这些内容归纳成小型变压器故障修理一览表如表3.3所示。

表3.3　小型变压器故障修理一览表

故障现象	产生原因	修理方法
1. 接通电源无电压输出	1. 一次绕组开路或引出线脱焊 2. 二次绕组开路或引出线脱焊 3. 电源插头或馈线开路	1. 拆换修理一次绕组或焊牢引出接线头 2. 拆换修理二瓷绕组或焊牢引出线头 3. 检查修理插头或馈线
2. 温升过高甚至冒烟	1. 匝间短路或一次,二次绕组间短路 2. 铁芯片间绝缘太差,产生较大的涡流 3. 铁芯叠厚不足 4. 负载过重或输出电路局部短路 5. 层间或匝间绝缘老化	1. 拆换绕组或修理短路部分 2. 拆下铁芯,重新对硅钢片浸绝缘漆 3. 条件许可时加厚铁芯或重做骨架,重绕线包 4. 减轻负载或排除短路故障 5. 更换绝缘,严重的连线一起换掉
3. 空载电流偏大	1. 一次,二次绕组匝数不足 2. 铁芯叠厚不足 3. 一次和二次绕组局部匝间短路 4. 铁芯质量太差	1. 增加一次、二次绕组匝数 2. 增加铁芯,无法增加时重做骨架,重绕线包 3. 拆开绕组,排除短路故障 4. 重换或加厚铁芯
4. 运行中有响声	1. 铁芯片未插紧 2. 电源电压过高 3. 负载过重或短路引起振动	1. 插紧铁芯片 2. 有田间时降低电源电压 3. 减轻负载或排除短路故障
5. 铁芯或底板带电	1. 一次或二次绕组对地短路或一次、二次绕组间短路 2. 长期使用,绕组对地绝缘老化 3. 引出线头碰触铁芯或底板 4. 线包受潮或环境湿度过大底板感应带电	1. 加强对地绝缘或重换绕组 2. 更换绝缘或重换绕组 3. 排除引出线头与铁芯或底板的短路点 4. 烘烤线包或将变压器置于干燥环境中使用

一、小型变压器及日常维护

变压器构造较为简单,但由于品种多、分类较复杂,本节将介绍变压器的构造与分类,并着重叙述电子电器所用小型变压器的构造及其分类。

二、一般变压器的基本结构

变压器主要由铁芯、绕组和附件等组成。本节以小型变压器为例，分析其结构及主要部分的作用。

1. 铁芯

名称	铁芯结构
图示	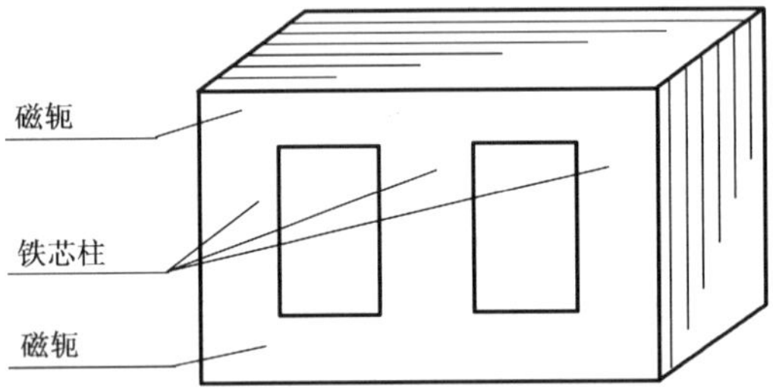
说明	铁芯是变压器磁路的主体，分为铁芯柱和磁轭两部分，如图 3.35 所示。其中铁芯柱构成主磁路，磁轭使磁路形成闭合回路。为了减少铁芯内部的涡流损耗和磁滞损耗。铁芯多采用含硅量 5% 左右的厚度在 0.35 ~ 0.5 mm 且表面有绝缘漆或氧化膜的硅钢片叠压而成
名称	小型变压器铁芯冲片形状
图示	 (a) E 字形　(b) F 字形　(c) C 字形　(d) 日字形
说明	常用小型变压器的铁芯形状有 E 字形、F 字形、口字形、C 字形、日字形等冲片，为提高导磁性能，装配时通常要求交替叠装

2. 绕组

绕组组成了变压器的电路部分，用漆包线在绕组骨架上绕制而成。绕组的作用是在通过交变电流时，产生交变磁通和感应电动势。

绕组在铁芯上的常用绕法有两种形式。第一种为同芯式，常将接高压端的绕组绕在内层，加上绝缘材料后，再将接低压端的绕组绕在外层。第二种为分段式，将变压器高、低压绕组各自分段绕在铁芯上（实际多是先绕在线圈骨架上，再插上铁芯片）。

3. 附件

电力变压器附件较多，由于电子电器行业对它接触不多，这里不做介绍，下面只介绍小型变压器所用的附件。

(1) 绝缘材料是变压器重要附件之一，它的作用是保证变压器的电气绝缘性能。主要用于铁芯与绕组之间、绕组与绕组之间、绕组中层与层之间（此项有时不用）、引出线与其他绕组及铁芯之间等部位的绝缘。小型变压器所用绝缘材料有青壳纸、聚酯薄膜青壳纸、聚酯薄膜、黄蜡绸（纸）等。用于引出线绝缘时，多选玻璃丝漆管或黄蜡管等。

(2)屏蔽罩在对漏磁通的防护要求较高的场合,变压器外层应加装用导磁材料制成的金属屏蔽罩,以防止漏磁通干扰线路工作。如中频变压器,要求较高的电源变压器等。

(3)绕组骨架其作用是支撑和固定绕组,便于装配铁芯。在变压器生产过程中,应首先制作绕组骨架,再绕线圈。

小型变压器部分附件见图3.19所示。

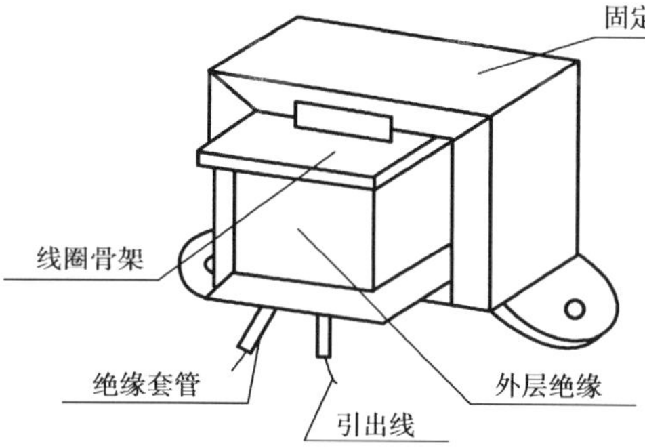

图3.19　变压器附件

三、小型变压器的分类

在电子电器中,广泛使用小型变压器,小型变压器可按以下几个方面分类。

1. 按用途分类

(1)电源变压器为动力照明装置及电子电器整机提供电源。

(2)选频变压器为电子电器某些电路选择范围确定的工作频率,如接收机中的中频变压器。

(3)耦合变压器用于耦合信号、匹配阻抗,如音响设备中的输入变压器、输出变压器、广播系统中的线间变压器等。

(4)隔离变压器用于隔离对地的交流电源,确保带电维修时的安全。

2. 按工作频率分类

(1)高频变压器工作在较高频率范围,如接收机的天线线圈。

(2)中频变压器工作在接收机变频后的中频范围,如音响调谐器的中频变压器、电视机的中频变压器等。

(3)低频变压器一般工作在音频范围,如上述的输入变压器、输出变压器、线间变压器等。

3. 按绕组形式分类

按绕组形式分为双绕组变压器和多绕组变压器,如上述的隔离变压器、单电源输出的变压器多为双绕组变压器;而线间变压器、音响与彩色电视机的电源变压器等,因有多路电源输出,为多绕组变压器。

4. 按铁芯形式分类

小型变压器分为芯式和壳式两类。

5. 按导磁材料分类

(1)铁芯变压器导磁材料用硅钢片制成,如电源变压器、输入、输出变压器、线间变压器等。

(2)铁氧体磁芯变压器导磁材料用铁氧体制成,如接收机的磁性天线、中频变压器等均用铁氧体磁芯导磁。

6. 按有无屏蔽罩分类

为了防止变压器本身漏磁对电路的干扰，中高档电子电器的电源变压器、线间变压器及所有中频变压器等，在外面加装了金属屏蔽罩。对要求不高的电源变压器、输入变压器、输出变压器等，则不用屏蔽罩。

在电子电器的安装与维修中，可以根据不同用途，参照其他相关参数，合理选用变压器。

四、小型变压器及日常维护

无论是新制作的、还是修理完工乃至存放过久的变压器，为了保证它的性能指标基本符合使用条件，在投入使用前，均需对其机械和电气性能进行测试。

通电前的检查：

1. 外观检查

检查变压器铁芯、绕组、绕组骨架、引出线及其套管、绝缘材料等有无机械损伤；绕组有无断线、脱焊、霉变或发高热烧焦的痕迹；检查绝缘材料是否老化、发脆、剥落等。

2. 绕组直流电阻检测

绕组直流电阻偏大时，能用万用表电阻挡测量的，可直接用万用表分别检测各个绕组的直流电阻，并与标称值比较；若绕组电阻小，不能用万用表测试时，应用单臂电桥或双臂电桥进行检测。这样测得的电阻值比用万用表检测结果要精确得多。

3. 绕组绝缘电阻检测

用兆欧表检测各个绕组之间，各绕组与铁芯、与金属底板，屏蔽层之间的绝缘电阻，冷态时应达 50 MΩ 以上。

五、空载测试

1. 空载电流与空载输出电压的测试

小型变压器的通电测试电路如图 3.20 所示，在该电路中，闭合 S_1，调节调压器手柄，给一次绕组施加 220 V 额定电压。分断 S_2，使变压器处于空载运行状态。此时电流表的读数即为所测空载电流。一般小型变压器空载电流为额定电流的 10% ~15%。若空载电流偏大，变压器损耗大，温升也将偏高。

此时二次绕组所并联的电压表 V_2 读数为该变压器空载输出电压 U_{2N}。

2. 耐压试验

变压器使用前应进行如下耐压试验：即每个绕组和其他绕组、铁芯或屏蔽外壳，加以 3 000 V，50 Hz 工频电压，持续 1 min，不发生击穿、打火等现象即为耐压试验合格。

六、负载测试

1. 额定输出电压和额定输出电流的测试

在图 3.20 中，将待测变压器 T_2 一次绕组接于 a，b 两端，闭合 S_2，使其带额定负载 R_L。当电压表 V_1 读数为 220 V 时，V_2 的读数为该变压器额定输出电压。若该电压与标称值相差太远或无电压输出，说明绕组匝数有错或存在局部短路、开路等故障，应拆开绕组检查。

在该测试电路中，电流表 A_1，A_2 的读数分别为该变压器额定输入电流和额定输出电流。在输入电压为额定值时，若所测电流数值偏大，不是负载过重，就是一、二次绕组匝数不足。

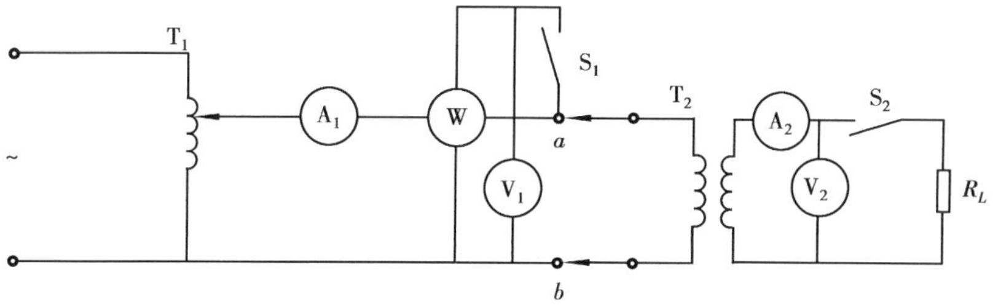

图3.20 变压器通电测试电路

2. 电压调整率的测试

电压调整率指变压器空载输出电压 U_{2N} 与额定输出电压 U_2 之间差值的百分比。这个值越小，则变压器性能越好，带负载能力越强。电压调整率计算公式为

$$\Delta U\% = \frac{U_{2N} - U_2}{U_{2N}} \times 100\%$$

式中，$\Delta U\%$ 为电压调整率，正常值在2%～10%。

3. 空载损耗功率的测试

在待测变压器 T_2 接入测试电路之前（a，b 两端开路），闭合开关 S_1，调节调压器 T_1，使输入电压为额定值220 V（由电压表 V_1 示出），此时功率表W读数为电压表 V_1 线圈和功率表W电压线圈所损耗的功率 P_1，此时电路电流很小，功率损耗也很小。

将被测变压器一次绕组接入 a，b 两端，保持 S_2 的分断状态，重新调节调压器 T_1，直至 V_1 示数为220 V，此时功率表W读数为变压器空载损耗功率与 V_1、W两只表损耗功率之和 P_2。而变压器实际空载损耗功率为

$$P_0 = P_2 - P_1$$

4. 温升测试

电路加额定负载，通电一至数小时，待温升稳定后测试，温升不超过40～50 ℃为宜。通常，变压器温升可用电阻法测试：通电前先测出一次绕组冷态直流电阻 R_1；因多数电源变压器一次绕组在变压器内层，不易散热，温度比较稳定，以它为测试对象比较准确。然后再加上负载，通电一至数小时后切断电源，再测量一次绕组热态直流电阻 R_2。这样连续测几次，在几次所测支流电阻近似相等时，可认为所测温度为稳定时的终端温度，用下列经验公式即可求出变压器的温升 ΔT

$$\Delta T = \frac{R_2 - R_1}{R_1} \div 0.0039(℃)$$

经过上述测试，合格或基本合格的变压器，即可投入使用。不合格者存在较多不同类型、不同程度的故障，应进一步检查，待排除故障后再投入使用。小型变压器的故障排除将在本章第五节中讨论。

知识扩展 变频控制技术简介及应用

当变压器只有一个一次绕组和一个二次绕组时，它的极性对于变压器的运行没有任何影响。但当变压器有两个或两个以上的一次绕组和几个二次绕组时，使用中就必须注意它们的正确连接，即根据绕组的极性正确连接线路，不然轻则不能正常使用，重则烧毁变压器或用电设备。

一、同极性端的概念

名称	多绕组变压器
图示	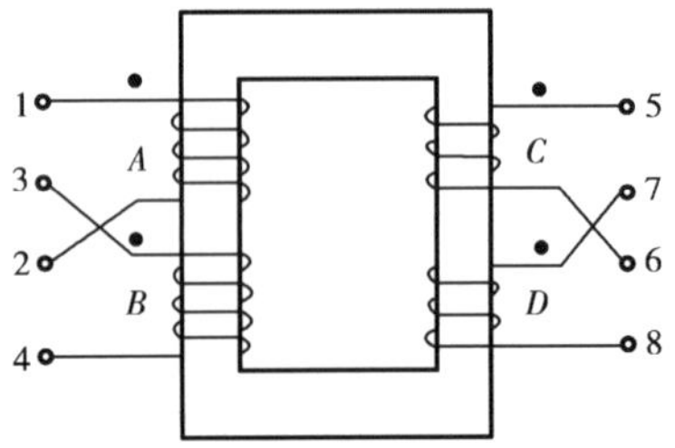
说明	变压器一次侧有两个相同的绕组，每个绕组的额定电压都是 110 V。若把变压器接到交流电压为 220 V 的电源上使用，很显然，必须把两绕组串联，串联的方法有两种，一种是将接线端 2 和 3 连起来，接线端 1 和 4 之间接 220 V 交流电压
名称	正向串联
图示	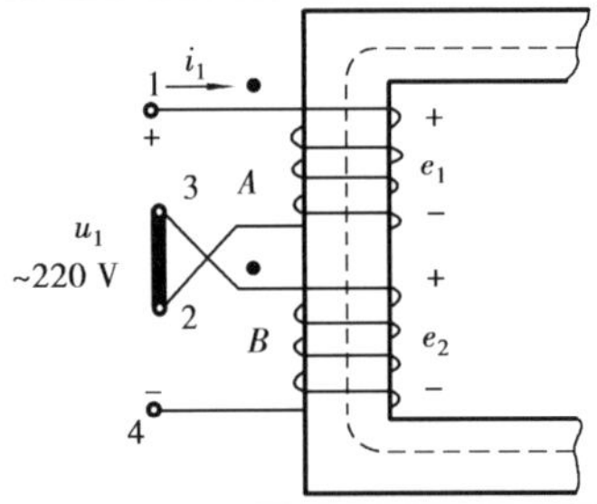
说明	此时两绕组中的感应电动势方向相同，合成电动势增大，由于感应电动势与电源电压反相，绕组的电流很小，此种连接为正向串联，是正确的
名称	反向串联
图示	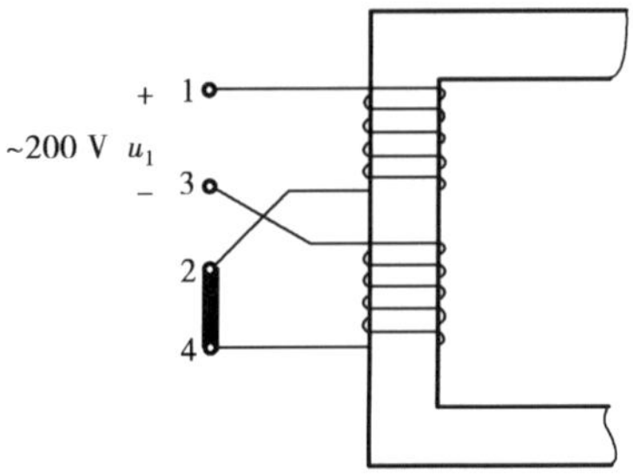

续表

说明	把接线端2和4连接在一起,在接线端1和3之间接220 V交流电压,此时两绕组中的感应电动势方向相反,相互抵消,铁芯中无磁通产生,绕组中的合成感应电动势为零,220 V电源电压全部加在只有很小直流电阻的一次绕组上,绕组中通过的电流很大,将会烧毁绕组,这种串联称为反向串联,是应该避免的。从上面分析可以看出,判断绕组端头电压极性,正确连接绕组是很重要的。为此,特引入同极性端的概念:当电流分别流入两个绕组时,产生的磁通方向相同,或者说,当磁通发生变化时,两个绕组中产生的感应电动势方向相同,则把两绕组的流入电流端称为同极性端,或同名端,用符号"·"标出。习惯上,一个绕组只标对应的一端即可
名称	绕组的并联
图示	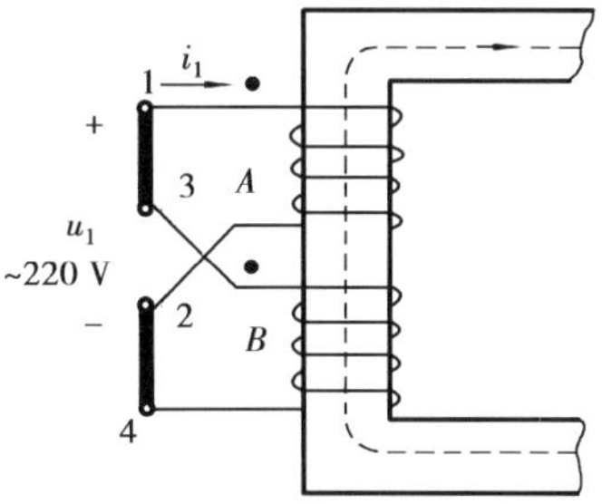
说明	若电源电压为110 V,两个一次绕组应并联,并联时只能将对应的同极性端连在一起,否则将会有烧毁绕组的危险。反过来如需将两个绕组串联时,应把两绕组的异极性端连在一起,剩下的两个接线端接电源

同理,二次绕组进行串联或并联时,也必须根据同极性端进行正确连接。若串联时接错,输出电压为0;并联时接错,将导致绕组烧坏。不管绕组的串联或并联,都必须分清绕组的同极性端。那么,对绕组同极性端又如何判断呢?下面分析绕组同极性端的判断方法。

二、绕组同极性端的判断

1. 观察法

名称	两绕组绕向相同
图示	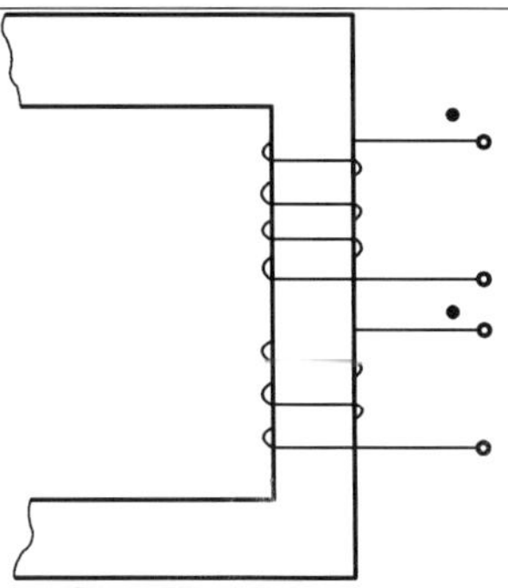
说明	当已知两绕组的绕向时,可直接从绕组的绕向判断同极性端:绕组均取上端为首端,下端为末端,两绕组绕向相同时,两首端为同极性端(当然两末端也为同极性端)

续表

名称	两绕组绕向相反
图示	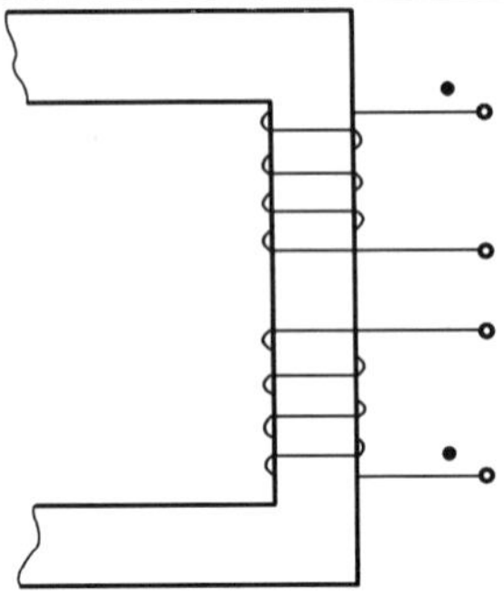
说明	两绕组绕向相反时，两首端为异极性端，即一绕组的首端与另一绕组的末端为同极性端

2. 实验法

当不知绕组的绕向时，可用直流法和交流法测定绕组的同极性端。

名称	直流法
图示	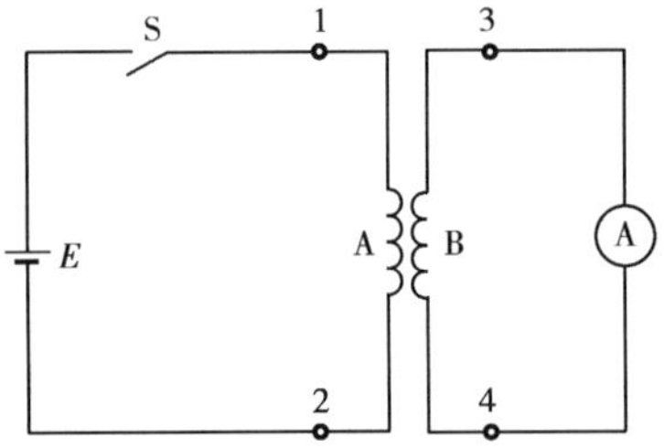
说明	直流法将变压器的两个绕组连接，当开关 S 闭合瞬间，如电流表的指针正向偏转，则绕组 *A* 的 1 端和绕组 *B* 的 3 端为同极性端。这是因为当不断增大的电流刚流进绕组 *A* 的 1 端时，1 端的感应电动势极性为“ + ”，而电流表正向偏转，说明绕组 *B* 的 3 端此时也为“ + ”，所以 1,3 端为同极性端。如电流表的指针反向偏转，则绕组 *A* 的 1 端和绕组 *B* 的 4 端为同极性端
名称	交流法
图示	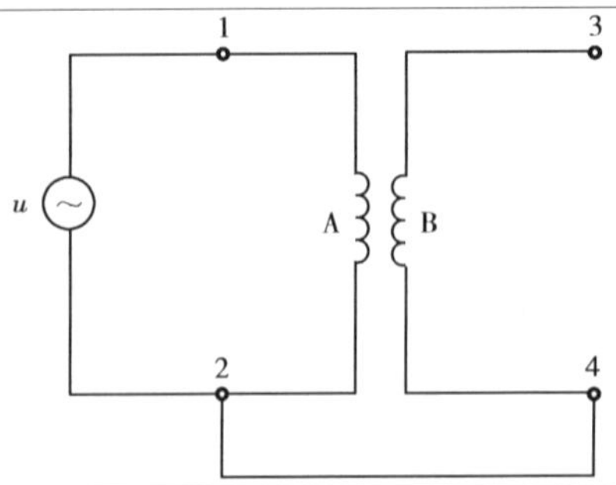

续表

说明	交流法把变压器两绕组的任意两端连在一起(如2端和4端),在其中一个绕组(如A)上接上一个较低的交流电压。再用交流电压表分别测量U12,U13,U34,若U13等于U12与U34之差,则1端和3端为同极性端;若U13等于U12与U34之和,则1端和3端为异极性端(即1端和4端为同极性端)

复习思考题

1. 为什么说一台直流电机既可作为直流发电机又可作为直流电动机?
2. 简述直流电机的基本构造及各部分的作用。
3. 直流电机的主磁极与换向磁极各有哪些特点?各具备什么功能?
4. 直流电动机的电磁转矩是怎样产生的?
5. 什么叫反电动势?它的大小由哪些因素确定?
6. 为什么说直流电动机负载增大时,转速要减小?
7. 直流电机有哪几种励磁方式?各具备怎样的特点?
8. 试述并励电动机和串励电动机改变主磁极磁通进行调速的原理。这种调速方法有哪些特点?
9. 试述直流电动机反接制动控制原理。
10. 试分析直流电动机反转原理。
11. 试分析单相交直流两用串励电动机的结构特点与工作原理。
12. 单相交直流两用串励电动机使用在哪些场合?使用中应注意哪些问题?
13. 为什么说单相交直流两用串励电动机可使用交直流电源?
14. 试叙述伺服电机的作用,并分析交流伺服电机的结构特点。
15. 试分析交流伺服电机的工作原理与机械特性。
16. 交流伺服电机与普通异步电动机相比,它们的本质区别是什么?为什么?
17. 交流伺服电机与单相电容式电动机有哪些异同点?
18. 试述单段式反应式步进电机的基本结构和工作原理。
19. 步进电机的步距角与哪些因素有关?是什么关系?

学生实训

基础知识

三相异步电动机的拆卸、三相异步电动机的组装与三相异步电动机的维护,以及相关拓展知识等。

知识链接1　三相异步电动机的拆卸

三相异步电动机的拆卸操作步骤如下：

名称	第1步
图示	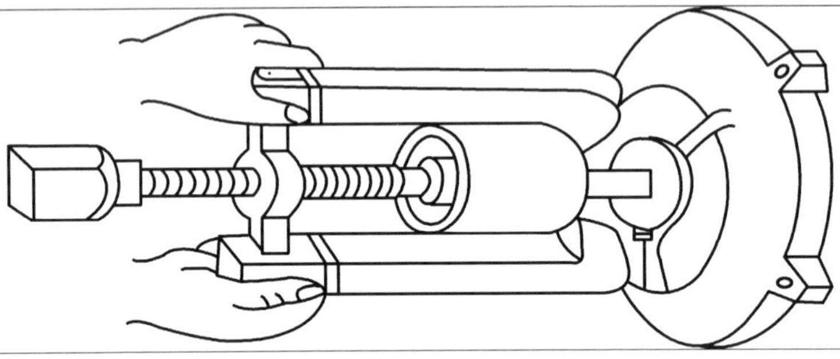
说明	安装拉模。安装拉模时应注意拉模丝杆轴与电动机轴中心线一致
名称	第2步
图示	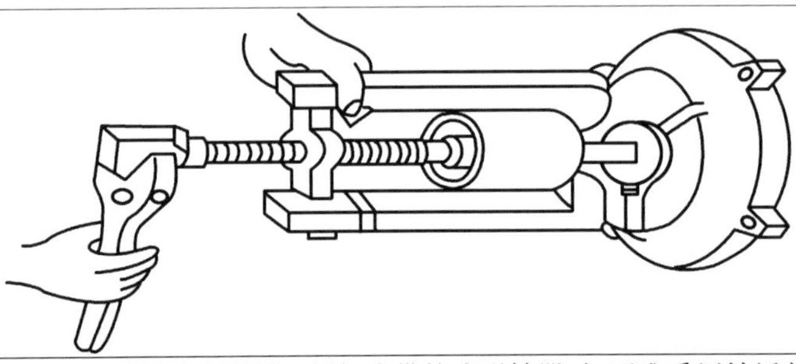
说明	拆卸皮带轮或联轴器。拆卸皮带轮或联轴器时，不准采用铁锤敲击的方法拆卸皮带轮或联轴器，一定要使用拉模
名称	第3步
图示	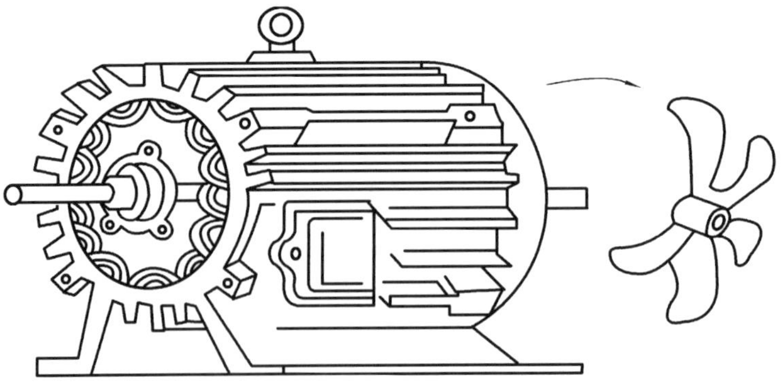
说明	拆卸风罩。先拧下电动机风罩4只固定螺丝，再拆风罩

续表

名称	第 4 步
图示	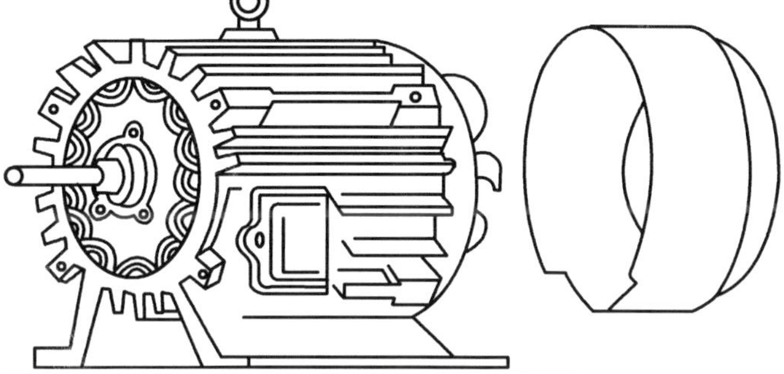
说明	拆卸风扇。先拧下风扇固定螺丝,再取下风罩
名称	第 5 步
图示	
说明	拆卸前轴承外盖。轴承外盖上一般有 3 只固定螺丝,应先用螺丝刀拧出固定螺丝后,再取下轴承外盖,并做好标记
名称	第 6 步
图示	
说明	拆卸前端盖。先用螺丝刀拧出 4 只固定螺丝后,再取下前端盖,并做好标记

续表

名称	第 7 步
图示	
说明	拆卸后轴承外盖。拆卸后轴承外盖的方法与第 5 步方法相同
名称	第 8 步
图示	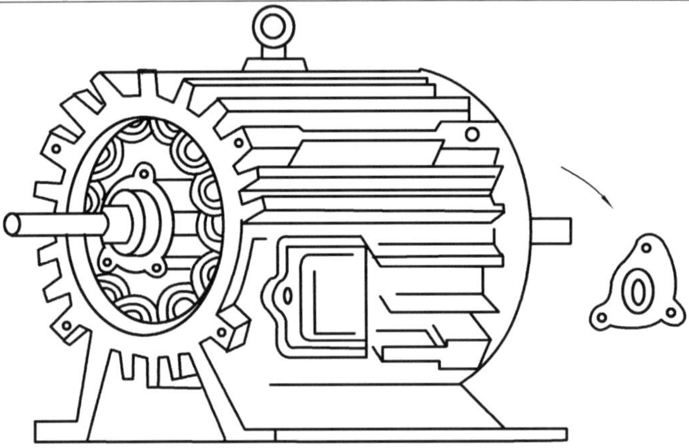
说明	拆卸后端盖,拆卸后端盖方法与第 6 步方法相同
名称	第 9 步
图示	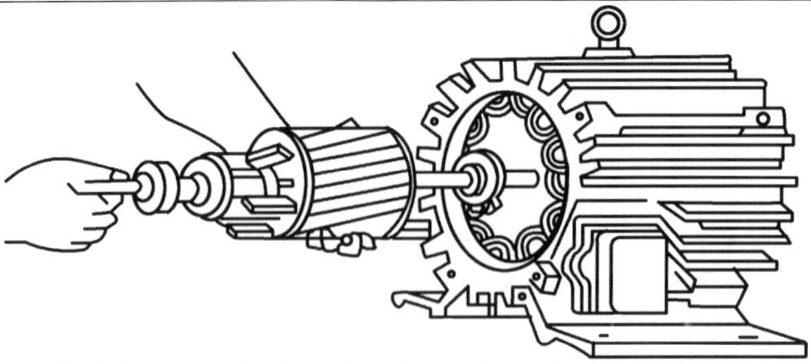
说明	不同重量转子的提取。对较轻的电动机转子,可 1 人用手托住转子,慢慢向外移取

续表

名称	第10步
图示	
说明	对较重的电动机转子,可采用2人配合,用手抬着转子,慢慢向外移取

知识链接2 三相异步电动机的组装

三相异步电动机的组装顺序与拆卸相反。在组装前应清洗电动机内部的灰尘,清洗轴承并加足润滑油,然后按以下顺序操作。

(1)在转轴上装上轴承盖和轴承。

(2)将转子慢慢移入定子中。

(3)安装端盖和轴承外盖。

名称	转动转轴
图示	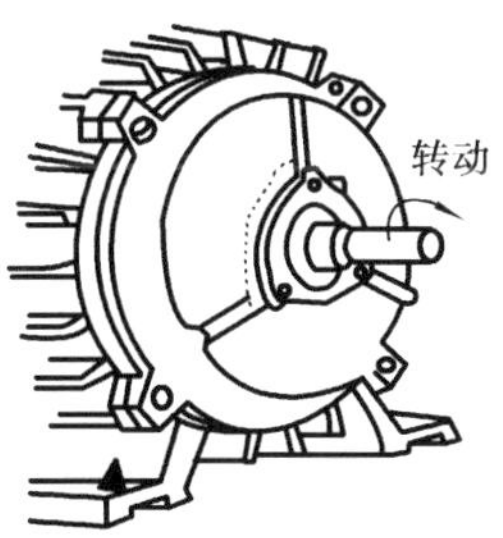
说明	安装端盖时,注意对准标记,固定螺栓要按对角线一前一后旋紧,不能松紧不一,以免损坏端盖或卡死转子

续表

名称	均匀旋紧螺栓
图示	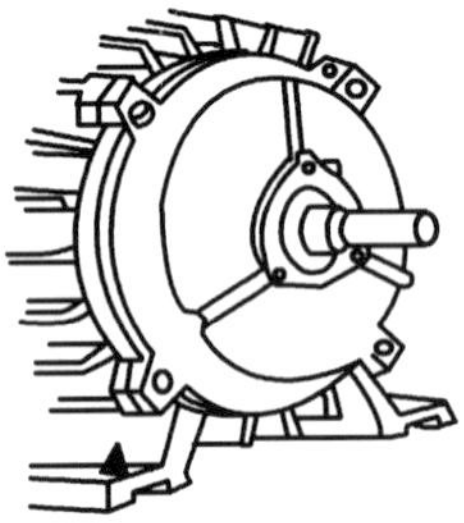
说明	安装轴承外盖时，先把它装在端盖中，然后插入一颗螺栓用一只手顶住，另一只手转动转轴，使轴承内盖与它一起转动。当内、外盖螺栓孔一致时，再将螺栓顶入，并均匀旋紧

(4) 安装风扇和风罩。

(5) 安装皮带轮或联轴器。如皮带轮的安装，可照下表所示步骤进行。

名　称	图　示	说　明
除去皮带轮内孔的铁锈	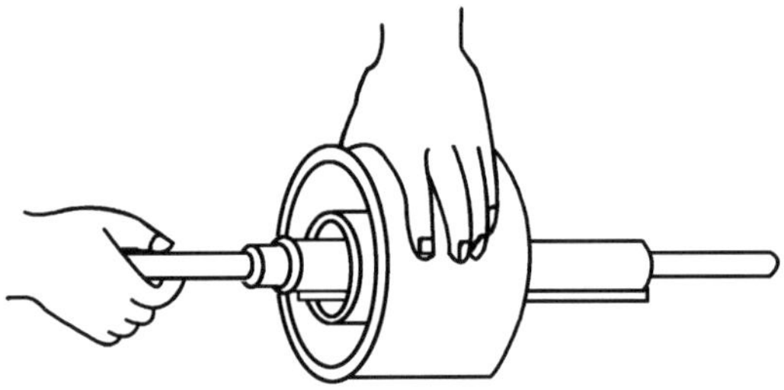	用缠有细沙布的圆棍在皮带轮内孔轻轻地旋转，以除去内孔的铁锈，如左图
除去电动机转轴外的铁锈	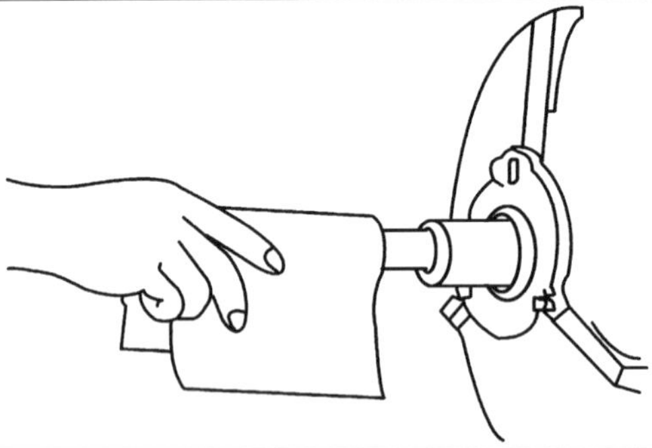	用细砂纸除去转轴表面的铁锈，如左图
套上皮带轮	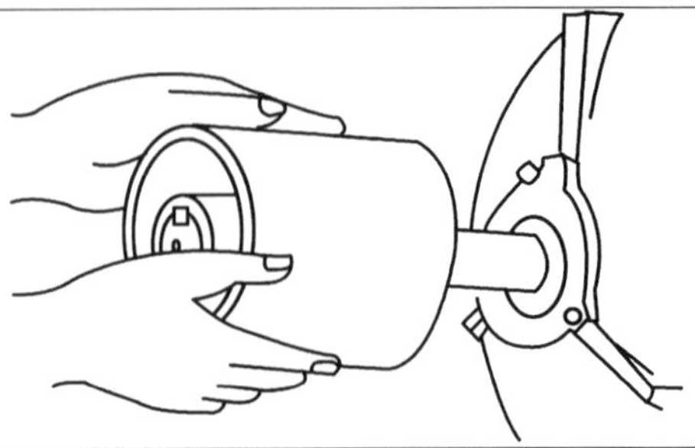	对准键槽把皮带轮套在转轴上，调整好皮带轮与转轴之间的位置，如左图

续表

名　称	图　示	说　明
敲入转子轴键	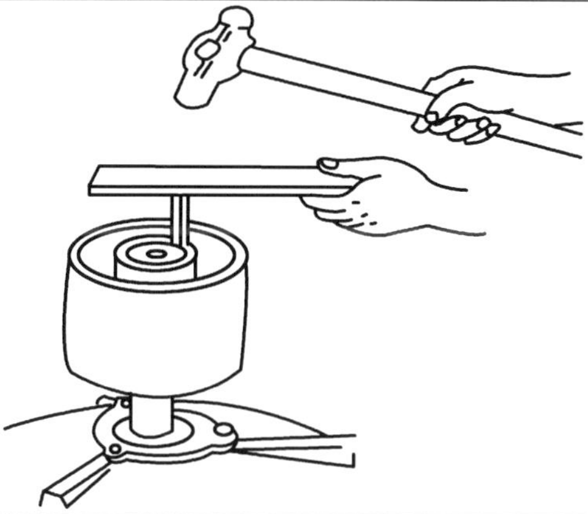	用铁锤轻轻敲打，使转子轴链慢慢进入键槽(转子轴键与键槽配合要适当,太紧或太松都会损坏键槽),如左图
固定压紧螺丝	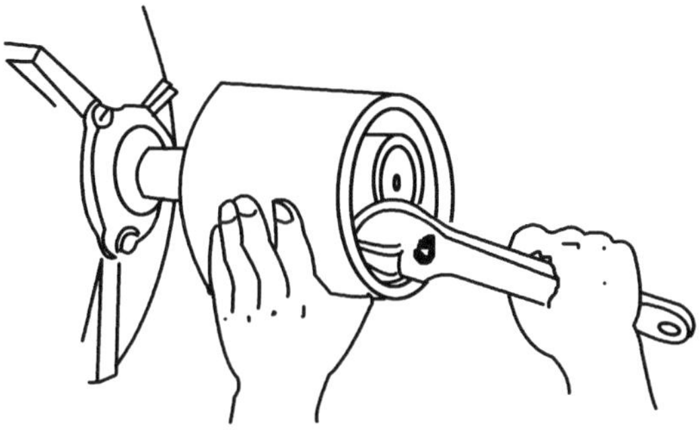	用扳手旋紧固定压紧螺丝,以防止皮带轮的轴向窜动,如左图

三相异步电动机的一般故障有电动机不能启动、电动机运转时声音不正常、电动机温升超过允许值、电动机轴承发烫、电动机发生噪声、电动机震动过大和电动机在运行中发生冒烟等。

(1)电动机不能启动。电动机不能启动的原因及处理方法,如表3.4所示。

表3.4　电动机不能启动的原因及处理方法

原　因	处理方法
①电源未接通	①检查断线点或接头松动点,重新装接
②被带动的机械(负载)卡住	②检查机器,排除障碍物
③定子绕组断路	③用万用表检查断路点,修复后再使用
④轴承损坏,被卡	④检查轴承,更换新件
⑤控制设备接线错误	⑤详细核对控制设备接线图,加以纠正

(2)电动机运转时声音不正常。电动机运转声不正常的原因及处理方法,如表3.5所示。

表 3.5　电动机运转声不正常的原因及处理方法

原　因	处理方法
①电动机缺相运行	①检查断线处或接头松脱点，重新装接
②电动机地脚螺丝松动	②检查电动机地脚螺丝，重新调整，填平后再拧紧螺丝
③电动机转子、定子摩擦，气隙不均匀	③更换新轴承或校正转子与定子间的中心线
④风扇、风罩或端盖间有杂物	④拆开电动机，清除杂物
⑤电动机部分紧固件松脱	⑤检查紧固件，拧紧松动的紧固件(螺丝、螺栓)
⑥皮带松弛或损坏	⑥调节皮带松弛度，更换损坏的皮带

(3)电动机温升超过允许值。电动机温升超过允许值的原因及处理方法，如表 3.6 所示。

表 3.6　电动机温升超过允许值的原因及处理方法

原　因	处理方法
①过载	①减轻负载
②被带动的机械(负载)卡住或皮带太紧	②停电检查，排除障碍物，调整皮带松紧度
③定子绕组短路	③检修定子绕组或更换新电动机

(4)电动机轴承发烫。电动机轴承发烫的原因及处理方法，如表 3.7 所示。

表 3.7　电动机轴承发烫的原因及处理方法

原　因	处理方法
①皮带太紧	①调整皮带松紧度
②轴承腔内缺润滑油	②拆下轴承盖，加润滑油至 2/3 轴承腔
③轴承中有杂物	③清洗轴承，更换新润滑油
④轴承装配过紧(轴承腔小，转轴大)	④更换新件或重新加工轴承腔

(5)电动机发生噪声。电动机发生噪声的原因及处理方法，如表 3.8 所示。

表 3.8　电动机发生噪声的原因及处理方法

原　因	处理方法
①保险丝一相熔断	①找出保险丝熔断的原因，换上新的同等容量的保险丝
②转子与定子摩擦	②矫正转子中心，必要时调整轴承
③定子绕组短路、断线	③检修绕组

(6)电动机振动过大。电动机振动过大的原因及处理方法，如表 3.9 所示。

表3.9　电动机振动过大的原因及处理方法

原　因	处理方法
①基础不牢,地脚螺丝松动	①重新加固基础,拧紧松动的地脚螺丝
②所带的机具中心不一致	②重新调整电动机的位置
③电动机的线圈短路或转子断条	③拆下电动机,进行修理
④定子线圈短路	④检修定子线圈
⑤传动皮带太紧	⑤减轻传动皮带的过度张力

(7)电动机运行中发生冒烟。电动机运行中发生冒烟的原因及处理方法,如表3.10所示。

表3.10　电动机在运行中发生冒烟的原因及处理方法

原　因	处理方法
①长时间运行温度过高导致绝缘材料焦化	①更换绝缘材料,并调整运行时间
②负载过大温升增加导致绝缘材料焦化	②减小电动机负载,并更换绝缘材料
③线圈匝间绝缘层绝缘强度降低或短路	③更换发生故障的线圈,并浸绝缘漆烘干处理

操作分析

(1)电动机的定期检查

想一想检查重要性

为什么要对电动机进行定期检查工作,并把理由填写在下列空格中。

做一做　检查工作

根据表3.11所列栏目,做好三相异步电动机定期检查工作记录。

表3.11

故障现象	产生原因	处理方法

做一做　检查工作

根据表3.12所列栏目,作好三相异步电动机定期检查工作记录。

表 3.12　三相异步电动机检查工作记录表

<table>
<tr><th>步骤</th><th>内　容</th><th colspan="3">检查结果</th></tr>
<tr><td rowspan="6">1</td><td rowspan="6">用 R_M 表检查绝缘电阻</td><td rowspan="3">对地绝缘</td><td>U 相对机壳</td><td></td></tr>
<tr><td>V 相对机壳</td><td></td></tr>
<tr><td>W 相对机壳</td><td></td></tr>
<tr><td rowspan="3">相间绝缘</td><td>U-V 相间</td><td></td></tr>
<tr><td>V-W 相间</td><td></td></tr>
<tr><td>W-U 相间</td><td></td></tr>
<tr><td rowspan="3">2</td><td rowspan="3">用万用表检查各相绕组直流电阻(R_l)</td><td colspan="2">U 相</td><td></td></tr>
<tr><td colspan="2">V 相</td><td></td></tr>
<tr><td colspan="2">W 相</td><td></td></tr>
<tr><td rowspan="4">3</td><td rowspan="4">检查各紧固件松紧情况</td><td colspan="2">端部螺丝</td><td></td></tr>
<tr><td colspan="2">地脚螺丝</td><td></td></tr>
<tr><td colspan="2">轴承盖螺丝</td><td></td></tr>
<tr><td colspan="2">处理情况</td><td></td></tr>
<tr><td rowspan="2">4</td><td rowspan="2">检查接地装置</td><td colspan="2">完好情况</td><td></td></tr>
<tr><td colspan="2">处理情况</td><td></td></tr>
<tr><td rowspan="2">5</td><td rowspan="2">检查启动设备</td><td colspan="2">完好情况</td><td></td></tr>
<tr><td colspan="2">处理情况</td><td></td></tr>
<tr><td rowspan="2">6</td><td rowspan="2">检查熔断器</td><td colspan="2">完好情况</td><td></td></tr>
<tr><td colspan="2">处理情况</td><td></td></tr>
<tr><td>7</td><td>检查空载电流/A</td><td colspan="3">I_U:________________;
I_V:________________;
I_W:________________。
处理意见:</td></tr>
</table>

(2)电动机的拆卸

列一列　工具材料

在表 3.13 中写出拆装三相异步电动机所用的工具、材料。

表 3.13　三相异步电动机拆装所用工具与材料

工　具		材　料	
1		1	
2		2	
3		3	
4		4	
5		5	

做一做　电动机拆装

把拆装三相异步电动机的步骤,填写在表 3.14 中。

表 3.14　三相异步电动机的拆装步骤

电动机的拆卸		电动机的组装	
步骤		步骤	
第 1 步		第 1 步	
第 2 步		第 2 步	
第 3 步		第 3 步	
第 4 步		第 4 步	
第 5 步		第 5 步	
第 6 步		第 6 步	
第 7 步		第 7 步	
第 8 步		第 8 步	
第 9 步		第 9 步	
第 10 步		第 10 步	
注意事项		注意事项	

评一评　实训评价

把“电动机检查(或拆装)”实训工作评价填写在表 3.15 中。

表 3.15　“电动机检查(或拆装)”实训评价表

项　目 / 评定人	实训评价	等　级	评定签名
自己评	(包括安全问题及同学之间的合作精神等方面)		
同学评			
老师评			
综合评定等级			

知识拓展

知识拓展1 三相异步电动机常见故障的处理

三相异步电动机常见故障有绕组短路、绕组断路、绕组接地和轴承损坏等。处理时,应“由外到里、先机械后电气”,通过看、听、闻、摸等途径去检查,进行有针对性的修理。

(1)绕组短路故障的检修

①绕组短路故障的检查方法有:外部检查法、电阻检查法(即利用万用表或电桥法进行检查的方法)、电流平衡检查法、感应电压检查法和短路侦察器检查法等,其中外部检查法、电阻检查法(即利用万用表或电桥法进行检查的方法)是常用的两种方法。

外部检查法:使电动机空载运行 20 ~ 25 min 停下来,马上拆卸两边端盖,用手摸线圈的端部,如果某一个或某一组比其他的热,这部分线圈很可能短路。也可以观察线圈有无焦脆现象,若有,该线圈可能短路。电阻检查法:若在空转过程中,发现有异常情况,应立即切断电源,采用电阻检查法进一步进行检查。

(a)电动机绕组相间短路的检查,如表 3.16 所示。

表 3.16 电动机绕组相间短路的检查

步骤	示 意 图	操作说明
第 1 步	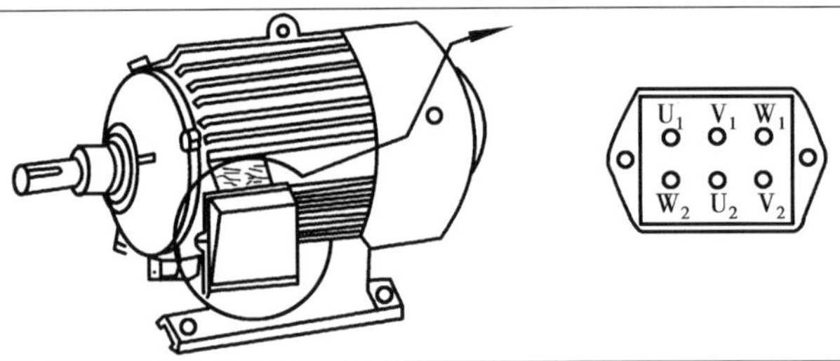	打开电动机的接线盒,拆下电动机接线盒的 3 片短接板,如左图所示
第 2 步	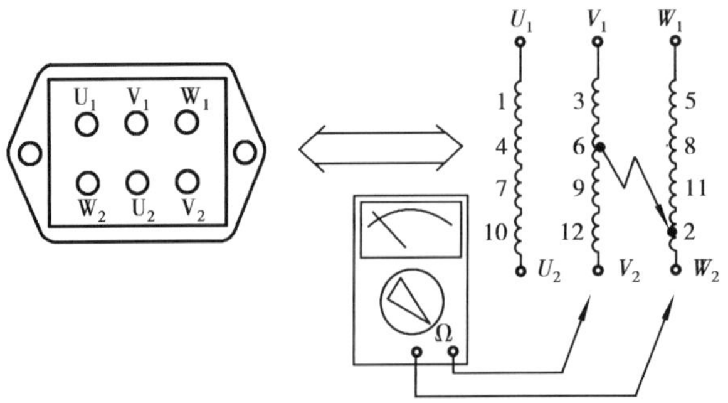	当电动机各相绕组电阻值较大时,可用万用表检查;当电动机各相绕组电阻值较小时,应用电桥检查。相间绝缘电阻的方法:依次 U_1—V_1,V_1—W_1,$u..w$. 两端,若阻值很小,说明该两相间有短路。例如 $U_1.v_1$,ur W_1 很大(一一),而 V_1—W_1 之间很小(等于 0 或小于正常电阻值),则 V 相与 W 相之间存在相间短路,如左图所示

(b)电动机绕组匝间短路的检查,如表 3.17 所示。

表 3.17　电动机绕阻匝间短路的检查

步骤	示　意　图	操作说明
第 1 步	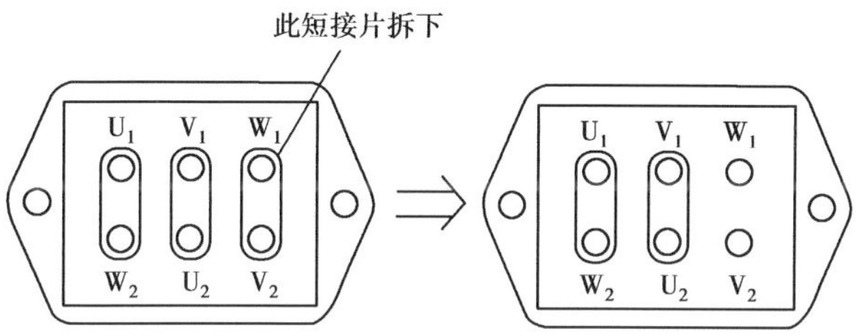	拆下接线端子上任意一片短接片,如左图所示
第 2 步	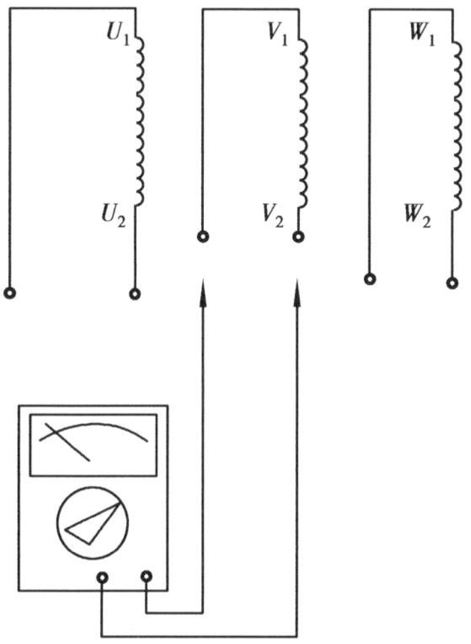	用万用表或电桥分别测量各相绕组的直流电阻,若一组绕组的电阻较小,则说明该相有可能是匝间短路,如左图所示
第 3 步	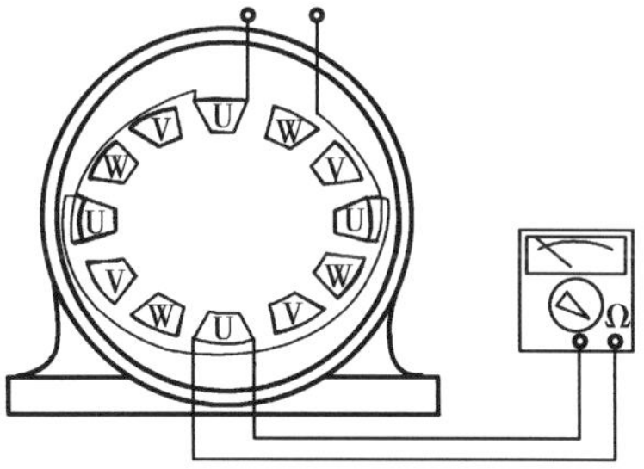(a)检查短路极相组 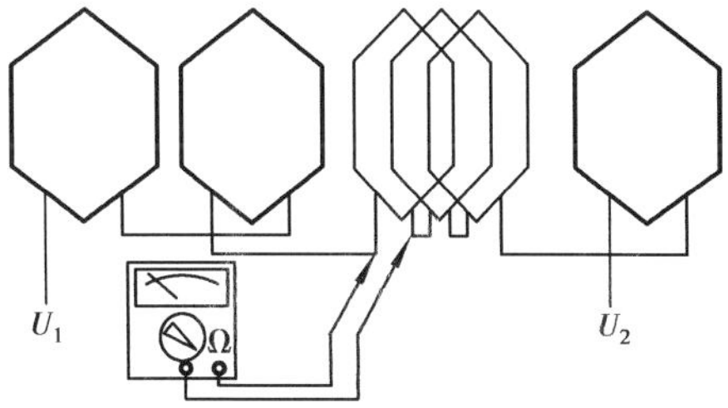(b)检查短路线圈	拆开端盖,取出转子,将短路各极相组绕组的连接线刮去一段绝缘层,然后分别测量各极相组的直流电阻,最后查出短路线,如左图所示

②绕组短路故障的修理:绕组容易发生短路的地方是线圈的槽口部位以及双层绕组的上下线圈之间。如果短路点在槽外,可将绕组加热软化,用划线板将短路处分开,在垫上绝缘纸或套上绝缘套管。如果短路点在槽内,将绕组加热软化后翻出短路绕组的匝间线。在短路处包上新绝缘套管,重新嵌入槽内并浸渍绝缘漆。

(2)绕组断路故障的检修

①绕组断路故障的检查:单路绕组电动机断路时,可采用万用表检查。

名称	星形接法
图示	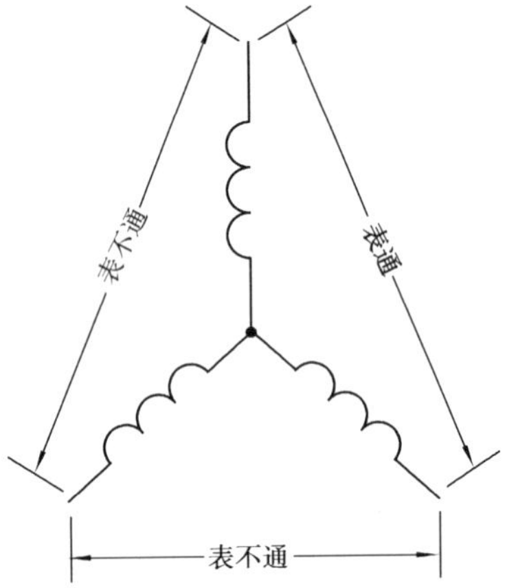
说明	如果绕组为星形接法,可分别测量每相绕组,断路绕组表不通
名称	三角形接法
图示	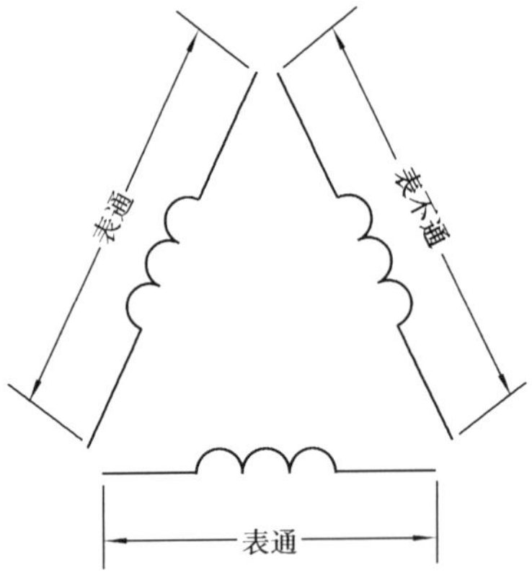
说明	若绕组为三角形接法,需将三相绕组的接头拆开再分别测量

②绕组断路故障的修理:找出断路处后,将其连接重新焊牢,包扎绝缘,再浸渍绝缘漆即可。

名称	功率较大的电动机
图示	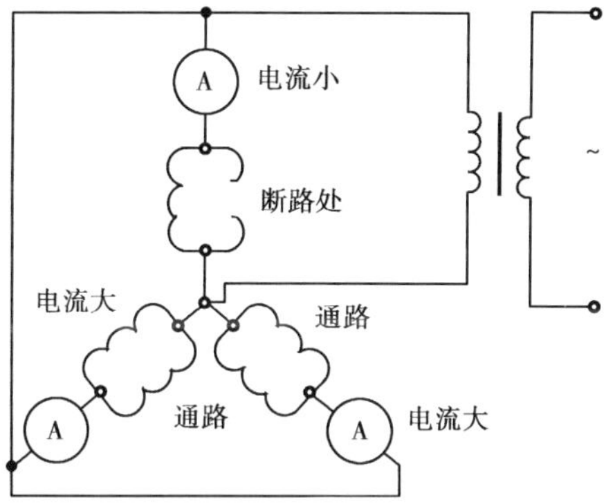
说明	对于功率较大的电动机，其绕组大多采用多根导线并绕或多路并联，有时只有一根导线或一条支路断路，这时应采用三相电流平衡法或双臂电桥。如三相电流平衡法检查：对于星形接法的电动机，可将三相绕组并联后通入低电压的交流电，如果三相电流相差 5% 以上，则电流小的一相即为断路相
名称	三角形接法的电动机
图示	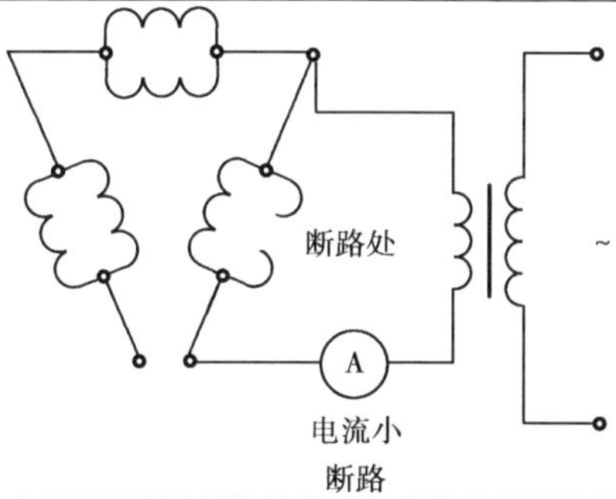
说明	一对于三角形接法的电动机，先将绕组的一个接点拆开，再逐相通入低压交流电并测量其电流，其中电流小的一相即为断路相。然后，将断路相的并联支路拆开，逐路检查，找出断路支路

(3)绕组通地故障的检修

①绕组通地故障的检查方法。把兆欧表的“L”端（线路端）接在电动机接线盒的接线端上，把“E”（接地端）接在电动机的机壳上，测量电动机绕组对地（即机壳）绝缘电阻。如绝缘电阻低于0.5 MΩ，说明电动机受潮或绝缘很差；如绝缘电阻为零，则说明三相绕组接地。此时可拆开电动机绕组的接线端，逐相测量，找出三相绕组的接地相。如用万用表检查电动机绕组搭壳通地故障，应将万用表先调至 $R\times1$ kΩ 或 $R\times10$ kΩ 挡，经“调零”后，再将一支表笔与绕组的一端紧紧靠牢，另一支表笔搭紧电动机的外壳（去掉油漆的部分）。若万用表所测电阻值为零，呈导通状态，就可以判断此绕组有搭壳通地故障。

②绕组通地故障的修理方法。对于绕组受潮的电动机，可进行烘干处理。待绝缘电阻达到要求后，再重新浸渍绝缘漆。如接地点在定子绕组端部，或只是个别地方绝缘没垫好，一般只需局部修补。先将定子绕组加热，待绝缘软化后，用工具将定子绕组撬开，垫入适当的绝缘

材料或将接地处局部包扎,然后涂上自干绝缘漆。如接地点在槽内,一般应更换绕组。

(4)电动机绕组首尾接错的处理

名称	星形接法
图示	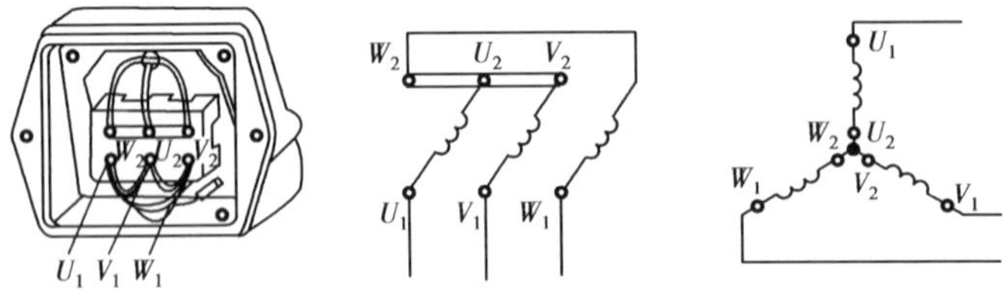
说明	三相异步电动机为了接线方便,在6个引出线端子上,分别用U_1,V_1,W_1,U_2,V_2,W_2,编成代号来识别。星形接法如上图所示
名称	三角形接法
图示	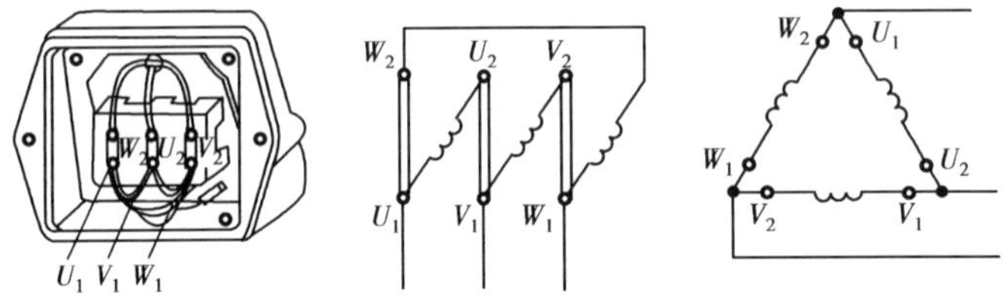
说明	每个引出线分别接到引线端子板上去,其中U_1,V_1,W_1表示电动机接线的首端,U_2,V_2,W_2表示电动机接线的尾端。三角形接法如上图所示

当电动机绕组首尾接错时,可以通过灯泡和万用表(毫安挡)判别,如下表所示。

检查方法	操作步骤	示 意 图
灯泡检查法	①用万用表的电阻挡,分别找出三相绕组的各相两个线头。 ②先给三相绕组的线头作假设编号U_1,U_2,V_1,V_2和W_1,W_2。并把V_1,U_2连接起来,构成两相绕组串联。 ③U_1,V_2线头上接一盏灯泡。 ④W_1,W_2线头上接通36 V交流电源,如灯泡发亮,说明U_1,U_2和V_1,V_2编号正确,如右图所示。如灯泡不亮,则把U_1,U_2或V_1,V_2任意两个线头的编号对调一下即可。 ⑤再按上述方法对W_1,W_2线头进行判断,便可确定三相绕组接线的首端和尾端	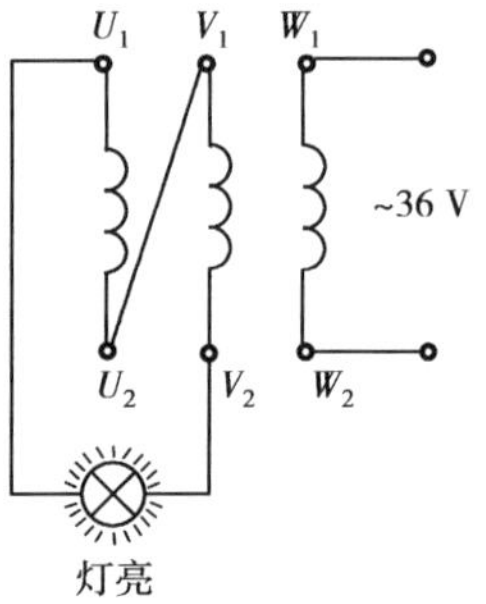 灯亮 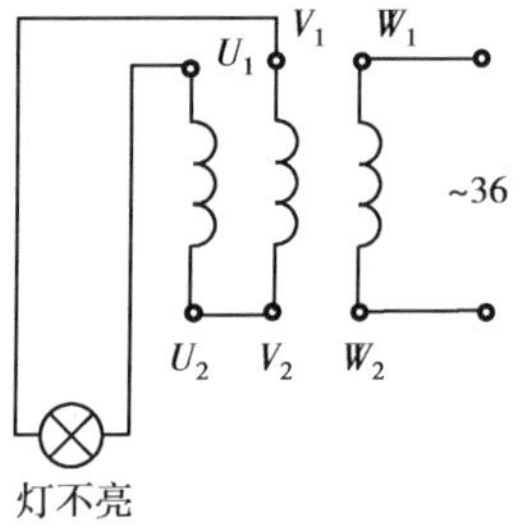 灯不亮

续表

<table>
<tr><th colspan="2">检查方法</th><th>操作步骤</th><th>示意图</th></tr>
<tr><td>万用表
检查法</td><td>方法一</td><td>①先用万用表分清三相绕组各相的两个线头，并进行假设编号，如右图所示。
②在合上开关瞬间，如万用表（－m—－安挡）指针向大于零的一边偏转，则干电池正极所接的线头与万用表负极所接的线头同为首端或尾端；如指针向小于零的一边偏转，则干电池正极所接的线头与万用表所接的线同为首端或尾端。
③再将干电池和开关接另一相两个线头，进行测试，就可正确判别出各相的首、尾端</td><td>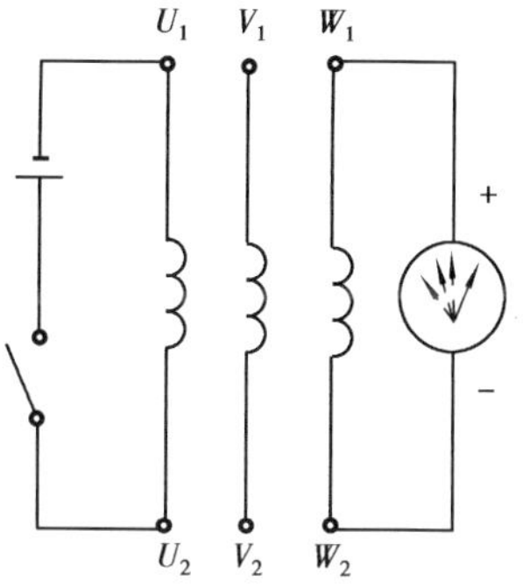
</td></tr>
<tr><td>万用表
检查法</td><td>方法二</td><td>①先用万用表分清三相绕组各相的两个线头。
②给各相绕组进行假设编号为 $U_1,U_2;V_1,V_2;W_1,W_2$。
③用手转动电动机转子，如万用表（毫安挡）指针不动，则证明假设的编号（首、尾端）是正确的，如图（a）所示；如指针有偏转，说明其中有一相首、尾假设编号不对，如图（b）所示。应该逐步对调重试，直至正确为止</td><td>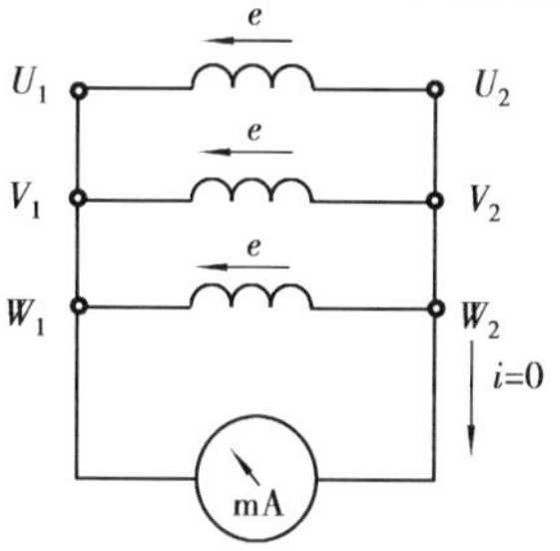

（a）指针不动，首、尾端正确
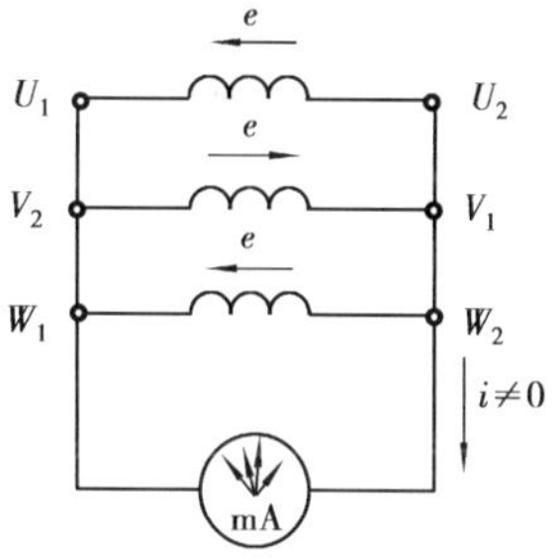

（b）指针动，首、尾端不正确</td></tr>
</table>

（5）电动机轴承损坏的处理

①电动机轴承损坏的检查方法：在电动机运行时用手触摸前轴承外盖，其温度应与电动机机壳温度大致相同，无明显的温差（前轴承是电动机的载荷端，最容易损坏）。另外，也可以听电动机的声音有无异常。将螺丝刀或听诊棒的一头顶在轴承外盖上，另一头贴到耳边，仔细听轴承滚柱沿轴承道滚动的声音，正常时声音是单一、均匀的。如有异常应将轴承拆卸进一步检查。即：将轴承拆下来清洗干净后，用手转动轴承，观察其转动是否灵活，并检查轴承内外之间轴向窜动和径向晃动是否正常，转动是否灵活、有无锈迹、伤痕等。

②电动机轴承损坏的修理方法：对于有锈迹的轴承，可将其放在煤油中浸泡便可除去铁锈。若轴承有明显伤痕，则必须加以更换。同时，还应根据电动机的负载情况，工作环境选择

合适的润滑脂，以改善轴承的润滑并延长其使用寿命。

知识拓展 2　三相异步电动机电源线的发热现象和原因

三相异步电动机电源线的发热现象和原因一般有以下几种。

名称	电线太细
图示	
说明	三根相线同时发热。可能是电线太细而通过电线的电流太大
名称	皮带轮大小搭配不合理
图示	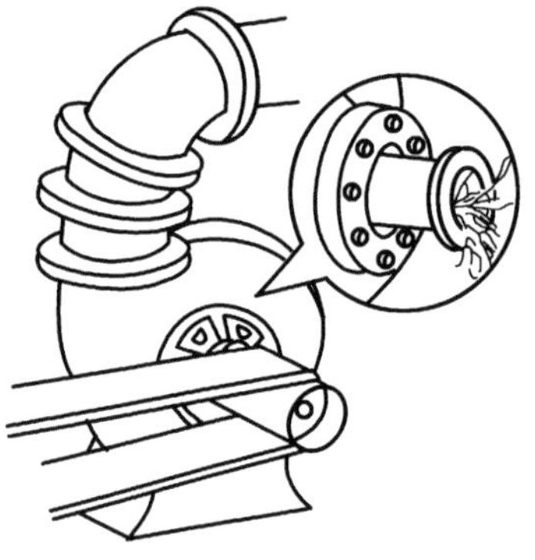
说明	也可能是电动机的负载太大，如水泵里有东西卡住，皮带轮的大小搭配不合理等
名称	两相线严重漏电或短路
图示	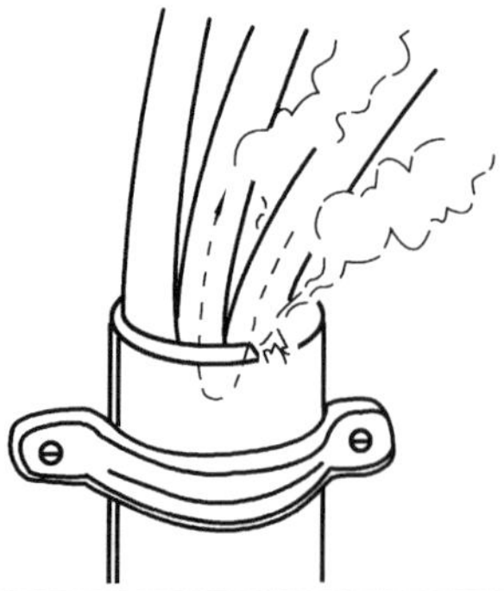

续表

说明	两根相线同时发热。可能是两根相线之间发生严重的漏电或短路
名称	电动机一相无电
图示	
说明	也可能是电动机一相无电,造成双相运行,使电流急剧增加
名称	电线连接不好
图示	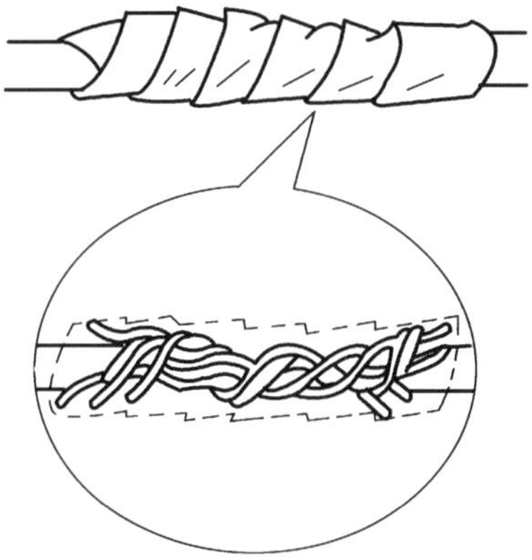
说明	单根相线发热,可能是电线连接不好
名称	芯线裸露发生严重漏电
图示	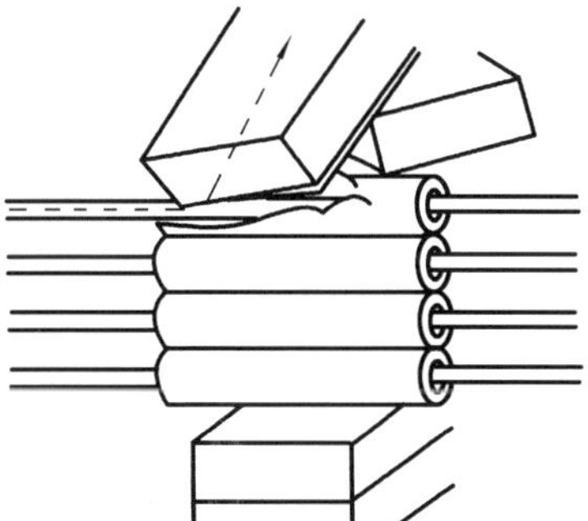
说明	也可能是一根相线发生严重漏电,或芯线裸露,与建筑物接触

思考与练习

一、判断题(对打"√",错打"×")

1. 异步电动机转差率的变化范围为0~1。 ( )

2. 对皮带传动的电动机,必须使两皮带轮的轴互相平行,并且使两皮带轮宽度的中心线在一直线上。 ( )

3. 电动机的接地电阻应大于4 Ω。 ( )

4. 电动机在使用前,应做绝缘性能的检查,其值不得小于0.5 MΩ。 ( )

5. 三相异步电动机的旋转方向与规定的方向不一致时,应立即停机,将三根电源线中的任意两根线对调一下。 ( )

6. 对于绕组受潮的电动机,应及时进行烘干处理。 ( )

7. 绝缘电阻低于0.5 MΩ,说明电动机受潮或绝缘很差。 ( )

8. 三相异步电动机的6个引出线端子,分别用U_1,V_1,W_1,U_2,V_2,W_2编成表示。 ( )

二、填空题

1. 三相异步电动机具有:________________等特点。

2. 三相异步电动机主要由______和______两个基本部分组成。

3. 电动机三种运转状态是________、________、________。

4. 三相异步电动机的选用应根据:________、________、________、________、________等具体情况。

5. 异步电动机的额定功率(Pe)是指:________,其单位是:________。

6. 三相异步电动机的定子绕组连接方法有:______和______两种。

7. 三相异步电动机绕组的常见故障有:______、______、______、______。

三、简答题

1. 简述电动机的主要结构及其作用。

2. 在应用中,如何改变三相异步电动机的旋转方向?你能操作一下吗?

3. 电动机引出线端上的编号有什么用处?

4. 异步电动机在运行中常有哪些不正常的现象?

5. 如何利用万用表判断电动机绕组的断路?

6. 如何利用万用表判断电动机绕组的短路?

7. 如何利用万用表判断电动机绕组碰壳通地?

第4章 机床电气控制基本知识及技能

在工业、农业、交通运输等各部门中，广泛使用着各种生产机械，它们一般都是由电动机拖动的。电动机是通过各种具体控制方式来进行控制的，最常用的是继电接触器控制方式，简称电器控制。电气控制系统的作用究其本质来说就是对电动机等对象进行启动、停止、制动、反向及调速等控制。电气控制系统图用来表征电气系统的控制原理、元件布置及指导安装检修的图纸。一般分为电气原理图、电气安装接线图、电器布置图三种。

第1节 机床电气控制系统图的识读

一、机床电气控制原理图的识读

1. 识图基础知识

步骤	1）什么是电路图？ 是根据生产机械运动形式对电气控制系统的要求，采用国际统一规定的电气图形符号和文字符号，将电气控制系统中各电器元件的连接关系用一定的图表示出来。用来表示电路、设备或成套装置的全部基本组成、动作顺序和连接关系的简图
图示	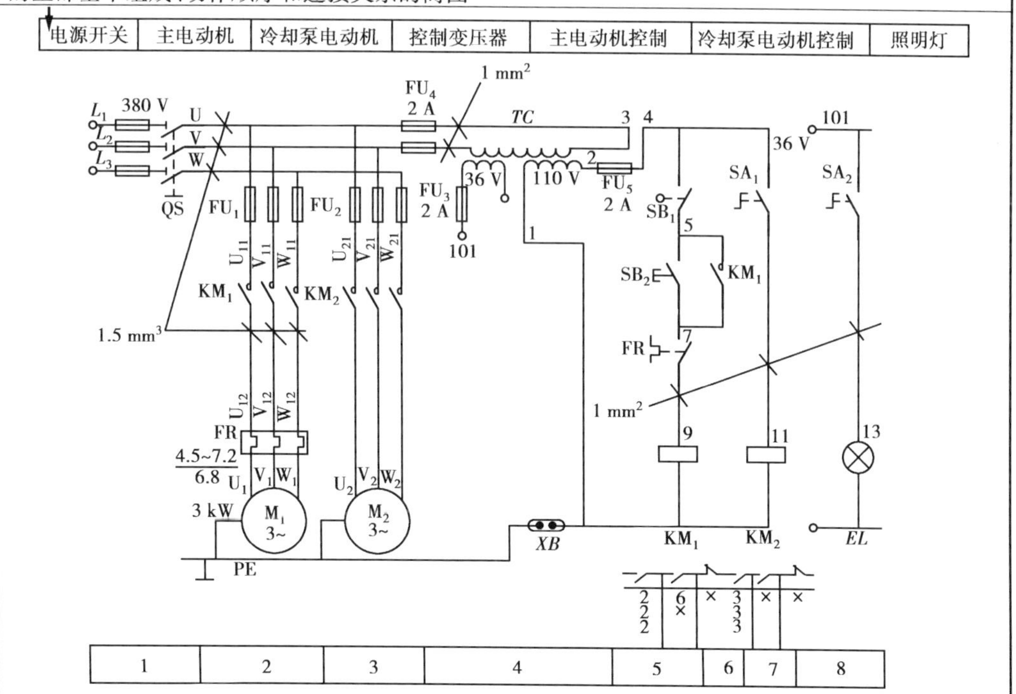 C620 车床电气原理图

续表

图解	机床电气控制原理图
步骤	2)识读电气图中的图形符号、文字符号 图形符号通常用于图样或其他文件,用于表示一个设备或概念的图形、标记或字符。文字符号适用于电气技术领域中技术文件的编制,可标在电气设备、装置和元器件上或近旁,以表明电气设备、装置和元器件的名称、功能、状态和特征

2. 电气原理图的识读

<table>
<tr><td>步骤</td><td>识读电气原理图</td></tr>
<tr><td>图示</td><td>
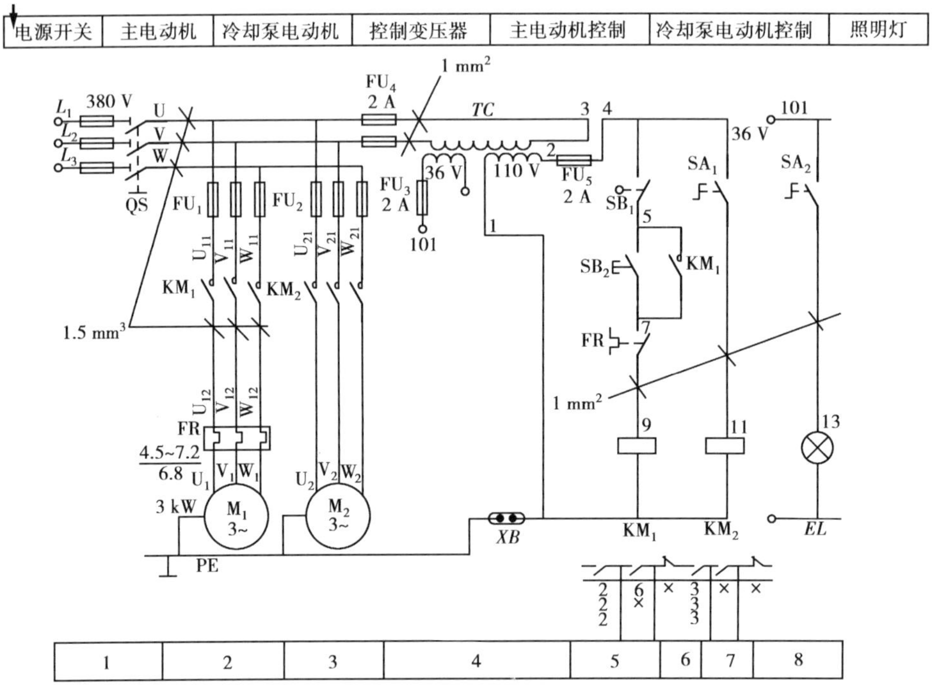

C620 车床电气原理图
</td></tr>
<tr><td>图解</td><td>在认识了常见的电气图形符号后,就可以开始看图了。看电气原理图的一般方法是先看主电路,然后看辅助电路,并用辅助电路的回路去研究主电路的控制程序</td></tr>
</table>

续表

步骤	第一步,先看主电路
图示	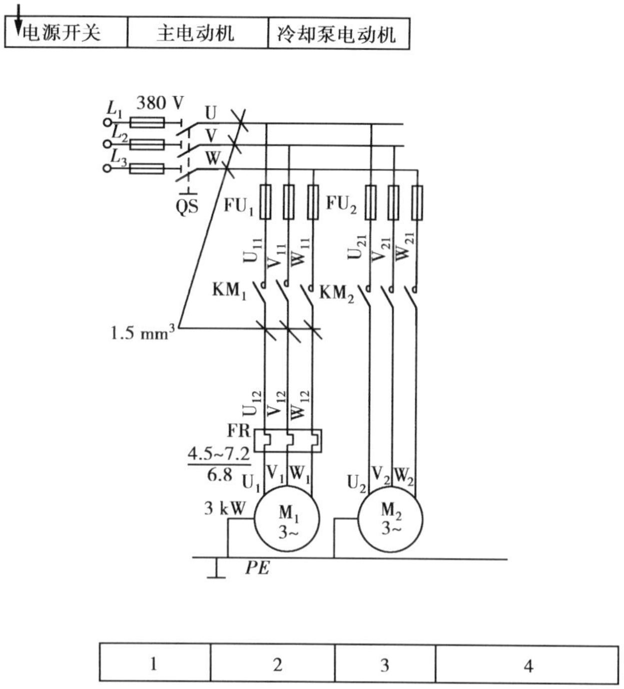 C620 车床电气原理图
图解	主电路是指受电的动力装置、保护电器和负载。它通过的是负载的工作电流,一般都较大。主电路要垂直电源电路画在原理图的左侧或下部。且用粗实线画出 看主电路的步骤: (1)看用电器,即看最终消耗电能的用电设备或用电器具。如电动机、电弧炉、电阻炉等。看图时首先要看清楚有几个用电器以及它们的类别、用途、接线方式、特殊要求等 以电动机为例,从类别上讲,有交流电动机和直流电动机之分;而交流电动机又有异步电动机和同步电动机之分;从用途来讲,有的电动机带动机械主轴,有的电动机带动冷却液泵;从接线方式看,有星形、三角形、延边三角形、双速等接线方式 (2)看用电器是用什么电器元件控制的,控制用电器的方法很多,有的用直接开关控制,有的用接触器或继电器控制,有的用各种启动器控制 (3)看主电路中其他元器件的作用,通常主电路中除了用作电器和控制电器的接触器、继电器外,还常接有电源开关、熔断器以及保护电器 (4)看电源。工电路电源电压,究竟是 380 V 还是 220 V;是由母线汇流排或配电柜供电(一般为交流电)还是由发电机(一般为直流电)供电

续表

<table>
<tr><td>步骤</td><td>第二步,看辅助电路</td></tr>
<tr><td>图示</td><td>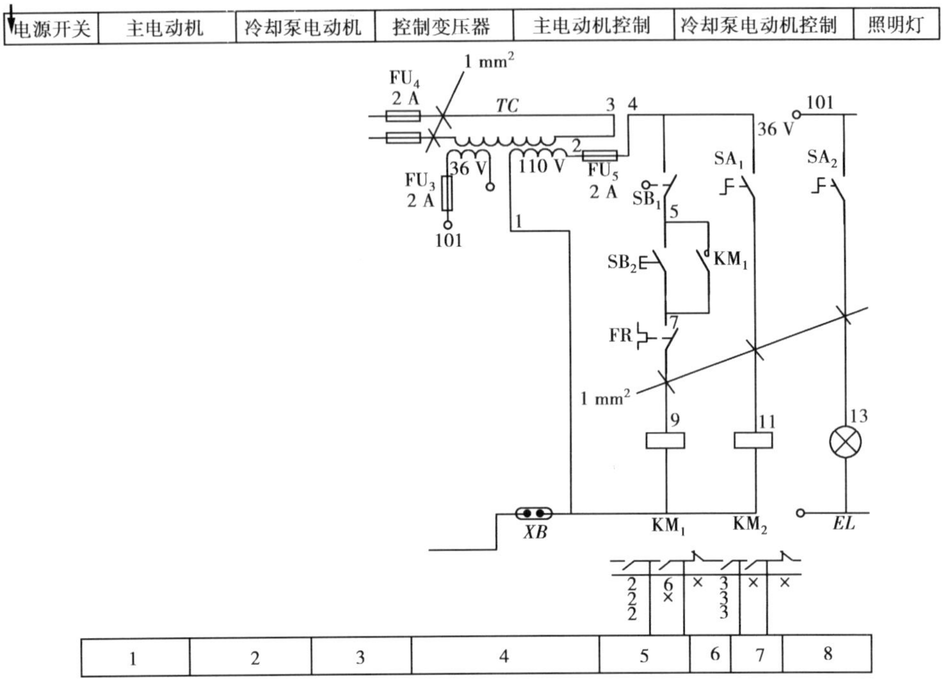

C620 车床电气原理图</td></tr>
<tr><td>图解</td><td>看辅助电路的步骤:
(1)看电源,要弄清辅助电路电源的种类,是交流电还是直流电,电源是从什么地方接来及电压等级
通常,从主电路的两根相线接来的,其电压为两相 380 V;从主电路的一根相线和一根中性线上接来的,其电压为单相 220 V;从控制变压器上接来的,常用电压有 127 V,36 V 等。当辅助电路为直流时,其电压一般为 36 V,24 V,12 V 等
(2)弄清楚辅助电路如何控制主电路。在电气原理图中,整个辅助电路可看成一条大回路。在这条大回路中,又可分为若干条具有独立性的小回路。每条小回路控制一个用电器或用电器的一个动作。当某条小回路形成闭合回路有电流流过时,控制主电路的电器元件(如接触器或继电器)就得电动作,把用电器(如电动机)接入或切除电源。
(3)研究电器元件之间的相互联系。电路中的一切电器元件都不是孤立存在的,而是互相联系、互相制约的。在电路中有时甲电器元件控制乙电器元件,甚至用乙电器元件再去控制丙电器元件。这种互相制约的关系有时表现在一条回路,有时表现在多条回路中。这就是控制电路中的电气联锁
(4)研究其他电气设备和电器元件。如照明灯、信号灯、行程开关和整流设备等。要了解它们线路走向和具体作用</td></tr>
</table>

续表

步骤	第三步，看主、辅电路间的相互联系
图示	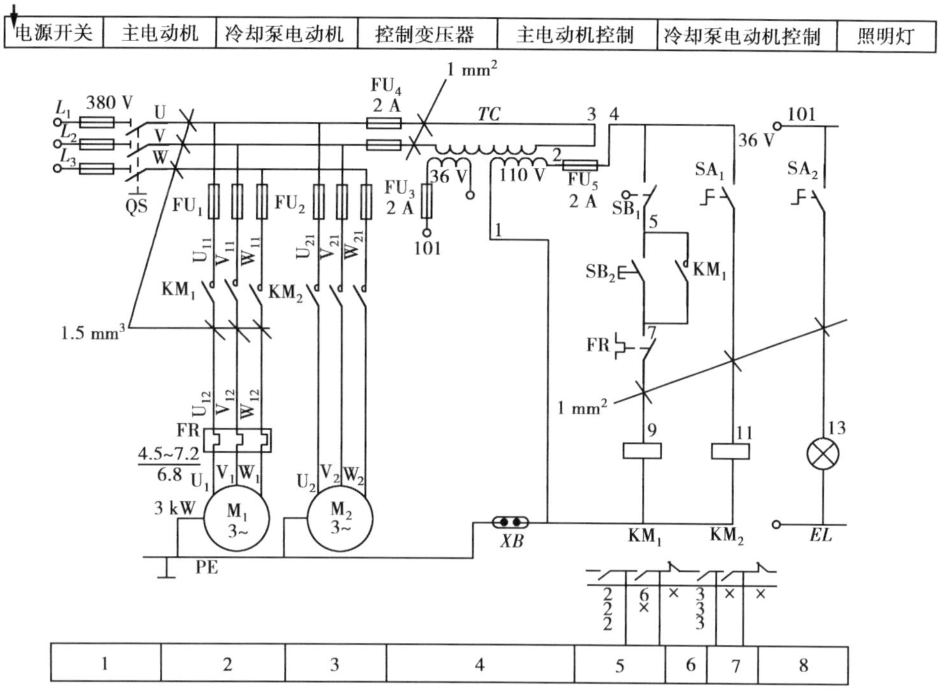C620 车床电气原理图
图解	①接触器 KM 线圈通电，电动机得电运转 ②电动机过载时，FR 动断触点断开，控制线路失电，电动机断电停转

3. 识图中的注意事项

1）要了解电气原理图的绘制特点：

通常将主、辅电路分开画。辅助电路包括控制电路、信号电路、照明电路。控制电路是指控制主电路工作状态的电路。信号电路是指显示主电路工作状态的电路。照明电路是指实现相关设备局部照明的电路。这些电路通过的电流都较小，故在原理图用细实线画出。并且画在原理图的右侧或下部。

2）原理图中凡标有相同文字符号的就是同一个电器元件。

3）原理图中的开关、接触器和继电器触点是按正常状态，即没有电压或电流以及外力作用的情况下画出来的。

二、机床电器接线图识读

1. 接线图是根据电气设备和电器元件的实际位置和安装情况绘制的，只用来表示电气设备和电器元件的位置、配线方式和接线方式，而不明显表示电气动作原理。主要用于电气设备安装接线、线路的检查和故障检修。

步骤	1）识读接线图
图示	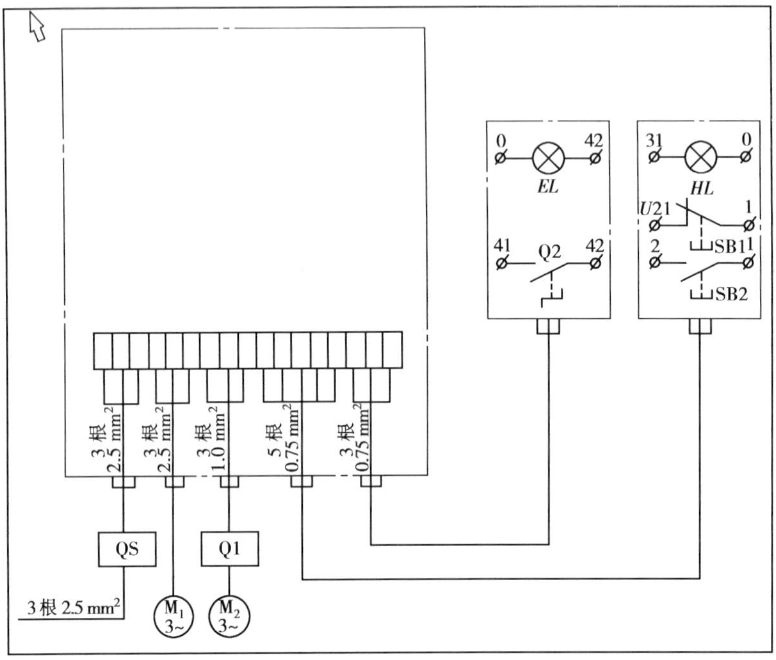
图解	从中可以看清电路的接线脉络及走向，也能清晰地表示出主、辅助回路的接线方法
步骤	2）识读接线图中其他信息
图解	图中表示的内容有：导线的类型及大小、电气设备和元器件的相对位置、文字符号、端子号等

2. 绘制、识读接线图的原则

1）接线图中一般可能表达如下信息：电气设备和元器件的相对位置、文字符号、端子标号、导线类型及大小等。

2）所有的电气设备和元器件都按其所处的实际位置绘制在图纸中，且同一元件的各部分皆使用与原理图中一致的图形符号。

3）接线图中的导线有单根导线、导线组、电缆等之分，可用连续线和中断线来表示。

三、机床电气控制布置图的识读

步骤	识读电器布置图
图示	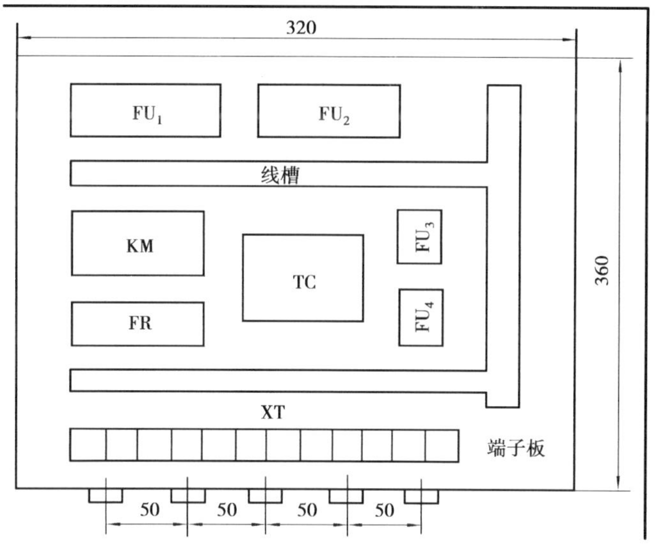
图解	电器布置图是根据电器元件在控制板上的实际安装位置，采用简化的外形符号（如正方形、矩形、圆形等）而绘制的一种简图。它不表达各电器的具体结构、作用、接线情况以及工作原理，主要用于电器元件的布置和安装。图中所用的文字符号要与电气原理图和安装接线图的标注相一致

实训1　学生识图与画图

一、识读电气原理图

1）简述主电路的组成及原理。

2）简述控制电路的组成及工作原理。

二、绘制电路安装接线图方法及步骤

1）给电气原理图中导线编号。

按照等电位法给原理图中各导线标注线号。主电路用 L_1，U_{11}，U_{12}…；L_2，V_{11}，V_{12}…；L_3，W_{11}，W_{12}…。控制电路用阿拉伯数字1，2，3，4，…、或者是数字组合101，102，103…。

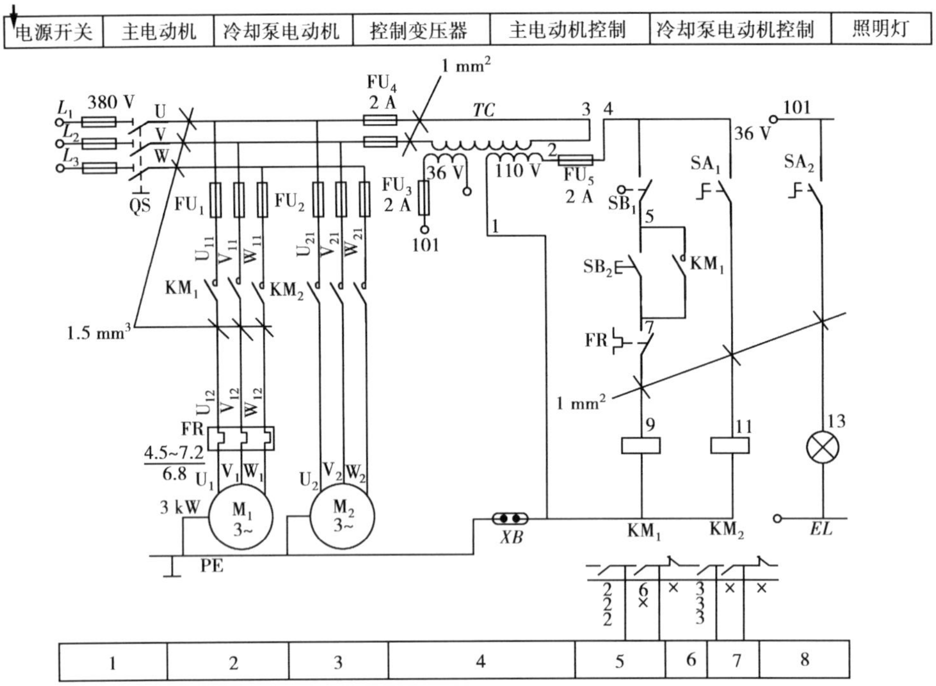

C620 车床电气原理图

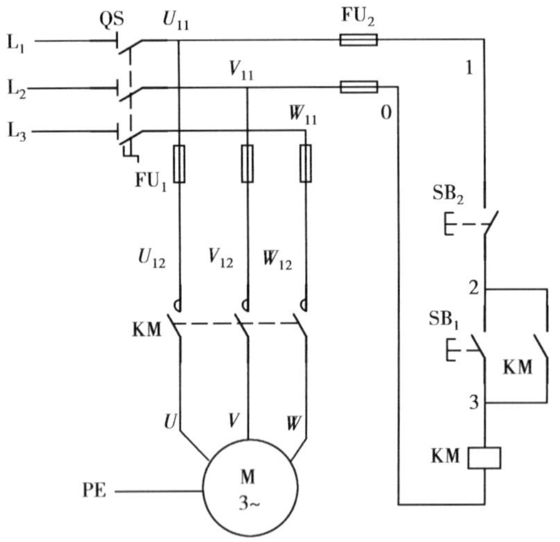

2)按电路元件的实际安装位置在图纸上绘制出各元件的图形符号。

3)根据原理图,在安装接线图中标注全各元件的接线端子标号。

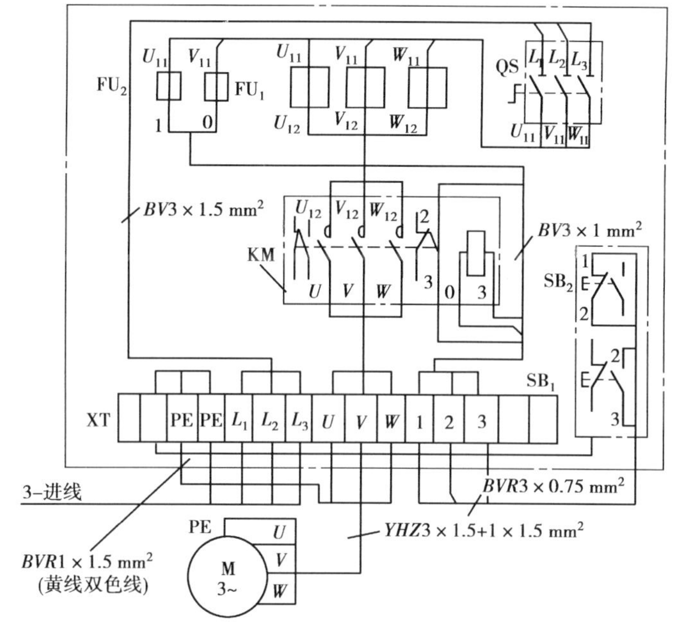

三、试绘制出电动机点动控制电路的安装接线图

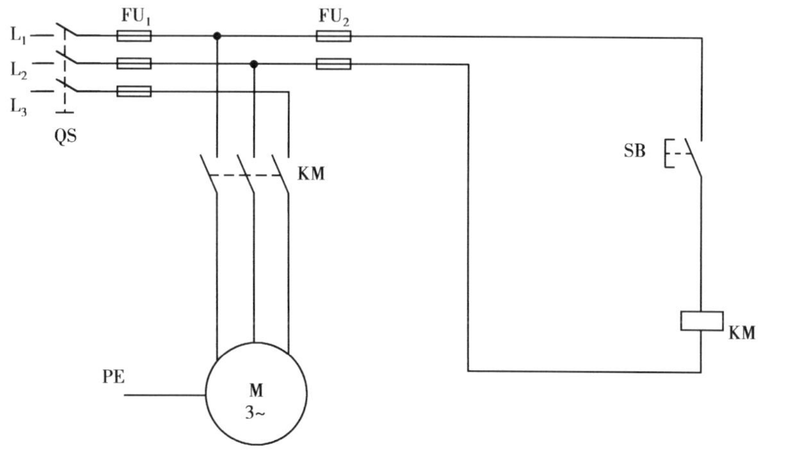

电动机点动控制线路图

第 2 节　电路安装工艺规范及要求

一、元器件安装工艺

1)电源开关、短路保护装置应安装在板的外侧,以利于受电。

2)电器元件的安装布置应整齐、匀称、美观、间距合理、便于安装及更换。外形尺寸与结构类似的电器安装在一起,以利安装和配线。如用走线线槽,应加大各排电器间距,以利布线和维修。

3)紧固各元件时要用力均匀、紧固适当。

体积大和较重的元器件应安装在电器安装板的下方,而发热元件应安装在电器安装板的上面。

4)强电、弱电应分开,弱电应屏蔽,防止外界干扰。

5)需要经常维护、检修、调整的电器元件安装位置不宜过高或过低。

二、板前明敷布线的工艺要求

1)布线通道尽可能少,同路并行导线按主、辅助电路分类集中,单层密排,紧贴安装面布线。

2)同一平面的导线应高低一致或前后一致,不能交叉。

3)布线应横平竖直,分布均匀。变换走向合理并垂直。

4)保护好导线及绝缘。

5)布线顺序一般以接触器为中心,由里向外,由低至高,先控制电路,后主电路进行,以不妨碍后续布线为原则。

6)给每一根导线装上线码管。

7)导线与接线端子或接线桩连接时,不得露铜过长或压绝缘和不反圈。(3/4 圈以上)同一元件、同一回路的不同接点的导线间距离应保持一致。

一个电器元件接线端子上的连接导线不得多于 2 根,每节接线端子板上的连接导线一般只允许接一根。

以上通俗的说就是要八做到、十注意。

八做到:通道要少,单层密排;
长线沉底,高低整齐;
走线成束,横平竖直;
分类集中,变向垂直。

十注意:无人为交叉、无压绝缘;
无重复接线、无三线一接;
无架空接线、无导线损伤;
无裸露金属头、无主辅不分;
无鸡爪子、羊尾巴、无反绕圈。

三、走线槽布线的工艺要求

走线入槽,排列有序,线路走向尽可能清晰。

第 3 节　认识三相异步电动机的点动、长动电气控制

电力拖动就是用电动机带动生产机械运动的一种方法。而电动机的控制线路都是由一些基本控制"环节"组合而成的。让我们来认识一下常用的一些控制线路:

1. 点动控制电路电路

步骤	1）点动控制电路原理图
图示	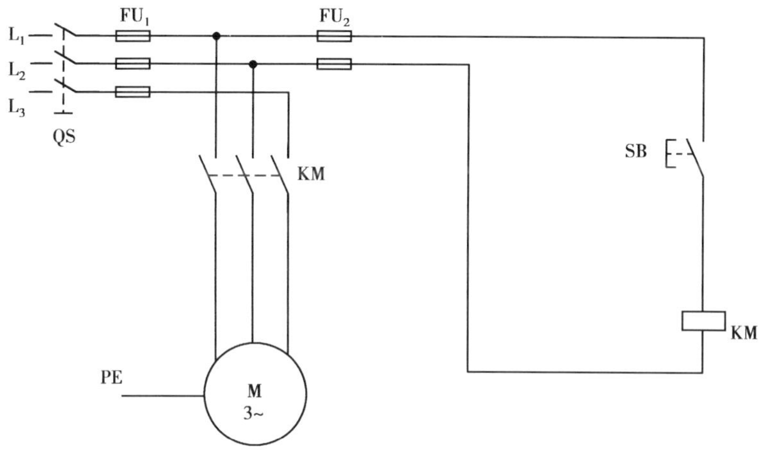
图解	点动正转控制电路是最简单的电力拖动控制电路 所谓点动控制，是指当用手按动开关时，电动机就得电运转。只要手一松开，电动机就立即停止运转。这种控制方法常用于电动葫芦的起重电动机控制和电动缝纫机电路的控制
步骤	2）点动控制电路电路组成及分析：点动控制线路中，组合开关 QS 用作电源隔离开关；熔断器 FU$_1$，FU$_2$ 分别作主电路、控制电路的短路保护；启动按钮 SB 控制接触器 KM 的线圈得电、失电；接触器 KM 的主触头控制电动机 M 的启动与停止
步骤	3）点动控制线路的动作原理如下：
图示	启动：合上电源开关 QS → 按下 SB → KM 线圈得电 → KM 主触头闭合电动机 → M 启动运转 停止：松开 SB → KM 线圈失电 → KM 主触头分断 → 电动机 M 失电停转
图解	①当电动机 M 需要点动时：先合上组合开关 QS，此时电动机 M 尚未接通电源。按下启动按钮 SB，接触器 KM 的线圈得电，使衔铁吸合，同时带动接触器 KM 的三对主触头闭合，电动机 M 便接通电源启动并运转 ②当电动机需要停转时：只要松开启动按钮 SB，使接触器 KM 的线圈失电，衔铁在复位弹簧的作用下复位，带动接触器 KM 的三对主触头恢复分断，电动机 M 失电停转

2. 电动机长动控制电路

步骤	1)长动控制电路原理图
图示	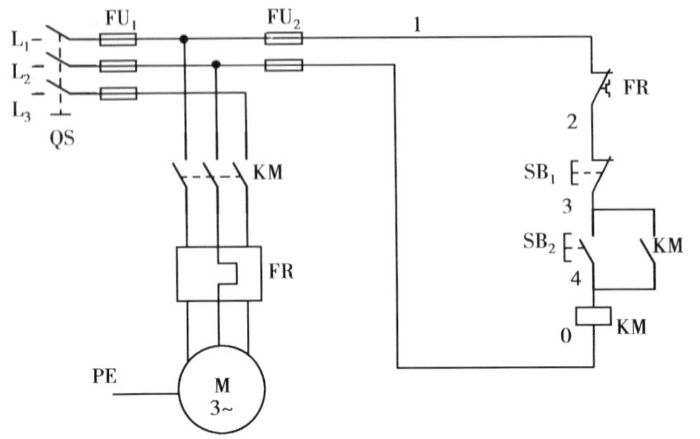
图解	在点动控制线路中多串联一只动断(常闭)按钮,同时把接触器的一个动合(常开)辅助接点并联在启动按钮的两个接点上,接触器的主触点和辅助触点同步动作组成了电动机长动控制线路。如果将热继电器的热元件串联在主电路中,将热继电器的动断触点串联在控制线路中,则组成了具有过载保护的长动控制电路
步骤	2)长动控制电路组成及分析:长动控制线路中,组合开关 QS 用作电源隔离开关;熔断器 FU_1,FU_2 分别作主电路、控制电路的短路保护;启动按钮 SB 控制接触器 KM 的线圈得电、失电;接触器 KM 的主触头控制电动机 M 的启动与停止;由于电路中增加了接触器的一个动合辅助触点与启动按钮 SB_2 并联,可使电动机长时间运转
步骤	3)长动控制线路的动作原理如下:
图示	起动:按下SB_2使动合触头闭合 → 线圈KM得电 → 主触头KM闭合、动合辅助KM触头闭合 → 电动机M启动运转
图解	当松开 SB_2 动合触头分断,由于接触器动合辅助触头 KM 的闭合已将 SB_2 短接,所以松开 SB_2 后的电动机仍能动转,动合辅助触头又称自锁触头。像这种当松开启动按钮 SB_1 后,接触器 KM 通过自身动合辅助触头而使线圈保持得电的作用叫做自锁(或自保)
图示	起动:按下SB_1使动断触头断开 → 线圈KM失电 → 主触头KM闭合、动合辅助KM触头闭合 → 电动机M断电停转
图解	当松开 SB_1 时,其动断触头闭合,因接触器的自锁触头 KM 在切断电路时已断开,停止自锁,接触器 KM 线圈不可能得电,因而电动机不可能转动。要使电动机重新运转,必须重新按下启动按钮 SB_2
步骤	4)长动控制线路的特点: a.具有失压保护作用。当线路由于某种原因突然断电,电动机也就停止转动,当故障排除后恢复供电时,由于自锁触头断开后不可能自行闭合,故电动机也不会自行启动 b.具有欠压保护作用。当线路由于某种原因使电源电压下降到某一数值(一般指低于额定电压 85% 以下)时,接触器线圈产生的吸力不够,接触器主触头、辅助触头同时分断,电动机断电停转

实训 2　线路安装

一、目的和要求

学会电动机点动、长动控制线路的安装及检修方法。

二、设备及材料

常用电工工具;铅笔。

(1)500 V 兆欧表、钳形电流表、万用表。

(2)三相异步电动机(Y-100L2-4)1 台;接触器(CJ10-10)1 只;熔断器(RL1-15)5 只;接线排(JX-1010)3 节;按钮(LA10-3H)1 只;热断电器 JR16-20/3 组合开关(HZ10-25/3)1 只;木制电盘(400 mm×300 mm×30 mm)1 块;木螺丝若干。

(3)绝缘导线主电路用 BV1.5 mm^2,控制电路 BV1 mm^2,按钮线 BVR0.75 mm^2,数量按需要而定,主控电路所用导线颜色应有明显区别。

电动机点动、长动控制线路的安装步骤:

1)熟悉电气原理图并自行绘制出线路安装接线图。

2)对照电气原理图,备齐并查验好所需元器件。

3)根据电气原理图,设计布置各元件的位置和线路走向。

4)经教师检查后,先按元件布置图安装好各元器件。再按相关配线工艺进行配线(相关配线工艺见本章第二节)。

5)配线完成后,对照电气原理图自检。

6)交给指导教师检查无误后,带上电动机通电试车。

7)安装注意事项:

①自觉遵守安全用电规程。

②禁止学生私自通电试车。

③电动机和按钮的金属外壳必须进行可靠接地。

④螺旋式熔断器座螺壳端应按负载方,电器元件上空余的螺钉一律拧紧。

⑤试车时应先合上电源开关,再按相关按钮。撤线时,先停车,再拆除电源线、负载线。

评分标准

项目内容	配分	评分标准	扣分
装前检查	5	电器元件漏检、每处扣 1 分	
安装元件	15	1. 不按布置图安装　扣 5 分 2. 元件安装不牢固,每只　扣 4 分 3. 元件安装不整齐、不匀称、不合理、每只　扣 3 分 4. 损坏元件　扣 15 分	

续表

项目内容	配分	评分标准	扣分
布线	40	不按电路图接线　扣 25 分 布线不符合要求每根　扣 3 分 接点不符合要求，每个接点　扣 1 分 损伤导线绝缘或线芯，每根　扣 5 分 漏接接地线　扣 10 分	
通电试车	30	第一次试车不成功 第二次试车不成功 第三次试车不成功	
安全文明生产	10	违反安全文明生产规程　每次扣 1 ~10 分	

(5)电动机长动控制电路常见故障解析主电路的故障有：

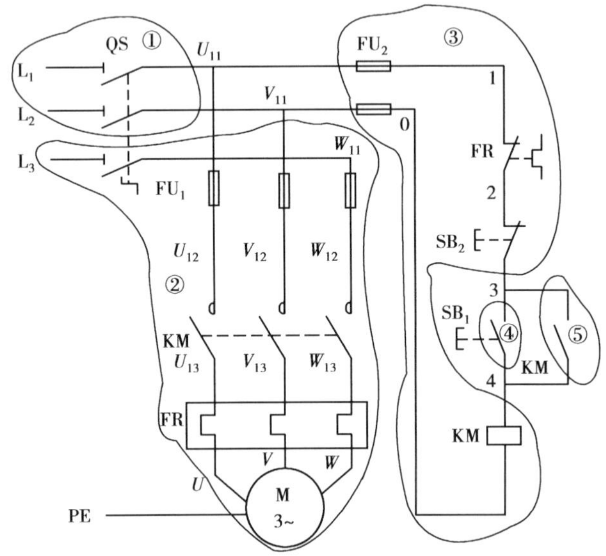

1)电动机缺相，控制电路不动作。

2)电动机缺相，控制电路动作控制电路的故障有：

①按下启动按钮 SB_1 或按下接触器，接触器线圈均不能得电，电动机不能启动。

②按下启动按钮 SB_1，电动机只能点动不能长时运转。

③按下启动按钮 SB_1 电动机不能启动，按下接触器电动机正常运行。

第 4 节　认识三相异步电动机的正、反转电气控制

前面学过的点动、长动控制线路只能使电动机朝一个方向旋转，拖动生产机械的运动部件向一个方向运动。但许多生产机械常常要求运动部件能向正反两个方向运动。如机床工作台的前进和后退、起重机的上升与下降等等，这一类型生产机械要求电动机能实现正、反转控制。

一、简单的正反转控制电路

步骤	1. 认识电动机正反转的基本原理 要想使电动机反转，只需要改变通入电动机定子绕组的三相电源相序，即把接入电动机三相电源进线中的任意两根对调接线时，电动机就可以反转
步骤	2. 认识倒顺开关正反转控制线路
图示	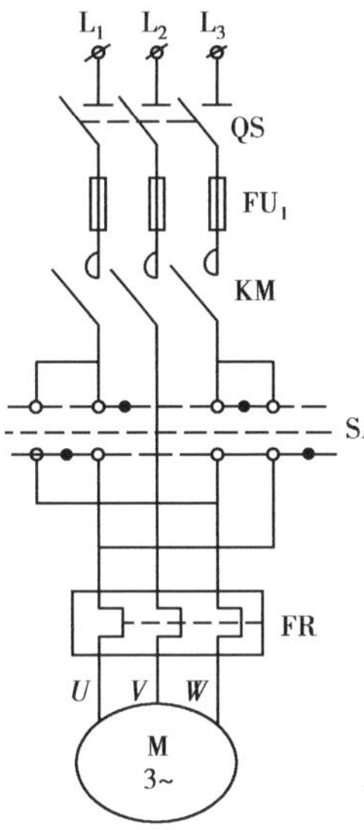  HY23系列倒顺开关  HY2系列倒顺开关
图解	原理分析：合上电源开关 QS1，操作倒顺开关 QS2：当手柄处于“停”位置时，QS2 的动、静触头不接触，电路不通，电动机不转；当手柄扳至“顺”位置时，QS2 的动触头和左边的静触头相接触，电路按 L1—U、L2—V、L3—W 接通，输入电动机定子绕组的电源相序为 L1—L2—L3，电动机正转；当手柄扳至“倒”位置时，QS2 的动触头和右边的静触头相接触，电路按 L1—W、L2—V、L3—U 接通，输入电动机定子绕组的电源相序为 L3—L2—L1，电动机反转
步骤	3. 认识此电路特点
析解	值得注意的是，这种电路在使用过程中，从正转到反转不能直接切换，中间必须先经过“停”位置，待电动机停转后，再切换到另一位置。否则将产生强大的切换电流危及倒、顺开关和电动机的安全

续表

<table>
<tr><td>电路图</td><td>
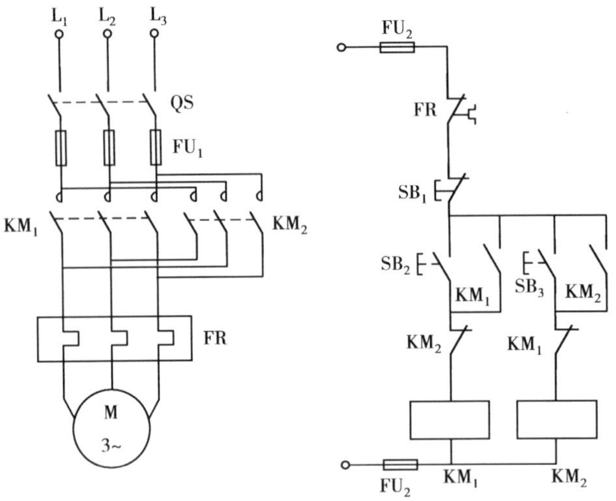

接触器联锁正反转控制线路
</td></tr>
<tr><td>电路组成及电路分析</td><td>①线路中采用了两个接触器，即正转用的接触器 KM_1 和反转用的接触器 KM_2，分别由相应的正转按钮 SB_1 与反转按钮 SB_2 控制。从主电路中可看出，这两个接触器所接通的电源相序不同。接触器 KM_1 为电动机接入 L_1—L_2—L_3 正相序电源。接触器 KM_2 为电动机接入 L_3—L_2—L_1 反相序电源
②这里要指出的是，接触器 KM 和 KM_2 的主触头绝对不允许同时闭合，否则将造成两相电源（L_1 和 L_3）短路事故。为了保证一个接触器得电动作时，另一个接触器不能得电动作，以避免电源的相间短路，就在正转控制电路中串接了反转接触器 KM_2 的动断辅助触头，而在反转控制电路中串接了正转接触器 KM_1 的动断辅助触头。这样，当 KM_1 得电动作时，串在反转控制电路中的 KM_1 的动断触头分断，切断了反转控制电路，保证了 KM_1 主触头闭合时，KM_2 的主触头不能闭合。同理，当 KM_2 得电动作时，其 KM_2 的动断触头分断，切断了正转控制电路，从而避免了两相电源短路事故的发生。像上述这种在一个接触器得电动作时，通过其动断触头使另一个接触器不能得电动作的作用叫联锁（或互锁）。实现联锁作用的动断触头称为联锁触头（或互锁触头）</td></tr>
<tr><td>工作原理</td><td>首先合上电源开关 QS
正转控制：按下SB_1 → KM_1线圈得电 → KM_1自锁触头闭合自锁；KM_1主触头闭合 → 电动机M起动连续正转。；KM_1联锁触头断开对KM_2联锁

反转控制：按下SB_3 → KM_1线圈失电 → KM_1自锁触头分断解除自锁；KM_1主触头分断 → 电动机M失电停转。；KM_1联锁触头恢复闭合解除对KM_2联锁
再按下SB_2 → KM_2线圈得电 → KM_2自锁触头闭合自锁；KM_2主触头闭合 → 电动机M起动连续反转。；KM_2联锁触头断开对KM_1联锁

停止控制：按下 SB_3 →控制电路失电　KM_1（或 KM_2）主触头分断　电动机 M 失电停转</td></tr>
</table>

二、认识接触器联锁的正反转控制线路

三、认识按钮、接触器双重联锁的正反转控制线路

工作原理分析：先合上 QS。

电路图	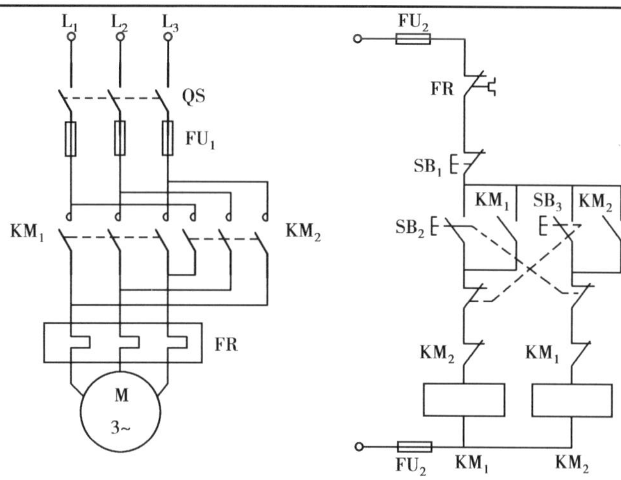 复合联锁的正反转控制线路
电路组成分析	在上述电路和基础上，把正转按钮 SB_1 和反转按钮 SB_2 换成两个复合按钮，并使复合按钮的动断触头串联在对方的控制线路中，就构成了按钮、接触器双重联锁的正反转控制线路
工作原理	正转控制：按下SB_1 → SB_1动断触头先分断对KM_2联锁(切断反转控制电路) → SB_1动合触头后闭合→KM_1线圈得电 　→ KM_1自锁触头闭合自锁 ┐ 　→ KM_1主触头闭合 ┘→ 电动机M启动连续正转 　→ KM_1联锁触头断开对KM_2联锁(切断反转控制电路)
	反转控制： 按下SB_2 → SB_2动断触头先分断→KM_2线圈失电 　→ KM_1自锁触头分断解除自锁 ┐ 　→ KM_1主触头分断 ┘→ 电动机M失电 　→ KM_1联锁触头恢复闭合 ┐ → SB_2动合触头后闭合 ┘→ KM_2线圈得电 → 　→ KM_2自锁触头闭合自锁 ┐ 　→ KM_2主触头闭合 ┘→ 电动机M启动连续反转 　→ KM_2联锁触头断开对KM_1 联锁(切断正转控制电路)
	停止控制：按下 SB_3，整个控制电路失电，主触头分断，电动机 M 失电停转

实训3 电动机双重联锁正反转控制线路安装及故障排除

一、目的和要求

学会电动机双重联锁正反转控制线路的安装及检修方法。

二、设备材料

(1)常用电工工具;铅笔。

(2)500 V 兆欧表、钳形电流表、万用表。

(3)三相异步电动机(Y-100L2-4)1 台;接触器(CJ10-10)2 只;熔断器(RL1-15)5 只;接线排(JX-1010)4 节;按钮(LA10-3H)1 只;热断电器 JR16-20/3 组合开关(HZ10-25/3)1 只;木制电盘(400 mm×300 mm×30 mm)1 块;木螺丝若干。

(4)绝缘导线主电路用 BV1.5 mm^2,控制电路 BV1 mm^2,按钮线 BVR0.75 mm^2,数量按需要而定,主控电路所用导线颜色应有明显区别。

(一)电动机双重联锁正反转控制线路的安装

(1)熟悉电气原理图,理解"自锁"和"联锁"的含义。

(2)自绘制出安装接线图。

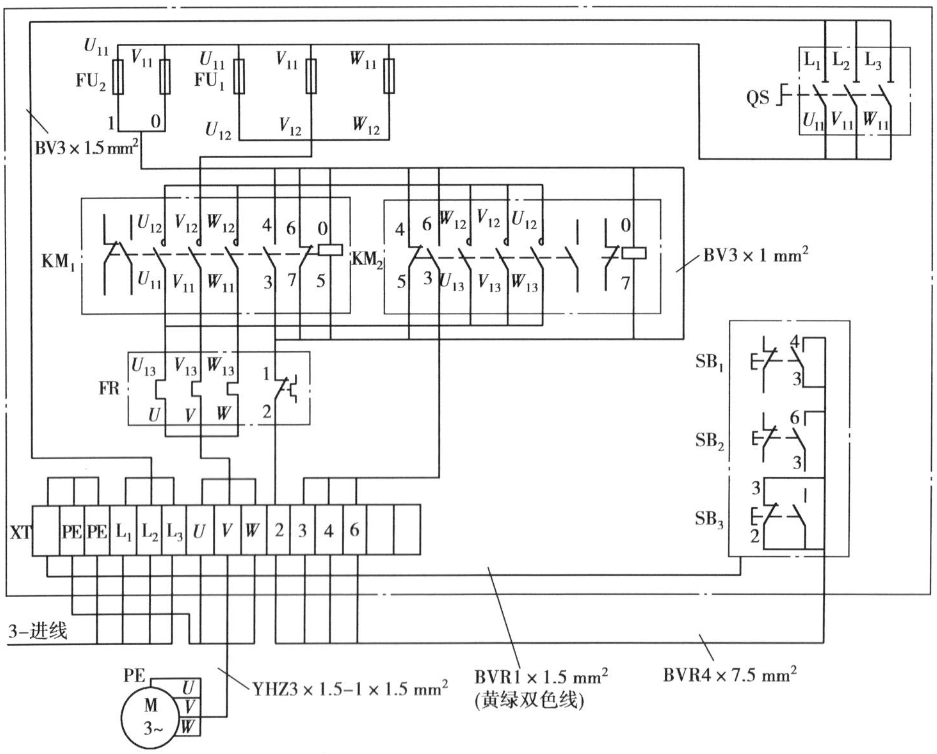

(3)对照电气原理图,备齐并查验好所需元器件。

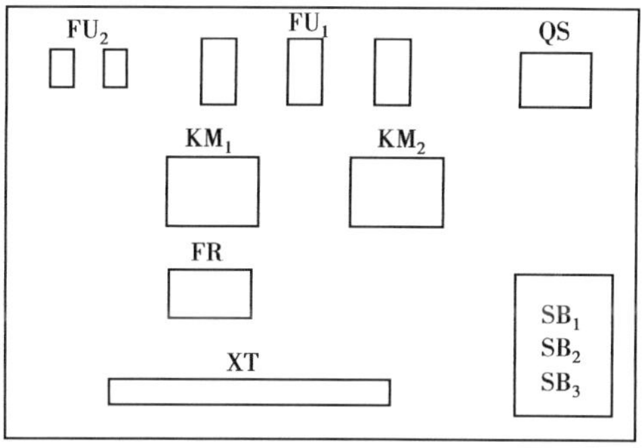

(4)根据电气原理图,设计布置各元件的位置和线路走向。

(5)经教师检查后,先按元件布置图安装好各元器件。再按相关配线工艺进行配线(相关配线工艺见本章第二节)。布线原则及要求为"横平竖直,分布均匀;以接触器为中心由里向外,由低向高;先控制电路后主电路"。

(6)配线完成后,对照电气原理图自检。

(7)交给指导教师检查无误后,带上电动机通电试车。

(8)安装注意事项

1)自觉遵守安全用电规程。

2)禁止学生私自通电试车。

3)电动机和按钮的金属外壳必须进行可靠接地。

4)要注意联锁触头不能接错,否则会出现二相电源短路事故。

5)试车时应先合上电源开关,再按相关按钮。撤线时,先停车,再拆除电源线、负载线。

项目内容	配分	评分标准	扣分
装前检查	5	电器元件漏检、每处扣 1 分	
安装元件	15	1、不按布置图安装　扣 5 分 2、元件安装不牢固,每只　扣 4 分 3、元件安装不整齐、不匀称、不合理、每只　扣 3 分 4、损坏元件　扣 15 分	
布线	40	不按电路图接线　扣 25 分 布线不符合要求每根　扣 3 分 接点不符合要求,每个接点　扣 1 分 损伤导线绝缘或线芯,每根　扣 5 分 漏接接地线　扣 10 分	
通电试车	30	第一次试车不成功 第二次试车不成功 第三次试车不成功	
安全文明生产	10	违反安全文明生产规程　每次扣 1 ~10 分	

(二)常见故障分析及处理

1. 故障设置

在控制电路或主电路中人为设置电气自然故障两处。

2. 教师示范检修

教师进行示范检修时,可将下述检修步骤及思路贯穿其中,直到故障排除。

(1)用试验法来观察电动机的运行情况、接触器的动作情况和线路的工作情况等,如发现有异常情况,应马上断电检查。

(2)用逻辑分析法缩小故障范围,并在电路图上用虚线标出故障部位的最小范围。

(3)用测量法正确、迅速地找出故障点。

(4)根据故障点的不同情况,采用正确的修复方法,迅速排除故障。

(5)排除故障后通电试车。

3. 学生检修

教师示范检修后,再由指导教师重新设置两个故障点,让学生进行检修。在学生检修的过程中,教师可进行启发性的示范指导。

4. 注意事项

(1)认真听取和仔细观察指导老师在示范中的讲解及检修操作。

(2)熟练掌握电路图中各个具体环节的作用。

(3)在排除故障过程中,故障分析的思路和方法要正确。

(4)带电检修故障时,头脑一定要清醒。必须要有指导老师在现场进行监护,以确保人身、设备安全。

5. 排故评分标准

项目内容	配分	评分标准		扣分
故障分析	50	故障分析、排除故障的思路不正确,每个 标错电路故障范围,每个	扣 10 ~ 15 分 扣 5 ~ 10 分	
排除故障	40	停电不验电 工具及仪表使用不当,每次 排除故障的顺序不对 不能查出故障,每个 查出故障点,但不能排除,每个 人为产生新的故障 损坏电动机 损坏电器元件或排故方法不正确,每只(次)	扣 5 分 扣 3 分 扣 5 ~ 10 分 扣 15 分 扣 5 分 扣 5 分 扣 20 分 扣 3 分	
安全文明生产	10	违反安全文明生产规程	扣 2 ~ 10 分	
定额时间 /30 min	不允许超时检查,每超时 1 分钟扣 5 分			

成绩

三、常见故障解析

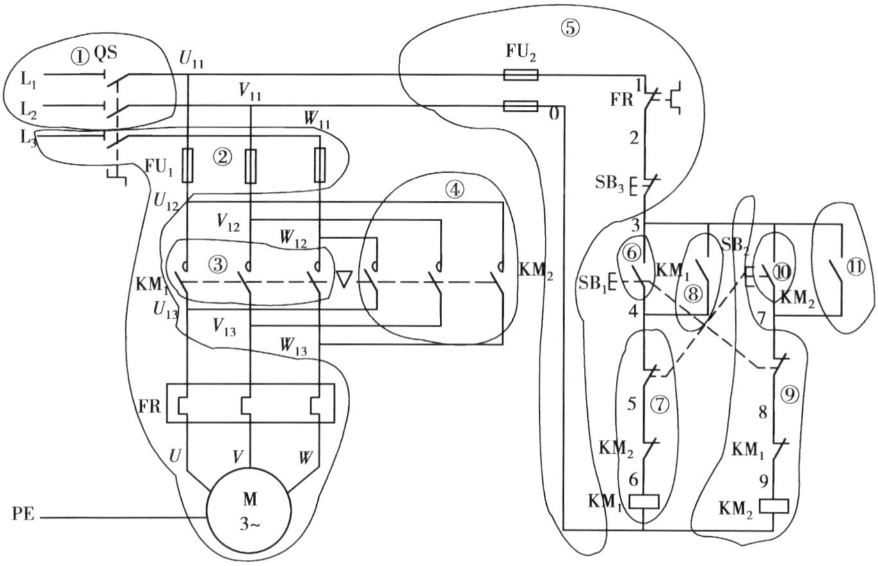

主电路的故障有：

(1)电动机正反转均缺相，控制电路不动作。

(2)电动机正反缺均缺相，控制电路动作。

(3)电动机正转运行正常，反转缺相，控制电路工作正常。

(4)电动机反转运行正常，反转缺相，控制电路工作正常。

控制电路的故障有：

(5)按下正转启动按钮 SB_2 和反转启动按钮 SB_3 按下接触器，接触器线圈均不能得电，电动机不能启动。

(6)按下启动按钮 SB_2，电动机只能正转点动不能长时运转。

(7)按下启动按钮 SB_2 正转接触器不能得电，但按下接触器后，电动机能正转长时运行。

(8)按下启动按钮 SB_2 或按下正转接触器，正转接触器均无动作。

(9)按下启动按钮 SB_3，电动机只能反转点动不能长时运转。

(10)按下启动按钮 SB_3 反转接触器不能得电，但按下接触器后，电动机能反转长时运行。

(11)按下启动按钮 SB_3 或按下反转接触器，反转接触器均无动作。

第5节 认识工作台的自动往复循环电气控制

有些生产机械，要求工作台在一定距离内自动往复，不断循环，以便工件能够连续加工。在控制线路中，用运动部件上的挡铁碰撞行程开关，使其触点动作，以接通或断开电路来控制机械行程或实现加工过程的自动往复。

一、行程控制线路

步骤	1)行程控制 用行程开关(又名限位开关)来完成拖动电机的停车或正反转,达到机械限位或行程控制的目的
图示	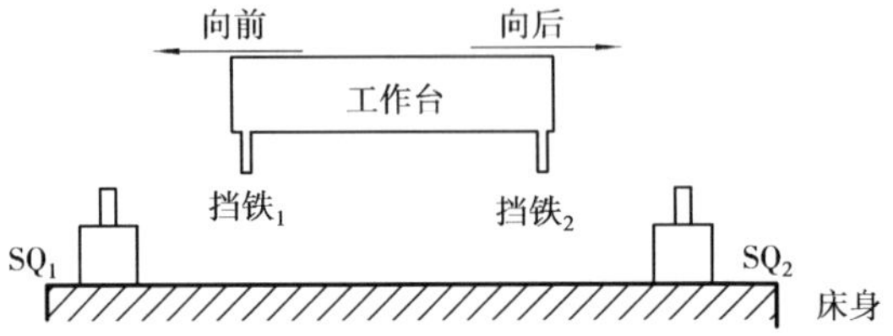
图解	电机正转,工作台向前运动,碰到 SQ_1 停车(或反转);电机反转,工作台向后运动,碰到 SQ_2 停车(或正转)
步骤	2)行程控制线路:主电路
图示	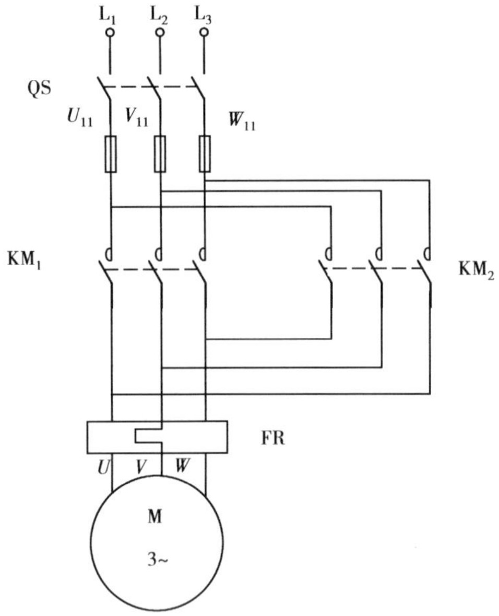
图解	合上电源开关 KM_1 吸合时,电动机正转,工作台向前运动; KM_2 吸合时,电动机反转,工作台向后运动

续表

步骤	3)行程控制线路:辅助电路分析
图示	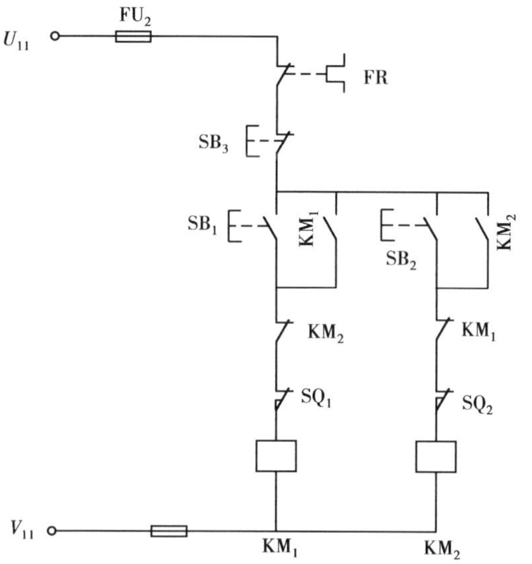
图解	按下 SB_1,KM_1 通电吸合(通过辅助触头互锁,确保 KM_2 不通电),工作台向前移动,碰到 SQ_1,KM_1 线圈断电,停车。同理,按下 SB_2,工作台向后移动,碰到 SQ_2 停车。SB_3 是停止按钮

课件说明:演示上述控制过程。

二、自动往复循环控制线路

上述电路能够实现工作台的行程控制,不能实现自动往复控制。自动往复循环控制电路的主电路和前面的行程控制电路相同,辅助电路的改进如图所示。

SQ_1 和 SQ_2 都使用了复合触点,其常闭触点断开后,常开触点才可能闭合。将同一个行程开关的常开、常闭触点分别串入两个接触器线圈支路,起到了联锁控制作用。工作原理如下:

合上电源开关 QS,按下 SB_1,KM_1 通电吸合(自锁、互锁),电动机正转,工作台前进,挡铁碰撞到 SQ_1,使 $SQ_{1\text{-}1}$ 断开,KM_1 线圈断电,主触点断开,辅助触点复位。之后,$SQ_{1\text{-}2}$ 闭合,KM2 线圈通电,辅助触点动作实现自锁、互锁,主触点闭合,电动机反转,工作台后退。同理,工作台碰撞到 SQ_2 后,电动机正转,工作台前进,实现了自动往复运动。

当行程开关 SQ_1 或 SQ_2 发生粘粘时,会导致工作台碰撞到行程开关后不能够停车,造成事故。SQ_3 和 SQ_4 是在上述示意图中 SQ_1 和 SQ_2 两端增加的,起限位保护的作用。例如,当 SQ_1 受撞击后 $SQ_{1\text{-}1}$ 未分开,则工作台继续前进,撞击到 SQ_3,分断 KM_1 线圈支路电流,使 KM_1 主触点分断,电动机断电停车。

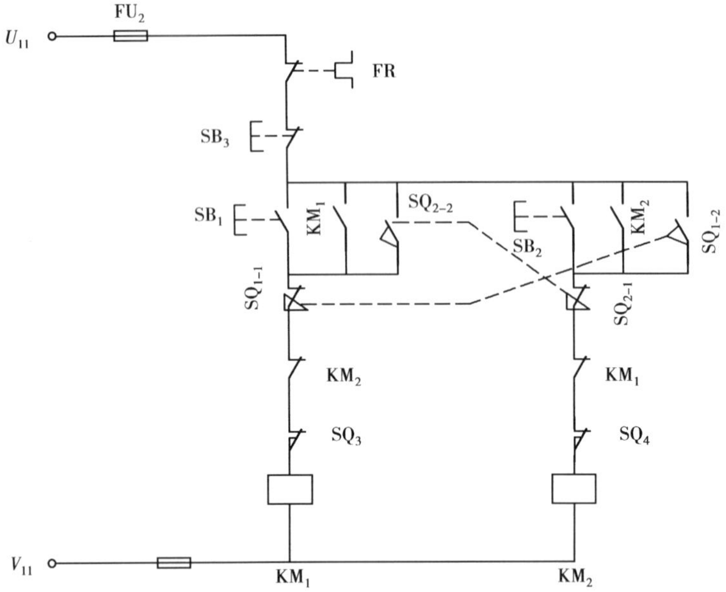

实训4　工作台的自动往复循环电气控制线路安装

一、实训目的

学会工作台自动往复循环控制线路的安装及故障排除方法。

二、实训主要器材

序号	名　称	型号(规格)	数量
1	行程开关	LX19-222	4
2	刀开关	HK2-15	1
3	三相异步电动机	Y-100L2-4 (或用灯泡代替电动机的三相绕组)	1
4	接触器	CJ10-10	2
5	熔断器	RL1-15	5
6	接线排	JX-1010	
7	按钮	LA10-3H	1
8	热断电器	JR16-20/3	1
9	木制电盘	(400 mm × 300 mm × 30 mm)	
10	软导线	(主电路,红色)BV1.5 mm^2	
11	软导线	(控制电路,绿色)BV1 mm^2	
12	软导线	(按钮线,绿色)BVR0.75 mm^2	

三、电气原理图

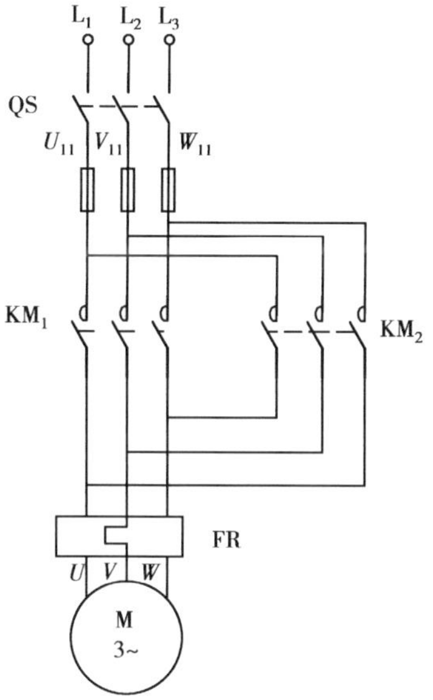

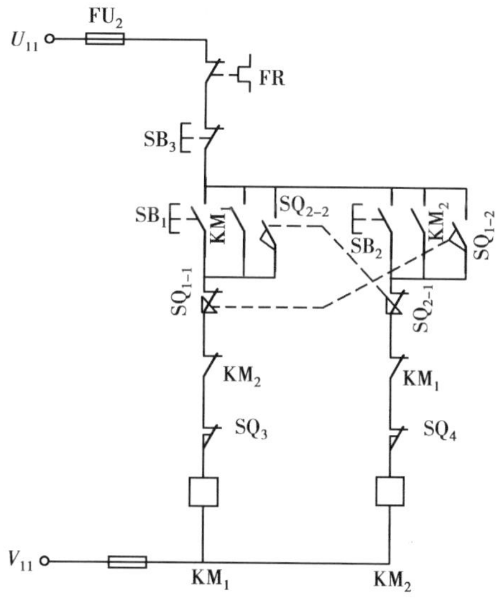

四、操作步骤

（1）重新认识行程开关的结构，学会用完万用表检测其触点的通断。

（2）参照本章实训 2 和实训 3 的接线图，按照电气原理图和如下的元件布局图，画出本次实训的接线图。

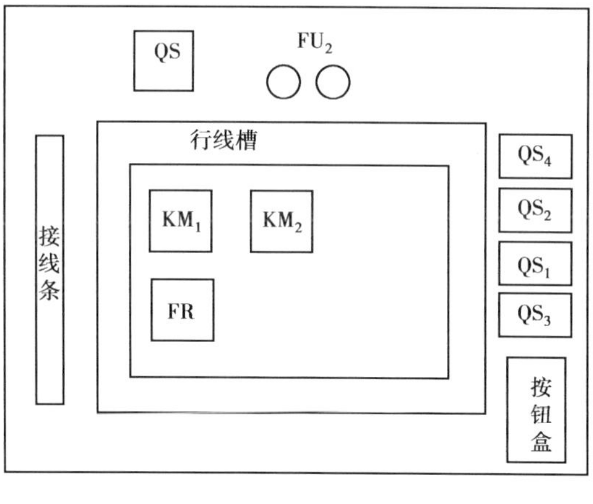

元件布局示意图

（3）将元件固定在木板上，根据原理图装接好主电路线路，正确无误后，接好辅助电路的线路。

（4）自己检查无误后，请老师检查。

（5）不接电动机，通电检查：

1）按下 SB_1（SB_2），观察 KM_1（KM_2）动作情况是否正常。

2)按下 SB_1(SB_2),拨动 QS_1(QS_2),观察 KM_1(KM_2)动作是否正常。

3)按下 SB_1(SB_2),拨动 QS_3(QS_4),观察 KM_1(KM_2)是否断开。

(6)上述检查正常后,接入电动机通电试验。

五、注意事项

(1)按钮盒内的接线和行程开关内的接线不能够接错,切忌短路。

(2)只能够通过用手拨动 QS_1,QS_2 来观察电机的转动情况,模拟工作台的自动往复循环控制。

(3)拨动 QS_3,QS_4,都应该停车,模拟对工作台的限位保护。

(4)通电前,根据原理图按下相关按钮、接触器、开关,用万用表电阻挡检测电路连接是否正确,是否有短路情况发生,避免一通电就烧保险。

六、装接考核标准

与本章实训 3 相同。(或直接参照中级维修电工考核评分标准考评)

七、思考题

(1)在上图中,合上 QS,按下 SB_1 无动作,按下 SB_2,KM_2 吸合,电动机转动正常,试划故障范围。

(2)在上图中,合上 QS,按下 SB_1,电动机正常运行,拨动 SQ_1 后,刀开关里的保险被烧,试划故障范围,简述检修思路。

第 6 节　认识三相异步电动机的降压启动控制

三相异步电动机的直接启动线路简单,所小需电气设备少,但因为启动电流大导致电源电压下降幅度大,可能会影响其他设备的正常运行。对于容量大于 10 kW 的电动机,不符合下面经验公式的,均应该采取降压启动。

$$I_q/I_N \leqslant 3/4 + \text{电源变压器的容量(kVA)}/[4\times\text{电动机的额功率(kW)}]$$

式中　I_q——电动机的启动电流;

I_N——电动机的额定电流,单位都是 A。

三相笼型异步电动机的降压启动方法有:定子绕组串联电阻(或电抗器);星形—三角形启动;自耦变压器降压启动及延边三角形启动。三相绕线式异步电动机降压启动的方法又在转子绕组中串接启动电阻和接入频敏变阻器等方法。本节主要学习三相笼型异步电动机的星形—三角形降压启动控制线路的分析方法。

步骤	1. 主电路分析
图示	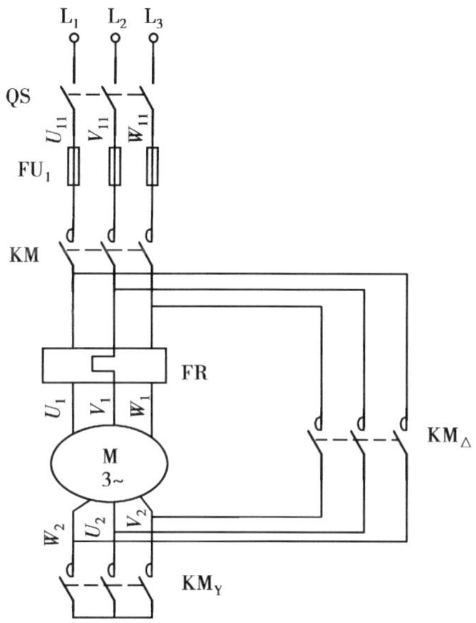
图解	合上 QS，如果 KM_Y 吸合，电动机星形连接，加在电动机绕组上的电压低，启动电流减小；当电动机转速接近正常时，断开 KM_Y，使 $KM_\triangle$ 吸合，电动机绕组三角形连接，绕组电压高，转矩大，带负载能力强
步骤	2. 控制电路分析 (1)按钮切换星-三降压启动控制线路
图示	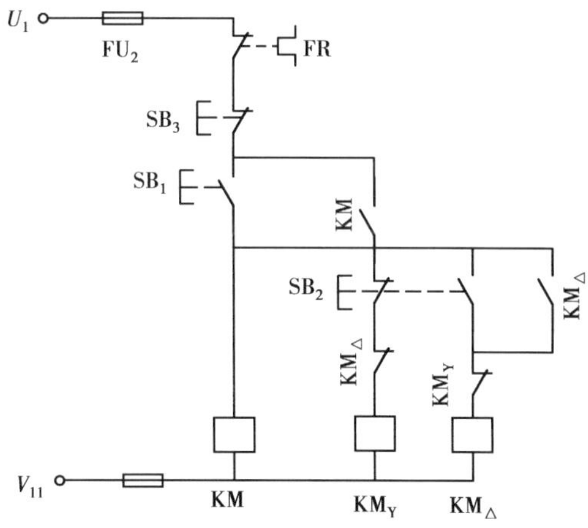
图解	合上 QS，按下 SB_1，KM 通电吸合的同时完成自锁，接通 KM_Y，电动机星形连接，启动。当转速接近正常时，按下 SB_2，切断 KM_Y，接通 $KM_\triangle$ 线圈并完成自锁，电动机三角形连接运行

续表

步骤	3. 控制电路分析 (2)时间继电器自动切换 Y-△降压启动控制线路
图示	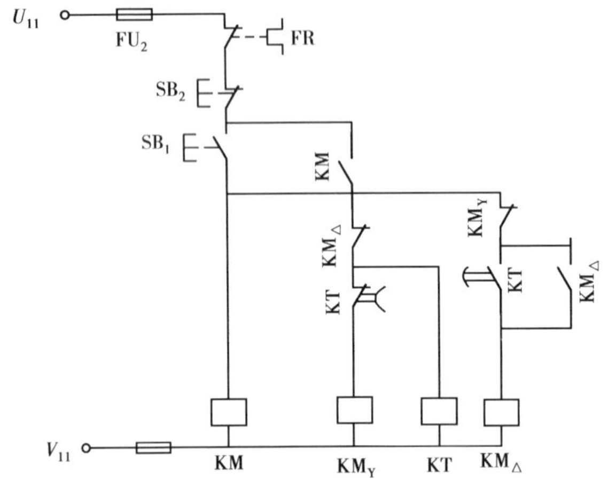
图解	主电路和前面相同。合上 QS,按下 SB_1,KM 通电吸合,自锁,使 KMY 和 KT 同时吸合,电动机星形连接,启动。设定时间到了后,KT 常闭延时断开触点断开,KM_Y 断电;KT 常开延时闭合触点闭合,使 $KM_\triangle$ 通电吸合并自锁,电动机三角形连接,运行。△与按钮切换控制电路不同的是,电路的切换依靠时间继电器的延时,控制触点的通断,达到实现自动切换的目的功能

实训 5　Y-降压启动控制线路的安装与故障排除

一、实训目的

(1)理解空气阻尼式时间继电器的结构、工作原理;
(2)掌握空气阻尼式时间继电器的使用、维修方法;
(3)学会三相异步电动机的星形－三角形降压启动控制线路的安装及故障排除方法。

二、实训主要器材

序号	名　称	型号(规格)	数量
1	行程开关	LX19-222	4
2	刀开关	HK2-15	1
3	时间继电器	JS7-2A	1
4	三相异步电动机	Y-100L2-4 (或用灯泡代替电动机的三相绕组)	1
5	接触器	CJ10-10	3
6	熔断器	RL1-15	5
7	接线排	JX-1010	

续表

序号	名　称	型号(规格)	数量
8	按钮	LA10-3H	1
9	热断电器	JR16-20/3	1
10	木制电盘	(400 mm×300 mm×30 mm)	
11	软导线	(主电路,红色)BV1.5 mm^2	
12	软导线	(控制电路,绿色)BV1 mm^2	
13	软导线	(按钮线,绿色)BVR0.75 mm^2	

三、电气原理图

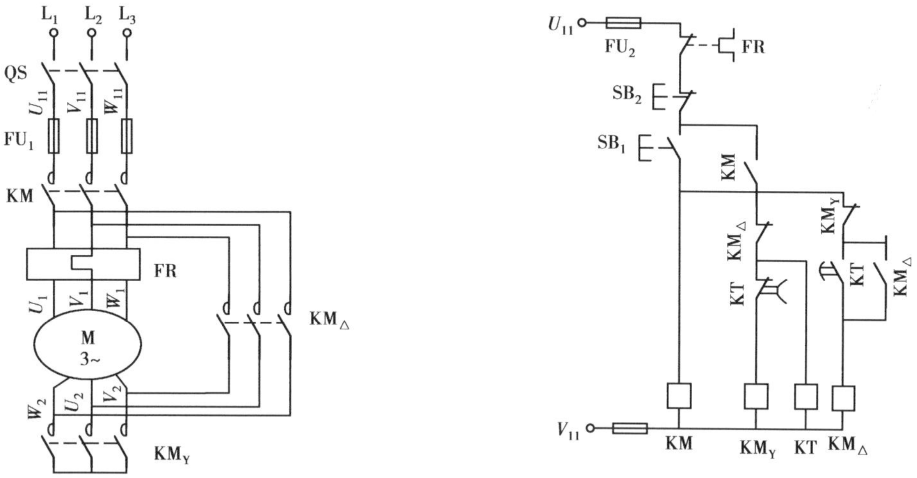

1. 操作步骤

(1)重新认识时间继电器的结构,学会其质量检测方法。

(2)按照电气原理图和如下的元件布局示意图,画出本次实训的接线图。

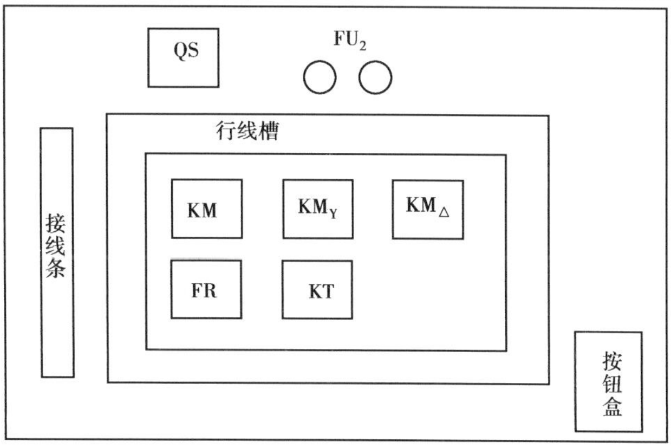

元件布局示意图

(3)将元件固定在木板上,根据原理图装接好主电路线路,正确无误后,接好辅助电路的线路。

(4)检查无误后,在教师复查。

(5)不接入电动机,通电观察:按下 SB_1 后,KM 和 KM_Y 是否吸合?时间继电器动作是否正常?$KM_\triangle$ 是否随 KT 动作而动作?

(6)接触器、时间继电器动作正常后,接入电动机试验。

(7)调整时间继电器的延时时间后,观察电路的运行情况。

2. 思考题

(1)该实验电路中,按下 SB_1 后,电动机启动,但时间继电器动作后电动机却停车了,试分析其原因。

(2)电动机采用星-三启动的原因是什么?

第 7 节　认识三相异步电动机制动控制

一、反接制动控制

步骤	1. 电动机单向反接制动的控制线路
图示	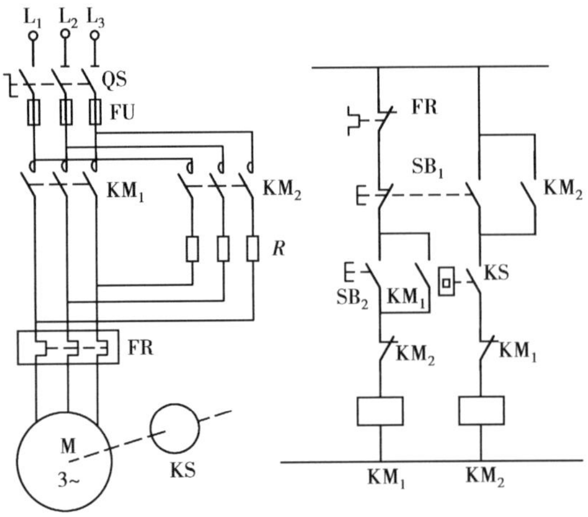
图解	反接制动是利用改变电动机电源的相序,使定子绕组产生相反方向的旋转磁场,因而产生制动转矩的一种制动方法
步骤	电动机正常运转时,KM_1 通电吸合,KS 的一对常开触点闭合,为反接制动作准备。当按下停止按钮 SB_1 时,KM_1 断电,电动机定子绕组脱离三相电源,但电动机因惯性仍以很高速度旋转,KS 原闭合的常开触点仍保持闭合,当将 SB_1 按到底,使 SB_1 常开触点闭合,KM_2 通电并自锁,电动机定子串接电阻接上反序电源,电动机进入反接制动状态。电动机转速迅速下降,当电动机转速接近 100 r/min 时,KS 常开触点复位,KM_2 断电,电动机断电,反接制动结束

续表

<table>
<tr><td>步骤</td><td>2. 电动机可逆运行的反接制动控制线路</td></tr>
<tr><td>图示</td><td>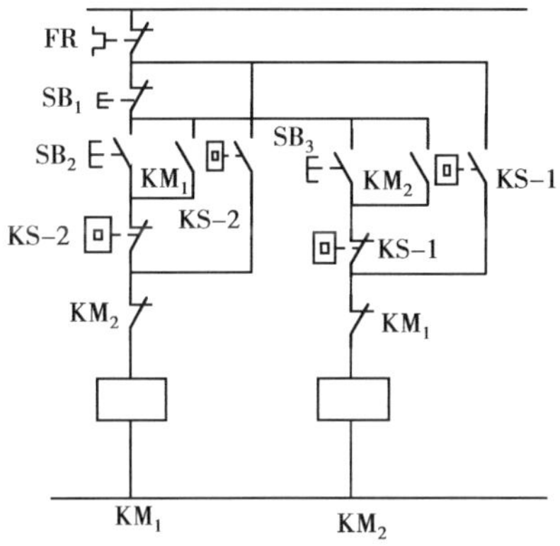</td></tr>
<tr><td>图解</td><td>反接制动是利用改变电动机电源的相序,使定子绕组产生相反方向的旋转磁场,因而产生制动转矩的一种制动方法</td></tr>
<tr><td>步骤</td><td>当按下停止按钮 SB_1 时，KM_1 线圈断电，KM_2 线圈随之通电,定子绕组得到反序的电源,电动机进入正向反接制动状态。由于 KS_1 常闭触头已打开,所以此时 KM_2 自锁触头无法锁住电源。当电动机转子惯性速度接近于零时，KS_1 的正转常闭触头和常开触头复位，KM_2 断电,正向反接制动结束。该线路的缺点是主电路没有限流电阻,冲击电流大</td></tr>
</table>

二、能耗制动控制

<table>
<tr><td>步骤</td><td>1. 单向能耗制动控制</td></tr>
<tr><td>图示</td><td>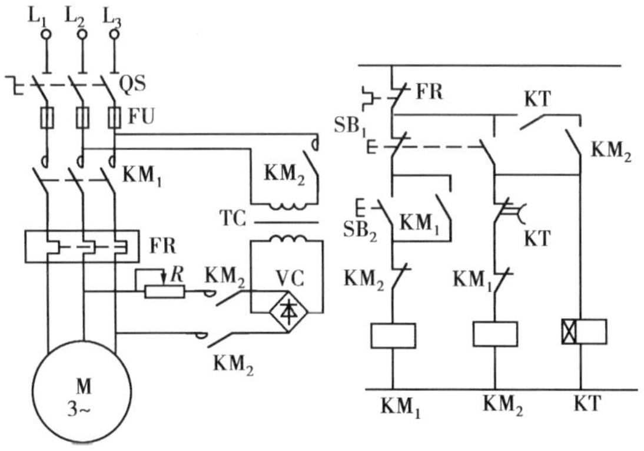</td></tr>
<tr><td>图解</td><td>能耗制动是电动机脱离三相交流电源后,结定子绕组加一直流电源,以产生静止磁场,起阻止旋转的作用,达到制动的目的</td></tr>
</table>

续表

步骤	图为按时间原则进行能耗制动的控制线路。KM_1 通电并自锁电动机已单向正常运行后，若要停机。按下停止按钮 SB_1，KM_1 断电，电动机定子脱离三相交流电源；同时 KM_2 通电并自锁，将二相定子接入直流电源进行能耗制动，在 KM_2 通电同时 KT 也通电。电动机在能耗制动作用下转速迅速下降，当接近零时，KT 延时时间到，其延时触点动作，使 KM_2、KT 相继断电，制动结束
步骤	2. 电动机可逆运行能耗制动控制
图示	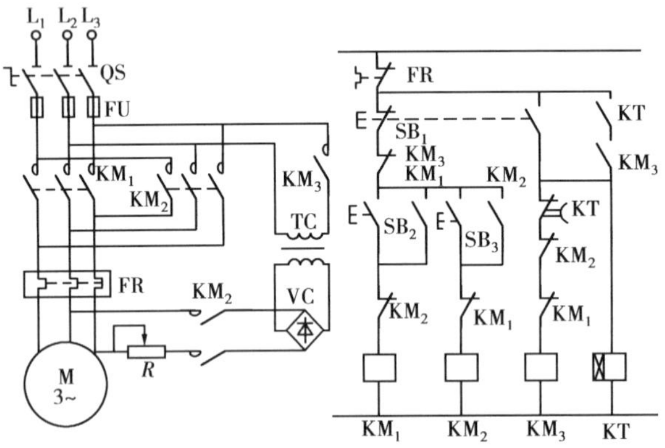
图解	能耗制动是电动机脱离三相交流电源后，结定子绕组加一直流电源，以产生静止磁场，起阻止旋转的作用，达到制动的目的
步骤	图为电动机按时间原则控制可逆运行的能耗制动控制线路。在其正常的正向运转过程中，需要停止时，可按下停止按钮，KM_1 断电，KM_3 和 KT 线圈通电并自锁，KM_3 常闭触头断开起着锁住电动机启动电路的作用；KM_3 常开主触头闭合，电动机定子接入直流电源进行能耗制动，转速迅速下降，当其接近零时，时间继电器延时断开的常闭触头 KT 断开，KM_3 线圈断电，KM_3 常开辅助触头复位，时间继电器 KT 线圈也随之失电，电动机正向能耗制动结束，电动机自然停车

实训 6　三相异步电动机制动控制

一、电动机反接制动控制

（一）实训目的

（1）熟练掌握反接制动控制线路的接线方法。

（2）掌握反接制动控制线路的工作原理及应用。

（3）了解速度继电器的结构与工作原理。

（4）电动机反接制动控制实验电路

（二）仪器及材料

（1）三相熔断器板 1 块

（2）二相熔断器板 1 块

（3）交流接触器板 3 块

（4）热继电器板 1 块

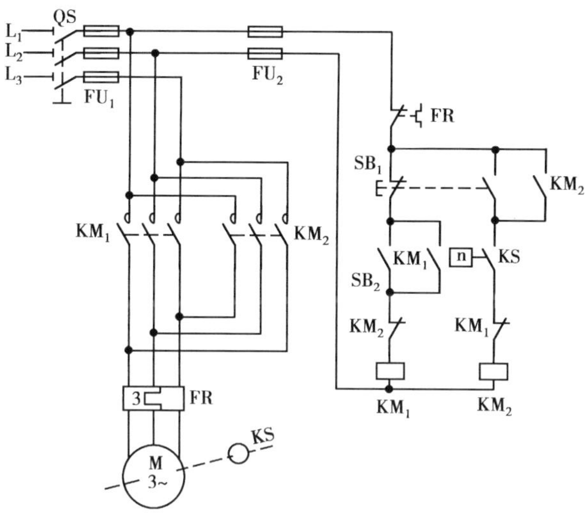

(5)按钮板1块

(6)时间继电器板1块

(7)三相交流电动机1个

(8)导线与短接桥若干

(三)实训步骤

(1)检查各电器元件的质量情况,了解其使用方法,重点弄清楚速度继电器的结构及工作原理。

(2)按图接线,经指导老师检查后,合闸通电试验。

(3)操作启动和停止按钮,观察电动机制动情况。

(四)思考题

(1)时间继电器的延时长短对制动效果有什么影响?

(2)速度继电器选择的触点动作方向与电动机实际转向不同时,线路工作时将会出现什么现象?

(3)若停止按钮没有按到底,会出现什么情况?

(4)实验中曾发生何种故障?是如何处理的?

(5)某机床主轴由一台鼠笼异步电动机带动,润滑油泵由另一台鼠笼异步电动机带动。要求:

1)主轴必须在油泵开动后才能启动;

2)主轴要求能正反转控制并能反接制动;

3)有短路、欠压及过载保护。试画出控制线路。

(五)检修电路故障的评分标准

项目内容	配分	评分标准	扣分	得分
自编检修步骤	10分	检修步骤不合理、不完善　　扣2~5分		
故障分析	30分	①检修思路不正确　　扣5~10分 ②标错电路故障范围　　每个扣10分		

续表

项目内容	配分	评分标准	扣分	得分
排除故障	60 分	①停电不验电　每次扣 3 分 ②工具及仪表使用不当　每次扣 5 分 ③排除故障的顺序不对　扣 5～10 分 ④不能查出故障　每个扣 20 分 ⑤查出故障、但不能排除　每个故障扣 10 分 ⑥产生新的故障： 不能排除，每个扣 10 分 已经排除，每个扣 5 分 ⑦损坏电动机　扣 30 分 ⑧损坏电器元件　每只扣 5～10 分 ⑨排除故障后通电试车不成功　扣 10 分		
安全文明操作		违反安全规程或烧毁仪表　扣 10～30 分		
定额时间	1 h	每超过 5 min 以内以扣 10 分计算		
备注	除定额时间外，各项内容最高扣分不得超过配分数			
开始时间		结束时间	成绩	

二、电动机能耗制动控制

（一）实验目的

（1）熟练掌握能耗制动控制线路的接线方法。

（2）掌握能耗制动控制线路的工作原理及应用。

（二）能耗制动控制电路的实验电路

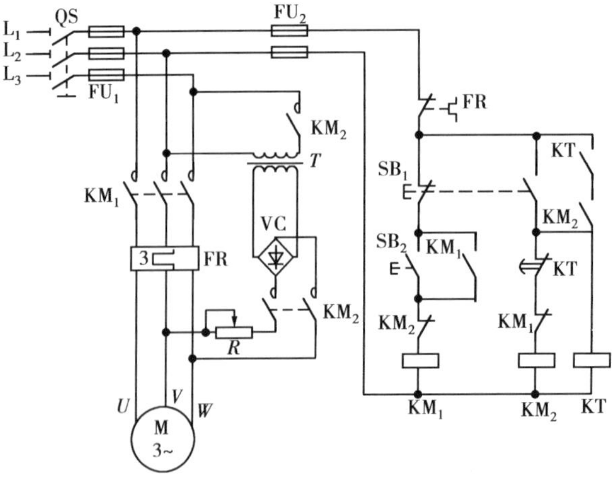

(三)仪器及材料

(1)三相熔断器板 1 块

(2)二相熔断器板 1 块

(3)交流接触器板 2 块

(4)热继电器板 1 块

(5)能耗制动板 1 块

(6)按钮板 1 块

(7)时间继电器板 1 块

(8)三相交流电动机 1 个

(9)导线与短接桥若干

(四)实验步骤

(1)查看三相异步电动机铭牌上额定电流 I_N = ______,测量三相异步电动机定子绕组的冷态电阻 R = ______,确定能耗制动直流电压 U_{DC} = ______。检查各电器元件的质量情况,明确各触点位置及使用方法。

(2)遵循一般接线规律,按图 1.5 接线。

(3)检查电路,调整直流电源电压为 U_{DC}的值,调整时间继电器 KT 的延时时间,经老师检查无误后,合上 Q1 和 Q2,接通电源。

(4)通电实验。操作 SB_1 和 SB_2,观察电动机启动、运行及能耗制动的情况。

调节滑线变阻器 RP,即改变电动机两绕组间直流电压 U_{VW}大小,操作 SB_1 和 SB_2,观察能耗制动的情况。将 RP 变大(U_{VW}变小)的制动时间与 RP 变小(U_{VW}变大)的制动时间作比较。

(5)在实验过程中若出现异常现象,断开电源,记录下故障现象________________。分析并排除故障,然后再通电实验。

(五)注意事项

(1)通电实验前将直流电源调整好,滑线变阻器也调整好。

(2)复习时间继电器用法,明确常开、常闭和延时及瞬时触点的位置,注意衔铁释放方向,调整好延时时间。

(3)仔细检查电路,操作注意安全。

(六)故障分析

(1)电动机正常启动,按下 SB_1,电动机与三相电源断开,KM_2 得电进行能耗制动,但 SB_1 松开后制动立即消失,电动机按惯性转动,试分析故障原因是什么?请写出排除故障方法。

(2)电动机正常启动,按下 SB_1,电动机能耗制动,停车后发现定子绕组上仍有直流电流,这故障原因是什么?又如何将故障排除?

(3)实验过程中若有异常现象,请分析故障原因是什么?又是如何排除的?

(七)思考题

(1)将滑线变阻器 RP 阻值变大,制动时间是变长了还是缩短了?为什么?

(2)改变时间继电器的延时时间会对制动效果有什么影响?

(八)检修电路故障的评分标准

项目内容	配分	评分标准	扣分	得分
自编检修步骤	10 分	检修步骤不合理、不完善　扣 2～5 分		
故障分析	30 分	①检修思路不正确　扣 5～10 分 ②标错电路故障范围　每个扣 10 分		
排除故障	60 分	①停电不验电　每次扣 3 分 ②工具及仪表使用不当　每次扣 5 分 ③排除故障的顺序不对　扣 5～10 分 ④不能查出故障　每个扣 20 分 ⑤查出故障、但不能排除　每个故障扣 10 分 ⑥产生新的故障: 不能排除,每个扣 10 分 已经排除,每个扣 5 分 ⑦损坏电动机　扣 30 分 ⑧损坏电器元件　每只扣 5～10 分 ⑨排除故障后通电试车不成功　扣 10 分		
安全文明操作		违反安全规程或烧毁仪表　扣 10～30 分		
定额时间	1 h	每超过 5 min 以内以扣 10 分计算		
备注	除定额时间外,各项内容最高扣分不得超过配分数			
开始时间		结束时间	成绩	

第 8 节　认识直流电动机控制电路

一、直流电动机启动控制

步骤	单向运转启动控制线路
图示	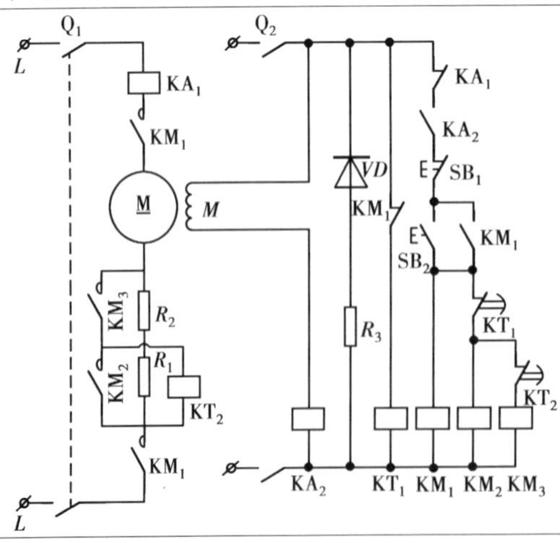
图解	单向运转启动控制过程

续表

步骤	图为电枢串二级电阻、按时间原则启动控制电路。图中 KA_1 为过电流继电器，KM_1 为启动接触器，KM_2，KM_3 为短接启动电阻接触器，KT_1，KT_2 为时间继电器，KA_2 为欠电流继电器，R_3为放电电阻 电路工作原理为：合上电源开关 Q_1 和控制开关 Q_2，KT_1 通电，其常闭触点断开，切断 KM_2，KM3 电路。保证启动时串入电阻 R_1，R_2。按下启动按钮 SB_2，KM_1 通电并自锁，主触点闭合，接通电动机电枢电路，电枢串入二级电阻启动，同时 KT_1 断电，为 KM_2，KM_3 通电短接电枢回路电阻作准备。在电动机启动时同时，并接在 R_1 电阻两端的 KT_2 通电，其常闭触点打开，使 KM_3 不能通电，确保 R_2 串入电枢 经一段时间延时后，KT_1 延时闭合触点闭合，KM_2 通电，短接电阻 R_1，随着电动机转速升高，电枢电流减小，为保持一定的加速转矩，启动过程中将串接电阻逐级切除，就在 R_1 被短接的同时，KT_2 线圈断电，经一定延时，KT_2 常闭触点闭合，KM_3 通电，短接 R_2，电动机在全压下运转，启动过程结束

二、直流电动机可逆运启动控制电路

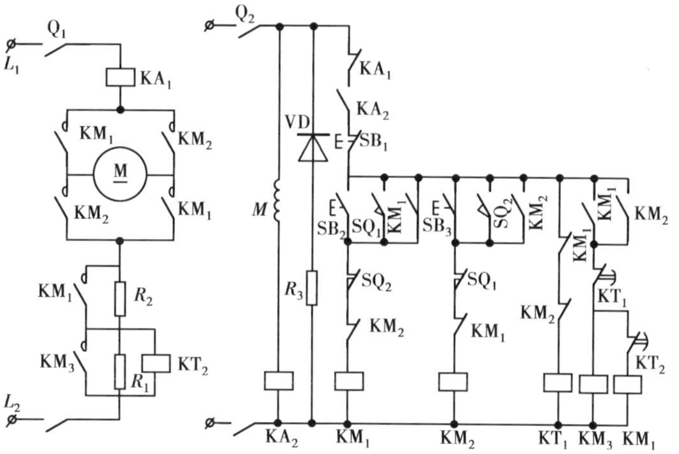

直流电动机可逆运转的启动控制电路

三、直流电动机制动控制

与交流电动机类似，直流电动机的电气制动方法有能耗制动、反接制动和再生发电制动等几种方式。为了获得准确、迅速停车，一般只采用能耗制动和反接制动。

实训7 并励直流电动机启动、调速和反转

一、实训目的

（1）学习和掌握并励直流电动机的启动方法及启动器的使用。

(2)熟悉并掌握调节直流电动机的转速及改变电动机转向的方法。

二、实训内容

(1)并励直流电动机的启动。
(2)并励直流电动机的调速。
(3)并励直流电动机的反转。

三、预习要点

(1)并励直流电动机启动时为什么要将励磁回路串联的电阻 R_f 短接?
(2)并励直流电动机励磁回路为什么不能断路?
(3)若将并励电动机所接电源极性对调,能否改变电动机转向?

四、实训器材

直流电动机、四点启动器、可变电阻、电压表、电流表、转速表

五、实训步骤和方法

1. 并励直流电动机的启动

并励直流电动机可以采用四点启动器启动,其接线如图 4.1 所示。在电动机启动前,应保证启动手柄处于零位,即具有最大电阻的位置。将励磁回路串联的电阻 R_f 短接,以保证启动时励磁磁场最强。在接线时,注意励磁回路不能错接或断路,以防止在此种情况下启动电动机而出现转速过高或电流过大。

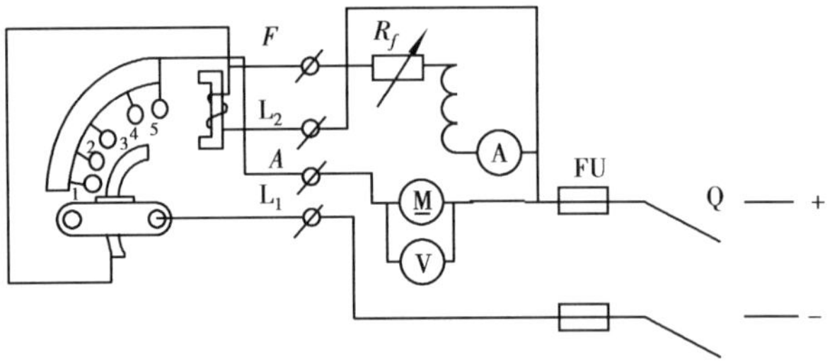

图 4.1 四点启动器接入并励电动机回路接线图

闭合电源 Q,然后缓慢地移动启动器手柄,逐步减少启动电阻,使电动机启动,观察电动机转速的变化和电压表的变化情况。

2. 并励电动机的调速

(1)改变电枢电路电阻调速(其接线图如图 4.2 所示)启动电动机,在电枢回路所串电阻为零时,调节励磁电阻,使电动机的转速 $n = n_N$,然后增加电枢回路电阻 R,使转速 n 下降,直至 $n = n_N/3$ 时为止,测量转速、电枢两端电压值(5 ~7)组,记录于下表 4.1 中。

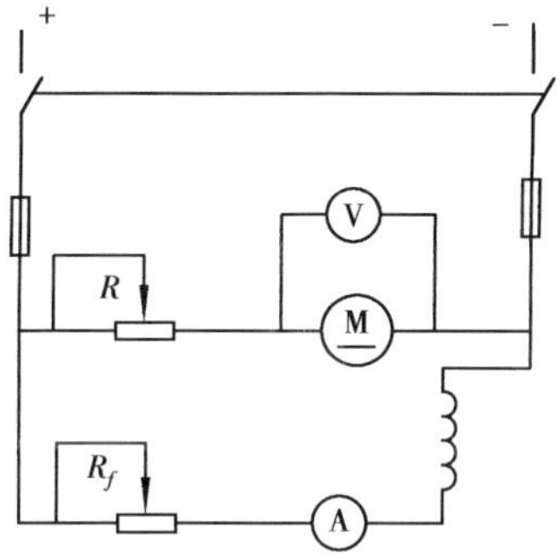

图4.2　并励电动机调速接线图

表4.1　改变电枢电路电阻调速数据

序　号	转速 $n/(r \cdot min^{-1})$	电枢端电压 U_a/V

(2)改变励磁电流调速

缓慢增加励磁回路电阻 R_f，因为励磁电流 I_f的微小变化都将引起转速 n 的较大变化。随着励磁电流的减小，电动机的转速逐步升高，直至 $n = 1.2n_N$时为止，读取励磁电流及转速值(5~7)组记录于表4.2中。注意由于电磁惯性和机械惯性，每次调速要在达到新的稳定值后才能读数。

表4.2　改变励磁电流调速数据

序　号	转速 $n/(r \cdot min^{-1})$	励磁电流 I/A

3.并励直流电动机的反转

(1)切断电源，在励磁绕组接法不变的情况下，将电枢绕组两端反接，然后重新启动电动机，观察电动机的旋转方向。

(2)切断电源，在电枢绕组接法不变的情况下，将励磁绕组反接，然后重新启动电动机，观察电动机的旋转方向。

(3)切断电源，将电枢绕组和励磁绕组同时反接，即改变电源的极性，然后重新启动电动机，观察电动机的旋转方向。

第5章 典型机床电气控制

第1节 常用机床控制电路故障检修思路

一、机床控制电路故障的检修步骤

机床控制电路复杂，电压高，因此要严格按照操作规程作业，特别注意用电安全。

表5.1 机床控制电路故障的检修步骤

步骤	名称	项目	内 容
一	故障调查	问	故障发生前后情况（如响声、气味、冒烟、冒火和各种操作）
		看	容断器、电气元件、电线连接螺钉、电机转速
		听	电机、变压器和电气元件的运行声音
		摸	电机、变压器和电气元件的温度
二	电路分析	电器柜	先考虑电器柜外的，后考虑电器柜内的，
		元器件	先考虑动作频繁的，后考虑其余的元器件
三	断电检查	电源进线	电线是否碰伤接地、短路
		电器外部	有无损坏、连线有无短路、松动、绝缘是否过热或烧焦
四	通电检查	通电前准备	电动机和机械部分脱开、控制器的转换开关置于零位
		通电	1. 检查各相电压正常：1）先检查控制电路，后检查主电路；2）先检查辅助系统，后检查主传动系统；3）先检查交流系统，后检查直流系统；4）先检查开关电路，后检查调整电路 2. 取下所有熔断器，按顺序逐一插入要检查部位的熔断器，合上开关，观察各电气元件是否按要求动作，是否冒火、冒烟

二、机床电气故障的检修方法

1. 断路故障的检修

（1）用万用表电阻挡	将万用表旋转到1 Ω或者10 Ω电阻挡上检测

续表

图示	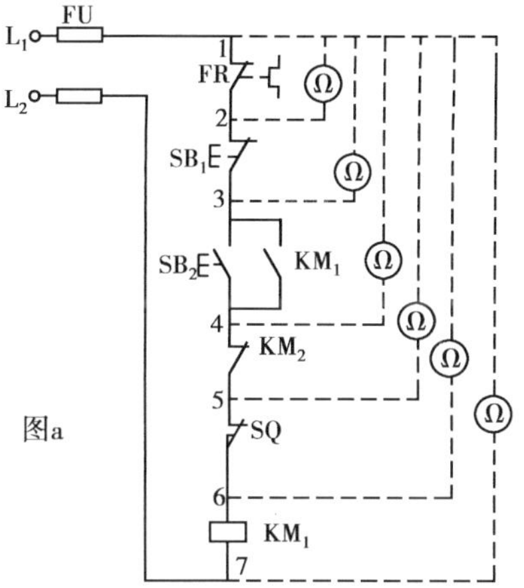 图a 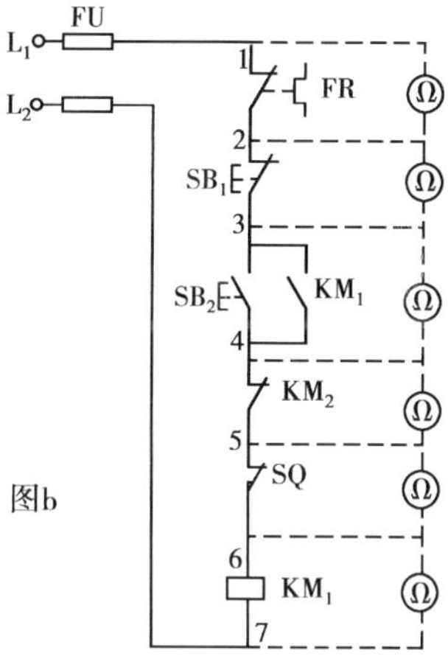 图b
图解	图 a 分阶测量法: 用万用表电阻挡分阶测量法见图 a 具体步骤是:首先断开电源,按下 SB_2 不放,一支表笔接 1,另一支表笔分别接 2,3,4,5,6,7 检测其阻值,当阻值为“0”时电路正常,否则跨接点有故障 图 b 分段测量法 用万用表电阻挡分段测量法见图 b 首先断开电源,按下 SB_2 不放,依次逐段检测相邻两标号点 1-2,2-3,3- 4,4-5,5- 6 间的电阻。如测有某两点的电阻为无穷大,说明这两点间的触头或者连接线断路
注意	1. 检查故障时一定要断开电源 2. 被测电路与其他电路并联时,应将其他电路断开 3. 要选用 1 Ω 或者 10 Ω 电阻挡检测
(2)用万用表电压挡	将万用表旋转到交流电压 500 V 挡位上检测
图示	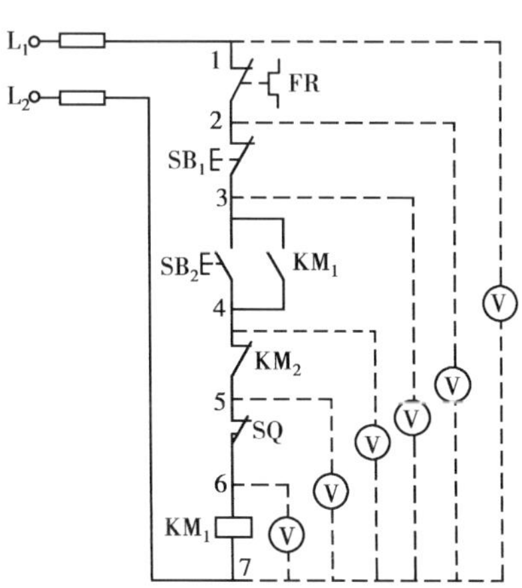 图a 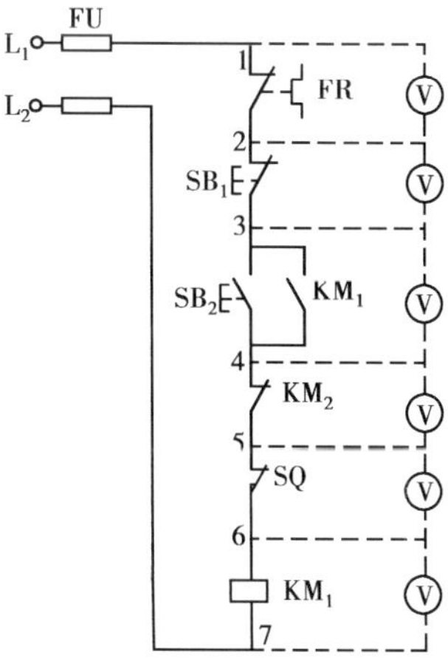 图b

续表

<table>
<tr><td>图解</td><td>图 a 分阶测量法:
用万用表电压挡分阶测量法见图 a 具体步骤是:首先接通电源一支表笔接 7,另一支表笔分别接 1,2,3,4,5,6 检测其电压值,当电压值为“380 V”时电路正常,否则跨接点有故障
图 b 分段测量法
用万用表电压挡分段测量法见图 b 首先断开电源,按下 SB_2 不放,依次逐段检测相邻两标号点 1-2,2-3,3- 4,4-5,5- 6 间的电压。如测有某两点的电压为“380 V”,说明这两点间的触头或者连接线断路</td></tr>
<tr><td>(3)用验电器</td><td>用验电器依次测试各点</td></tr>
<tr><td>图示</td><td>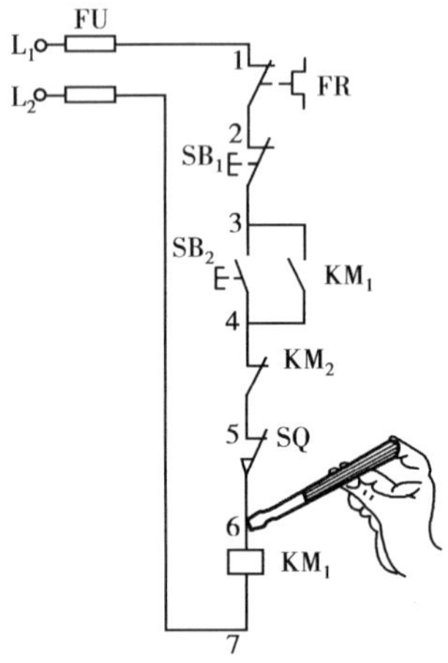
</td></tr>
<tr><td>图解</td><td>用验电器依次测试 1,2,3,4,5,6 各点,测量到哪一点验电器的亮度有问题即为断路处。(注意在检查时由于外磁场和变压器的因素导致验电器发亮的假象)</td></tr>
<tr><td>(4)用校灯</td><td>用 10 ~ 200 W 的灯泡进行跨接</td></tr>
</table>

续表

图示	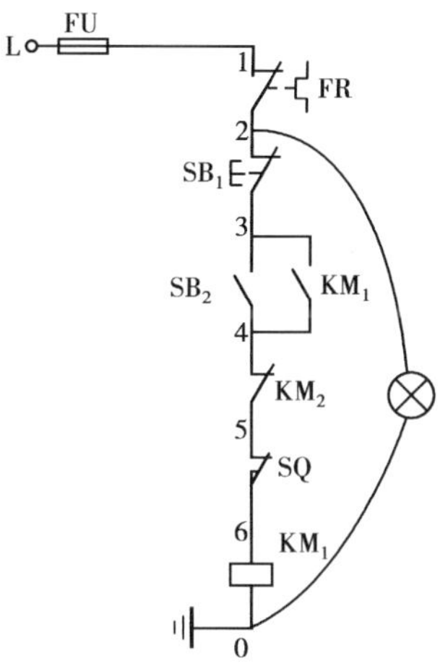 图 a 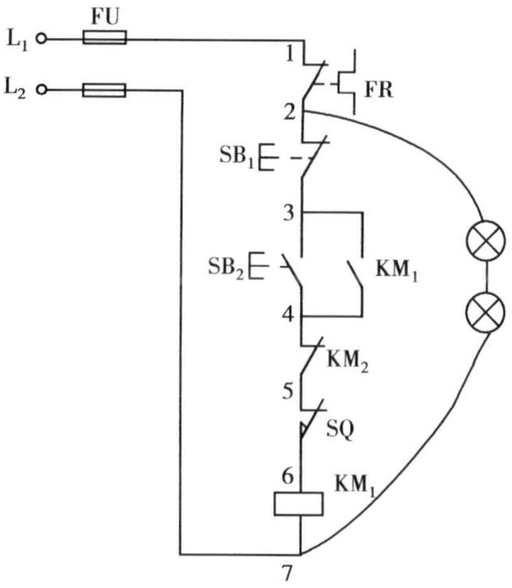 图 b
图解	一端固定，按下 SB_2，另一端依次接 1，2，3，4，5，6 各点，如果哪一点不亮故障就在该点，(注意查找断路故障用 10～60 W，查找接触不好用 150～200 W 的灯泡)
注意	1. 图 a 是 220 V 相电压，用一个 220 V 的灯泡 2. 图 b 是 380 V 线电压，必需用两个 220 V 的灯泡
(5)用导线短接	用一根绝缘良好的导线，将怀疑断路部位短接
图示	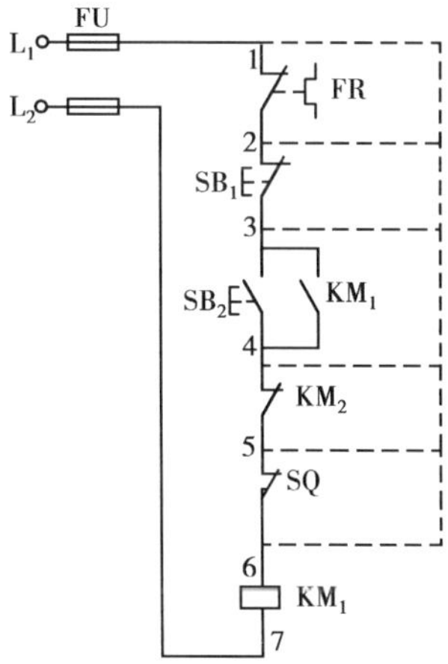 图 a 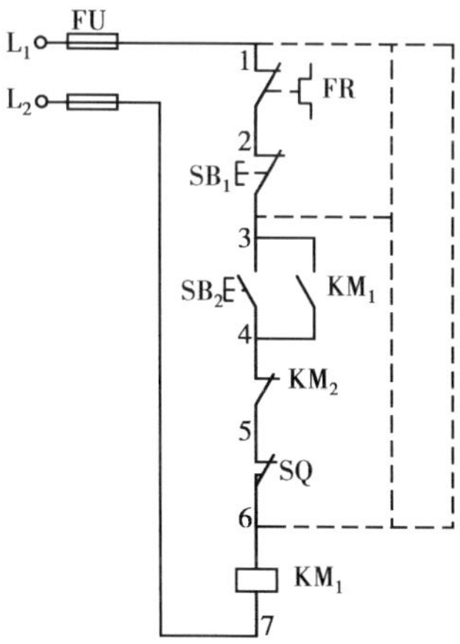 图 b

续表

图解	图 a 局部短接法 局部短接法检查断路故障见图 a。就是短接一个触头来检查故障的方法，具体操作是：按下启动按钮 SB_2 不放，用一根绝缘良好的导线，分别短路 1-2，2-3，3-4，4-5，5-6 各点。如果短路哪一能使电路正常，说明故障就在该点 图 b 长短接法 长短接法检查断路故障见图 b。就是短接多个触头来检查故障的方法，具体操作是：按下启动按钮 SB_2 不放，用一根绝缘良好的导线，分别短路 1-3，3-6 各点。如果短路哪一点能使电路正常，说明故障就在该点
注意	1. 短接法由于是带电操作，一定注意安全，避免发生触电事故 2. 短接法只适用于检查接触器和继电器的触头之间的断路故障，否则会人为短路，造成新的故障

2. 短路故障的检修

短路故障的特征是：合上电源，按下 SB2 后，熔断器 FU 就熔断。

电源间短路	一般是通过电器的触头或联接导线将电源短路
图示	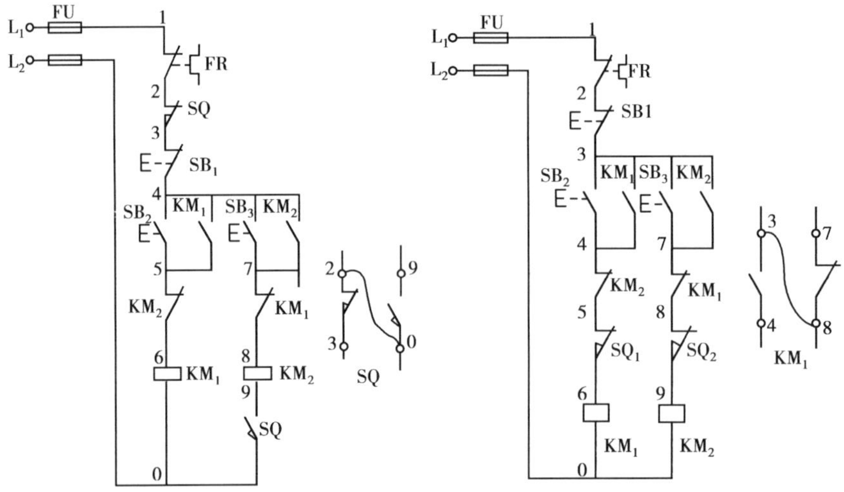 图 a　图 b
图解	假设图中行程开关 SQ 中的 2 号线与 0 号线短路，采用电池灯检修： (1)去掉熔断器 FU 的熔芯，将电池灯的两根线分别接到 1 号线和 0 号线上，如灯亮，说明电源间短路 (2)将行程开关 SQ 的动合触头上的 0 号线拆下，如灯暗，说明电源短路在这个环节 (3)将电池灯的一根线从 0 号线移动到 9 号线上，如灯灭，说明短路在 0 号线上 (4)将电池灯的两根线分别接到 1 号线和 0 号线上，依次断开 4，3，2 号线，当断开 2 号线灯灭，说明 2 号和 0 号线间短路 上述短路故障还可用万用表的电阻挡检修

续表

电器触头本身短路	如图 a 所示 假设停止按钮 SB_1 的动断触头短路，接触器 KM_1 和 KM_2 工作后就不能释放。又如接触器 KM_1 的自锁触头短路，这时一合上电源，KM_1 就吸合，这类故障较明显，只要通过分析即可确定故障点
电器触头之间短路	如图 b 所示，接触器 KM_1 的两个辅助触头 3 号和 8 号线因某种原因发生短路，这时一合上电源，接触器 KM_2 就吸合

三、低压电器常见故障

由于长期使用或存放、使用不当，不可避免地会出现故障。

负荷开关	1. 夹座弹性消失或开口过大，使夹座与动触头不能接触 2. 夹座动触头氧化或有尘污 3 夹座表面烧坏
组合开关	1. 操作机构损坏 2. 绝缘杆磨损 3. 触头失去弹性
空气断路器	1. 储能弹簧变形 2. 锁键和搭钩长期使用而磨损 3. 铁芯工作面有油污或短路环断裂
接触器	1. 接触器不吸合，铁芯机械卡阻 2. 接触器线圈断电，铁芯不释放 3. 接触器主触头熔焊 4. 接触器的电磁铁芯噪声过大 5. 接触器线圈过热或烧毁
时间继电器	1. 延时触头不动作 2. 延时时期缩短 3. 延时时期变长
热继电器	1. 热继电器不动作 2. 热继电器误动作 3. 热继电器的热元件烧断

第2节　CA6140型车床的电气控制及日常维护

一、电气控制电路分析

CA6140型车床的电气控制电路的组成框图如图5.1所示。

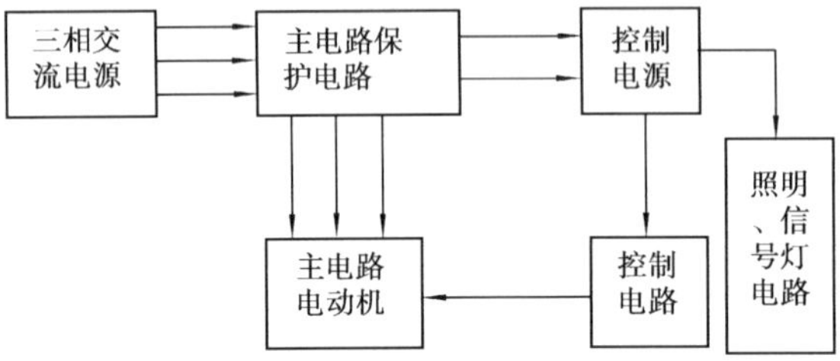

图5.1

原理图如图5.2所示，图中分为主电路、控制电路、照明与指示灯电路。

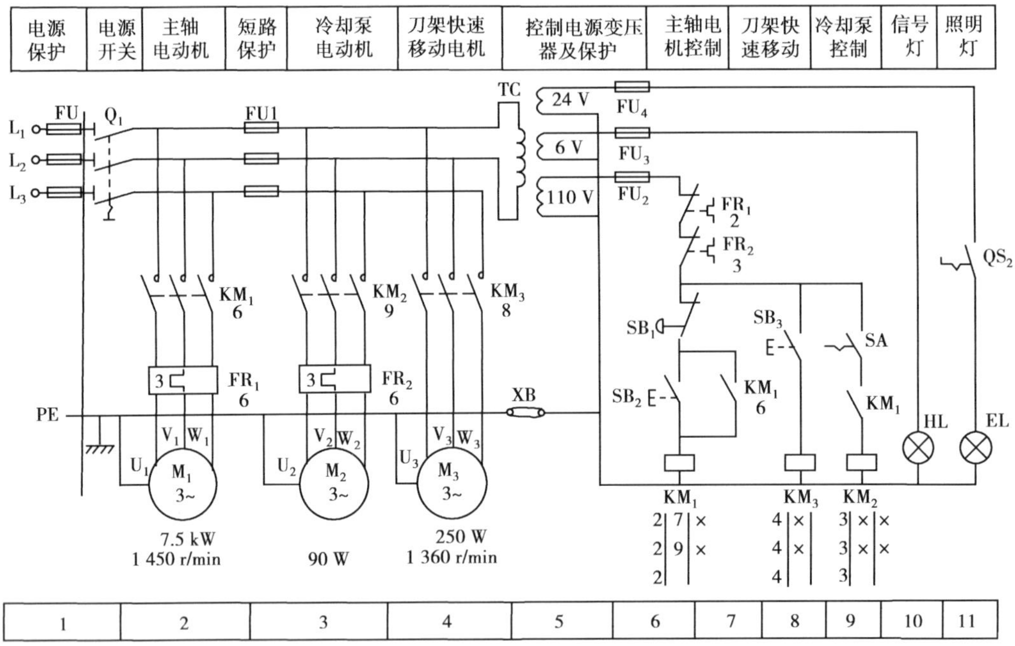

图5.2　CA6140型车床的电气控制电路

1. 主电路分析

步骤：识读主电路原理图,识记元器件的名称作用

图示：

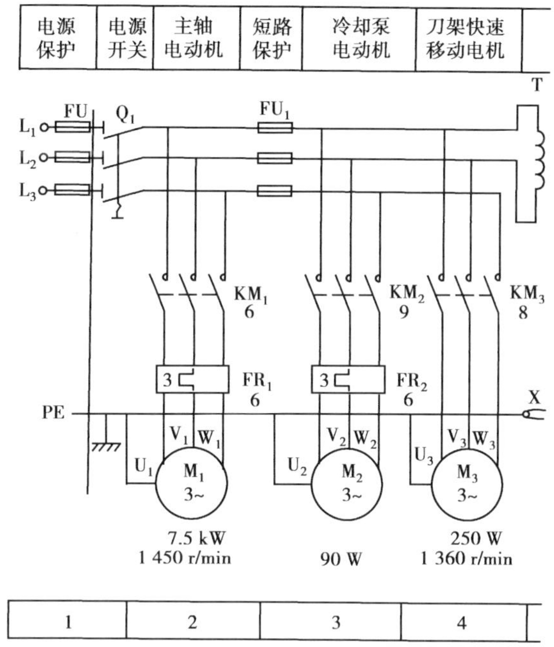

图解：

主电路共有 3 台电动机。其名称功能如下表:

编号	名　称	功　能
M_1	主轴电动机	带动主轴旋转和刀架作进给运动
M_2	冷却泵电动机	为被加工的工件输送冷却液
M_3	刀架快速移动电动机	将操纵手柄板到所需的方向时快速移动刀架

M_1,M_2,M_3 的供电路径如下列框图所示,交流接触器 KM_1,KM_2,KM_3 主触头起控制启动作用,热继电器 FR_1,FR_2 起过载保护作用,因 M_3 是短期工作,所以可以不设过载保护

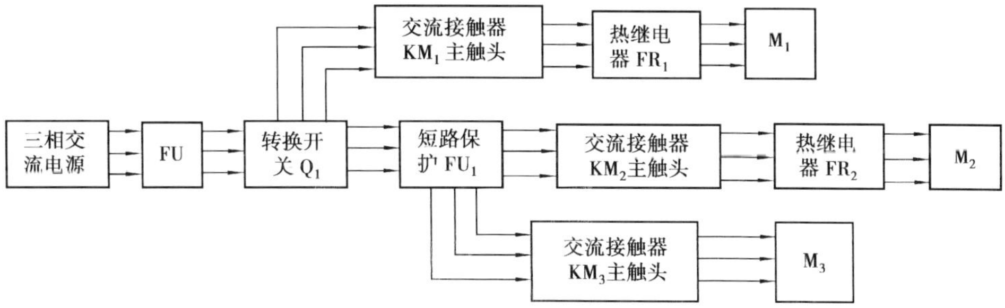

2. 控制电路分析

<table>
<tr><td>步骤</td><td>识读控制电路原理图,掌握其控制原理</td></tr>
<tr><td>图示</td><td>
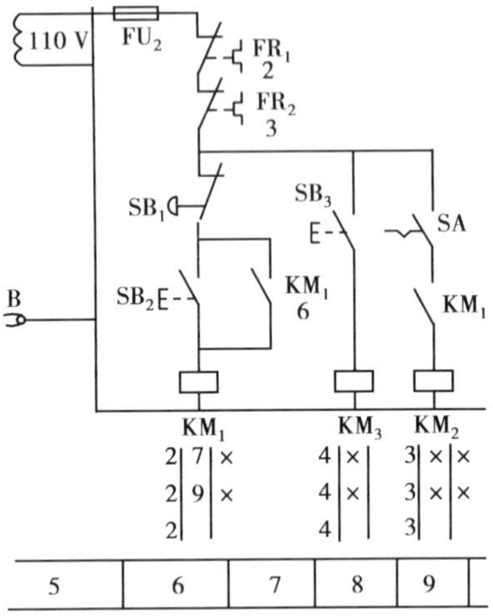

</td></tr>
<tr><td>图解</td><td>
三相交流电源的相电压 380 V 经控制变压器 TC 降压二次侧输出 110 V 电压作为控制回路的电源
1. 主轴电动机 M_1 的控制
启动:按下启动按钮 SB_2,交流接触器 KM_1 的线圈获电吸合,KM_1 的主触头闭合 KM_1 自锁,主轴电动机 M_1 启动。控制电流流经的路径如下:
[TC的 110 V] → [FU_2] → [FR_1] → [FR_2] → [SB_1] → [SB_2] → [KM_1(6)] → [KM_1 的线圈]
停车:按下停止按钮 SB_1 交流接触器 KM_1 的线圈失电,KM_1 的主触点断开,主轴电动机 M_1 停止运转
2. 冷却泵电动机 M_2 的控制
只有当交流接触器 KM_1 的线圈获电吸合,主轴电动机 M_1 运转后,合上开关 SA 使交流接触器 KM_2 的线圈获电吸合,冷却泵电动机 M_2 才启动。控制电流流经的路径如下:
[TC的 110 V] → [FU_2] → [FR_1] → [FR_2] → [SA] → [KM_1(9)] → [KM_2 的线圈]
3. 刀架快速移动电动机 M_3 的控制
将操纵手柄板到所需的方向,压下按钮 SB_3,交流接触器 KM_3 的线圈获电吸合。刀架快速移动电动机 M_3 获电启动,刀架就向指定方向快速移动。控制电流流经的路径如下:
[TC的 110 V] → [FU_2] → [FR_1] → [FR_2] → [SB_3] → [KM_3 的线圈]
</td></tr>
</table>

3. 照明、信号灯电路分析

<table>
<tr><td>步骤</td><td>识读控制电路原理图，了解其作用</td></tr>
<tr><td>图示</td><td>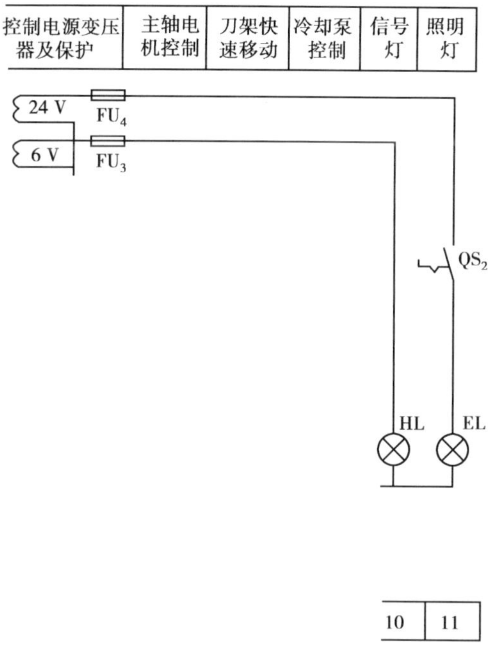
</td></tr>
<tr><td>图解</td><td>1. 照明灯电路
控制变压器 TC 的二次侧输出的 24 V 电压经 FU_4，QS_2 向照明灯 EL 供电
2. 信号灯电路
控制变压器 TC 的二次侧输出的 6 V 电压经 FU3、向信号灯 HL 供电</td></tr>
</table>

二、日常维护

对设置在电气柜内的电器元件，一般不经常进行开门监护，主要是靠定期的维护来实现电气设备较长时间的安全运行。金属切削车床的一级维护一般一个月左右进行一次，具体维护如下：

（1）应使电气柜和配电箱的门、盖关闭严密，保持清洁，不得有水滴、油污和金属屑等进入其内部，以免损坏电器造成事故。

（2）操纵按钮、主令开关的手柄、信号灯应保持清沽完好。

（3）检查接触器、继电器等电器的触头系统吸合是否良好，有无噪声、卡住或迟滞现象，触头接触面有无烧蚀、毛刺或穴坑，电磁线圈是否过热，灭弧装置是否完好。

（4）检查各线路接头与端子板的接头是否连接牢固，各部件之间的连接导线、电缆或保护导线的软管不得被冷却液、油污等腐蚀，软管接头处不得产生脱落或散头。

（5）修复或更换即将损坏的电器元件。

(6)紧固熔断器的可动部分,使之接触良好。

(7)对电动机进行小修和中修检查。

(8)通电试车,使电器元件的动作程序正确可靠。

实训1　线路安装及故障排除

一、目的

学会CA6140型车床电气控制线路的安装与故障排除。

二、工具、器材

万用表、螺丝刀、螺丝钉、钢丝钳、尖嘴钳、电工刀、动合按钮、动断按钮、交流接触器、热继电器、熔断器、隔离开关、电动机、导线适量。

三、实训步骤

1. 简述主要电路的组成及原理。
2. 简述控制电路的组成及工作原理。
3. 按图5.2所示电路清理并检测所需元件,包括元件型号、规格、质量、数量,列出清单。
4. 设计元件在配电板上的摆放位置并用螺丝钉将其固定好。注意元件摆放的合理性。
5. 按图5.2所示电路先连接主电路再连接控制电路和照明、信号灯电路。
6. 按图5.2所示电路用万用表初查各条线路是否有开路和短路现象。
7. 通电运行,分别按下各按钮注意观察各元件的工作情况。若不正常要及时断电查找原因。

四、故障排除

1. 通电运行成功后,人为设置故障并通电运行,观察故障现象并记录下来。
2. 同学之间交叉设故障,交叉检修。并写出检修报告。
3. 到实际的车床上理电路,观察各元件的工作过程。
4. 常见故障的排除如下表:

故障现象	故障分析	故障点
M_1 不能启动	如果 KM_1 没有吸合说明故障在控制电路	FU_2,FR_1,FR_2,SB_1,SB_2,KM_1 的线圈及相应的电路是否开路
M_1 不能启动	如果 KM_1 已经吸合说明故障在主电路	KM_1 的主触头、FR_2、M_2、及相应的电路是否开路
M_1 不能停车	说明主电路不能断电	KM_1 的铁芯表面有油污铁芯不能释放或 KM_1 的主触头发生溶焊或停止按钮 SB_1 的动触头短路。
M_3 不能启动	如果 KM_3 没有吸合,说明故障在控制电路	FU_2,FR_1,FR_2,SB_3,交流接触器 KM_3 的线圈及相应的电路是否开路
M_3 不能启动	如果 KM_3 吸合,说明故障在主电路	KM_3 的主触头、M_3 及相应的电路是否开路

第3节 M7120型平面磨床的电气控制及日常维护

一、控制电路分析

M7120型平面磨床的电气控制电路组成框图如图5.3所示。

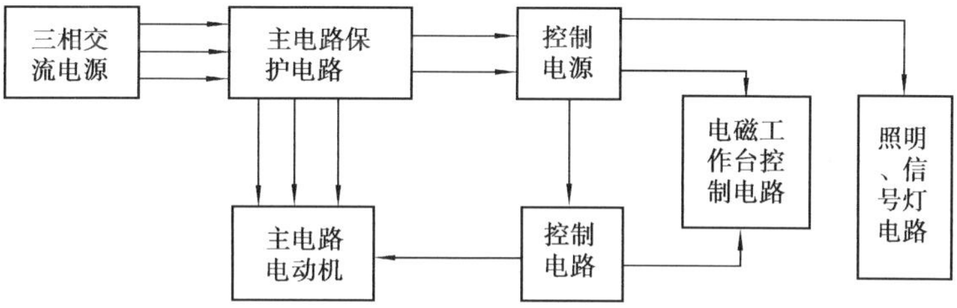

图5.3

原理图如图5.4所示，图中分为主电路、控制电路、照明与指示灯电路。

1. 主电路分析

步骤	识读主电路原理图，识记元器件的名称作用
图示	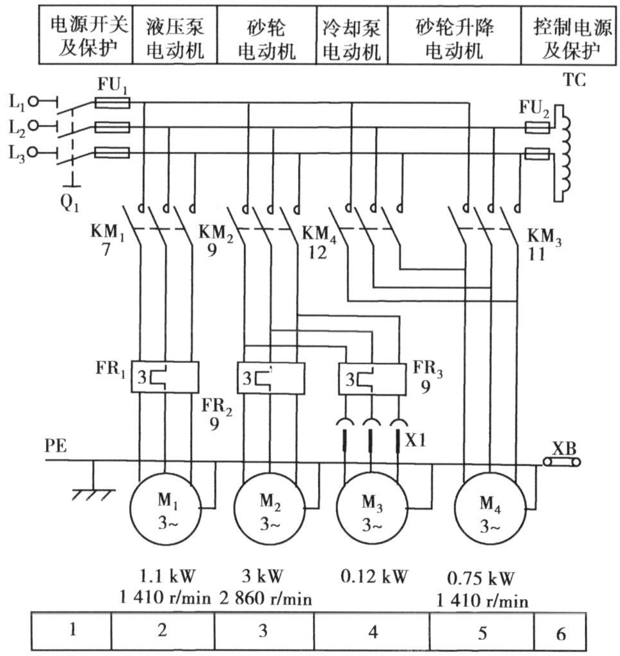

续表

图解

主电路共有 4 台电动机。其名称功能如下表：

编号	名　称	功　能
M_1	液压泵电动机	实现工作台的往复运动
M_2	砂轮电动机	带动砂轮转动来完成磨削加工工件
M_3	冷却泵电动机	为砂轮磨削工件时输送冷却液
M_4	砂轮升降电动机	用于磨削过程中调整砂轮与工件之间的位置

M_1,M_2,M_3,M_4 的供电如下列框图所示，交流接触器 KM_1,KM_2,KM_3,KM_4 主触头起控制启动作用，热继电器 FR_1,FR_2,FR_3,起过载保护作用。交流接触器 KM_3,KM_4 主触头起正反转控制作用，工作在交替工作状态

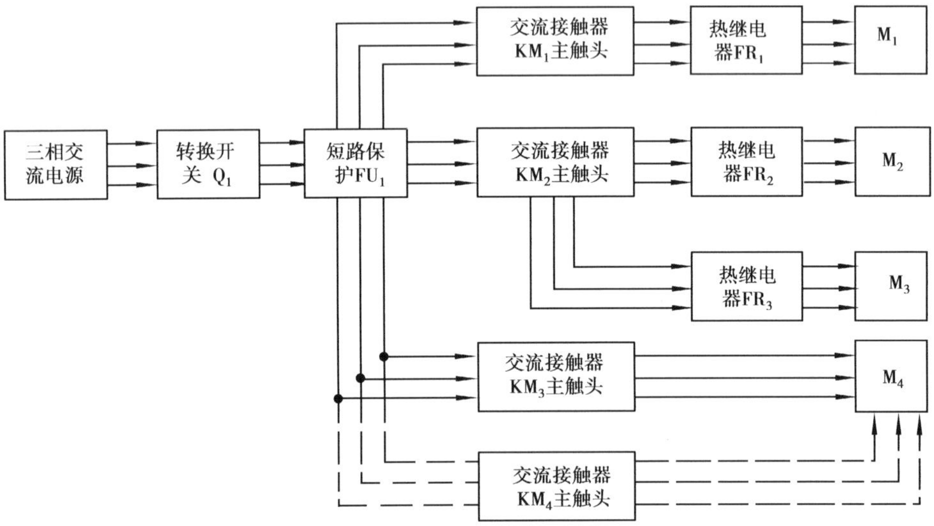

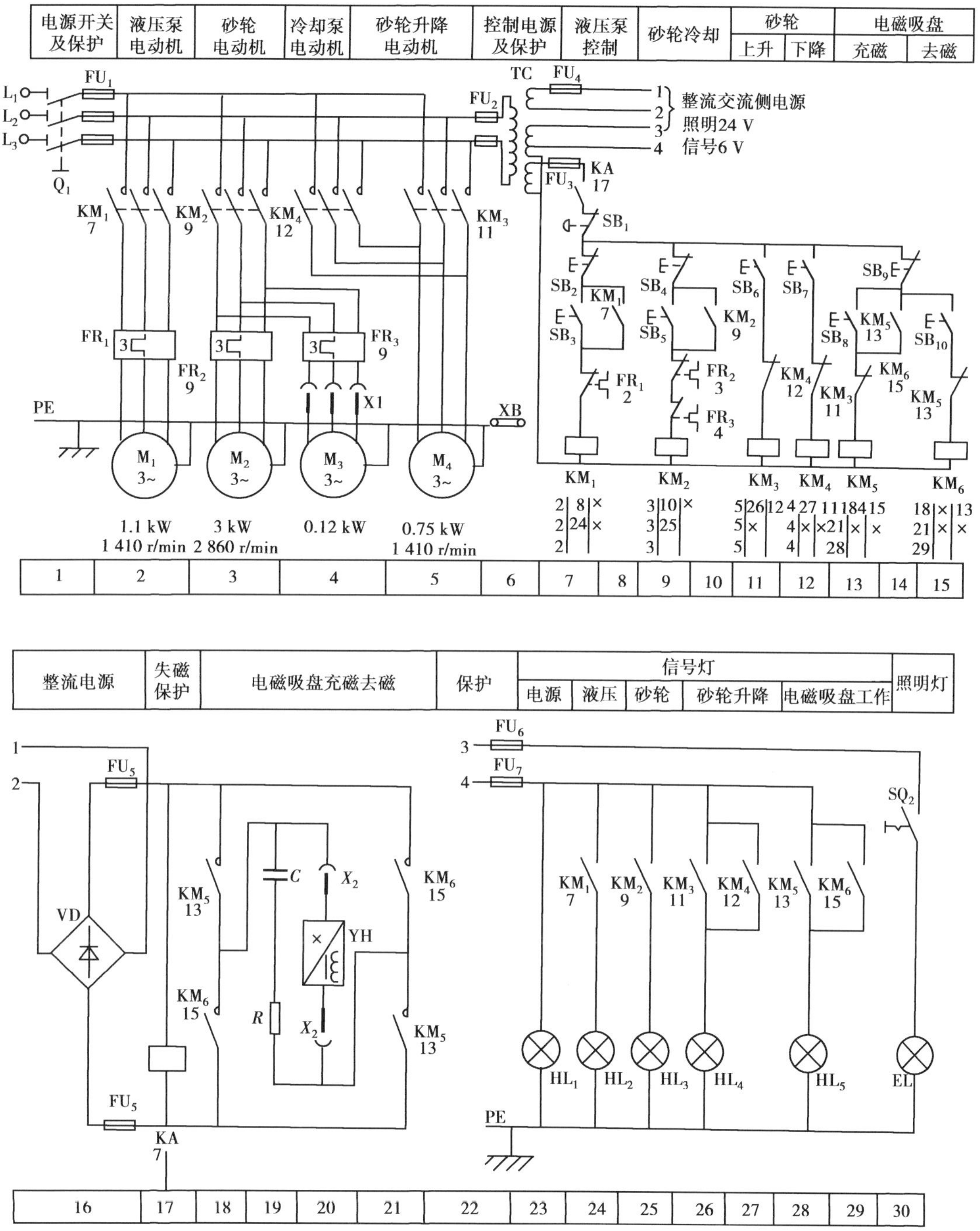

图5.4 M7120型平面磨床电气控制线路

2. 控制电路分析

步骤	识读控制电路原理图,掌握其控制原理
图示	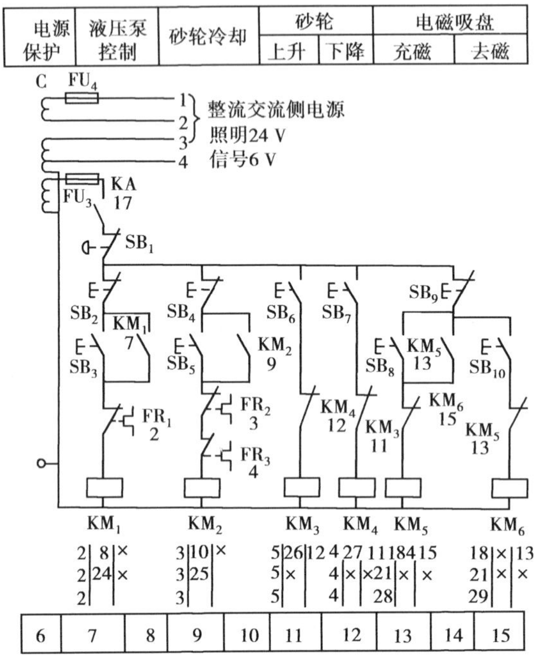
图解	三相交流电源的相电压 380 V 经控制变压器 TC 降压二次侧输出低电压作为控制回路的电源 1. 液压泵电动机 M_1 的控制 当电源电压正常时,欠电压继电器 KA 的线圈吸合,KA 动合触头闭合;然后按下启动按钮 SB_3,交流接触器 KM_1 线圈获电并自锁,KM_1 主触头闭合,电动机 M_1 启动。控制电流的流经路径如下: 变压器 TC → FU_3 → SB_1 → SB_2 → SB_3 → KM_1(7) → FR_1 → KM_1 线圈 2. 砂轮电动机 M_2 与冷却泵电动机 M_3 的控制 按下启动按钮 SB_5,交流接触器 KM_2 线圈获电吸合并自锁,KM_2 主触头吸合,砂轮电动机 M_2 与冷却泵电动机 M_3 同时启动。控制电流的流经路径如下: 变压器 TC → FU_3 → SB_1 → SB_4 → SB_5 → KM_2(9) → FR_2 → FR_3 → KM_2 线圈 3. 砂轮升降电动机 M_4 的控制 上升:按下点动按钮 SB_6,交流接触器 KM_3 线圈获电,KM_3 主触头吸合,砂轮升降电动机 M_4 启动正转,砂轮上升。上升到所需的位置时,松开 SB_6,交流接触器 KM_3 线圈断电释放,砂轮升降电动机 M_4 停转,砂轮停止上升。控制电流的流经路径如下: 变压器 TC → FU_3 → SB_1 → SB_6 → KM_4(12) → KM_3 线圈

续表

图解	下降：按下点动按钮 SB_7，交流接触器 KM_4 线圈获电，KM_4 主触头吸合，KM_3 主触头断开，砂轮升降电动机 M_4 启动反转，砂轮下升。下降到所需的位置时，松开 SB_7，交流接触器 KM_4 线圈断电释放，砂轮升降电动机 M_4 停转，砂轮停止下降。控制电流的流经路径如下： 变压器 TC → FU_3 → SB_1 → SB_7 → KM_3(11) → KM_4 线圈

3. 电磁吸盘控制电路的分析

步骤	识读电磁吸盘控制电路原理图，掌握其控制原理
图示	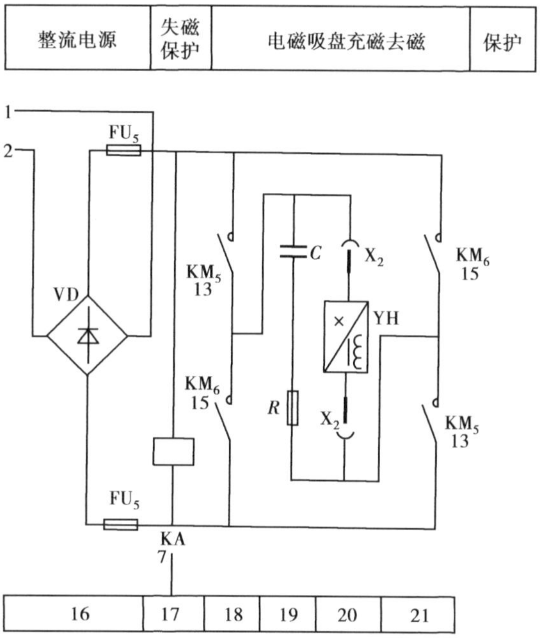
图解	电磁吸盘控制电路包括整流装置、控制装置和保护装置 1. 整流装置 由变压器 TC 和单相桥式整流 VD 组成，输出 110 V 的直流电压 2. 控制装置 由按钮 SB_8，SB_9，SB_{10} 和交流接触器 KM_5，KM_6 等组成 (1)充磁过程：按下启动按钮 SB_8，交流接触器 KM_5 线圈获电吸合并自锁，联锁触头断开，KM_5 主触头闭合，电磁吸盘 YH 线圈获电。工作台充磁吸住工件。磨削加工完毕，按下 SB_9，交流接触器 KM_5 线圈失电，KM_5 主触头断开，电磁吸盘 YH 线圈失电。电磁吸盘 YH 和工件有剩磁存在 (2)去磁过程：按下点动按钮 SB_{10}，交流接触器 KM_6 线圈获电吸合，KM_6 主触头闭合（KM_5 主触头已经断开），电磁吸盘 YH 线圈获得反向直流电流，使工作台和工件去磁。为了避免反向磁化，交流接触器 KM_6 采用点动控制

续表

图解	(3)保护装置：当电磁吸盘 YH 线圈失电瞬间，线圈两端产生较大的自感电动势，可能会损坏线圈和其他电器。故在电磁吸盘 YH 线圈两端并联 RC 电路来吸收。当电源电压降低或断电，电磁吸盘吸不牢工件，工件可能被高速旋转的砂轮撞击而飞出的危险。所以当电源电压降低或断电时，欠电继电器 KA 释放，KA 的动合触点断开，切断控制电路的电源，使交流接触器 KM_1 和 KM_2 的线圈断电释放。KM_1 和 KM_2 的主触点断开，液压泵电动机 M_1 和砂轮电动机 M_2 停车，以保证安全

4. 照明和指示灯电路分析

步骤	识读照明和指示灯控制电路原理图，了解其作用
图示	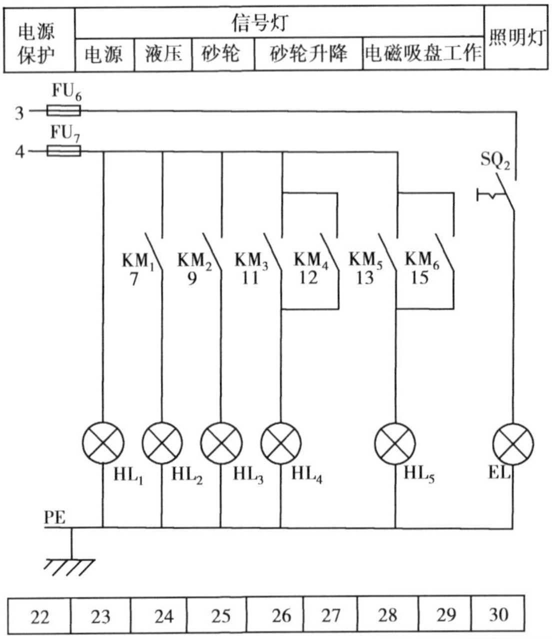
图解	照明电路：变压器 TC 降压二次侧输出 24 V 电压经 FU_6，QS_2 向照明灯 EL 供电 指示灯电路： 1. 电源指示 HL_1 亮说明电源正常。变压器 TC 降压二次侧输出 6 V 电压经 FU_7 向 HL_1 供电 2. 液压泵电动机 M_1 工作指示 HL_2 亮说明液压泵电动机 M_1 工作，控制电流流经的路径如下： 变压器 TC6V → FU_7 → KM_1 → HL_2 3. 砂轮电动机 M_2 工作指示 HL_3 亮说明砂轮电动机 M_2 工作，控制电流流经的路径如下： 变压器 TC6V → FU_7 → KM_2 → HL_3

续表

图解	4. 砂轮升降电动机 M_4 工作指示 HL_4 亮说明砂轮升降电动机 M_4 工作，控制电流流经的路径如下： 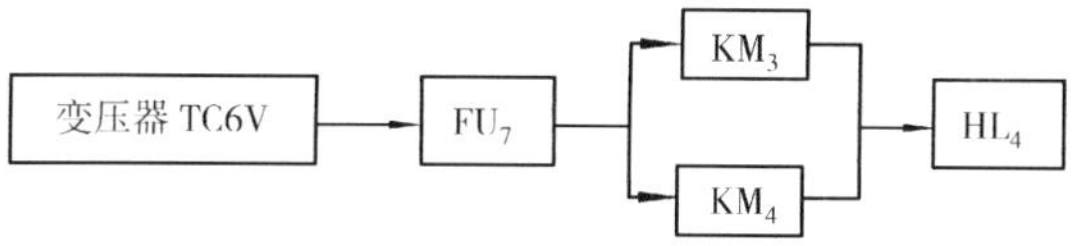 5. 电磁吸盘 YH 工作 HL_5 亮说明电磁吸盘 YH 工作，控制电流流经的路径如下： 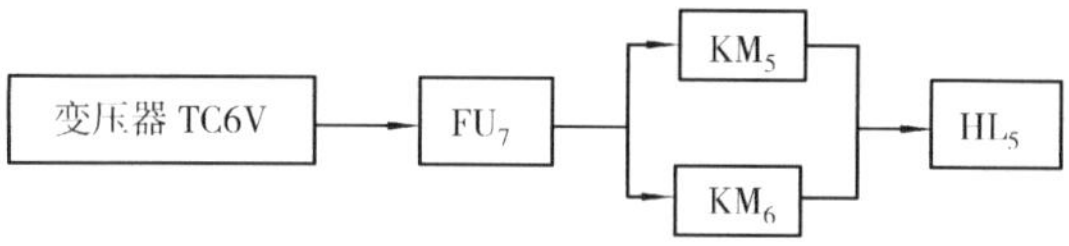

二、日常维护

对设置在电气柜内的电器元件，一般不经常进行开门监护，主要是靠定期的维护来实现电气设备较长时间的安全运行。金属切削磨床的一级维护一般一个月左右进行一次，具体维护如下：

（1）应使电气柜和配电箱的门、盖关闭严密，保持清洁，不得有水滴、油污和金属屑等进入其内部，以免损坏电器造成事故。

（2）操纵按钮、主令开关的手柄、信号灯应保持清洁完好。

（3）检查接触器、继电器等电器的触头系统吸合是否良好，有无噪声、卡住或迟滞现象，触头接触面有无烧蚀、毛刺或穴坑，电磁线圈是否过热，灭弧装置是否完好。

（4）检查各线路接头与端子板的接头是否连接牢固，各部件之间的连接导线、电缆或保护导线的软管不得被冷却液、油污等腐蚀，软管接头处不得产生脱落或散头。

（5）修复或更换即将损坏的电器元件。

（6）紧固熔断器的可动部分，使之接触良好。

（7）对电动机进行小修和中修检查。

（8）通电试车，使电器元件的动作程序正确可靠。

实训 2　线路安装及故障排除

一、实训的目的

学会 M7120 型平面磨床电气控制线路的安装与故障排除。

二、实训的工具、器材

万用表、螺丝刀、螺丝钉、钢丝钳、尖嘴钳、电工刀、动合按钮、动断按钮、交流接触器、热继电器、熔断器、隔离开关、电动机、导线适量。

三、安装步骤

(1)简述主要电路的组成及原理。

(2)简述控制电路的组成及工作原理。

(3)按图5.4所示电路清理并检测所需元件,包括元件型号、规格、质量、数量,列出清单。

(4)设计元件在配电板上的摆放位置并用螺丝钉将其固定好。注意元件摆放的合理性。

(5)按图5.4所示电路先连接主电路再连接控制电路和照明、信号灯电路。

(6)按图5.4所示电路用万用表初查各条线路是否有开路和短路现象。

(7)通电运行,分别按下各按钮注意观察各元件的工作情况。若不正常要及时断电查找原因。

四、故障排除

(1)通电运行成功后,人为设置故障并通电运行,观察故障现象并记录下来。

(2)同学之间交叉设故障,交叉检修。并写出检修报告。

(3)到实际的车床上理电路,观察各元件的工作过程。

(4)常见故障排除如下表:

故障现象	故障分析	故障点
砂轮只能下降而不能上升	说明故障在上升控制电路	SB_6、联锁触头 KM_4, KM_3 线圈,及相应电路是否有开路现象
电磁吸盘没有吸力	说明电磁吸盘未得电	FU_4, VD, X_2, KM_5 的主触点、YH 线圈。控制电路:SB_8, KM_6, KM_5 线圈
电磁吸盘的吸力不足	说明流过电磁吸盘 YH 线圈的电流太小	整流电路 VD、插件 X_2 是否接触良好

第4节　Z3050摇臂钻床的电气控制及日常维护

钻床是一种用途广泛的孔加工机床,如图5.5所示。它主要用来钻削精度要求不高的孔。另外还可以用来完成扩孔、铰孔、镗孔以及攻螺纹等。钻床的形式主要有立式、卧式、台式、深孔钻床等。

一、主要结构及运动形式

首先让我们来认识Z3050摇臂钻床的结构。它主要由底座、内立柱、外立柱、摇臂、主轴箱、工作台等组成。内立柱固定在底座上,在它外面套着空心的外立柱,外立柱可绕着内立柱回转360°,摇臂一端的套筒部分与外立柱滑动配合,借助于丝杆,摇臂可沿着外立柱上下移动,但两者不能作相对转动,所以摇臂将与外立柱一起相对内立柱回转。主轴箱是一个复合的部件,它具有主轴及主轴旋转部件和主轴进给的全部变速和操纵机构。主轴箱可沿着摇臂上的水平导轨径向移动。在加工时，可利用特殊的夹紧机构将外立柱坚固在内立柱上，摇臂紧固在外立柱上，主轴箱紧固在摇臂导轨上，然后进行钻削加工。

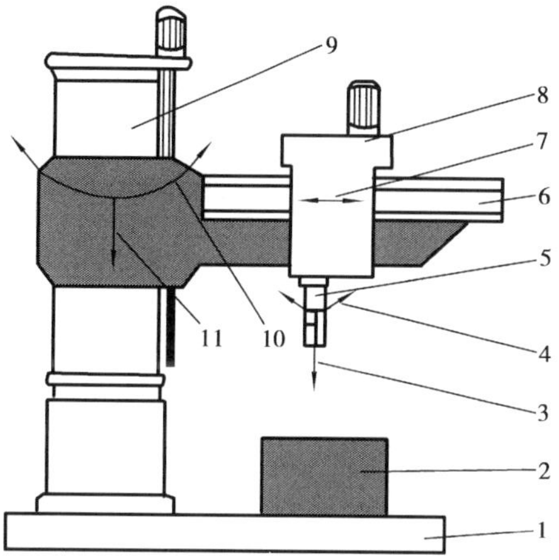

图 5.5 摇臂钻床结构及运动情况示意图
1—底座 2—工作台 3—主轴纵向进给
4—主轴旋转主运动 5—主轴 6—摇臂
7—主轴箱沿摇臂径向运动 8—主轴箱
9—内外立柱 10—摇臂回转运动
11—摇臂垂直移动

二、摇臂钻床的电力拖动特点及控制要求

(1)采用多台电动机拖动，主电机完成钻削加工和进给任务。

(2)主轴电动机只要求能单向运转，主轴正反转由机械方法实现。

(3)摇臂升降单独由一台电动机拖动，要求能实现正反转。

(4)摇臂和立柱的放松、夹紧由同一台电动机配合液压装置来实现，要求这台电机能正反转。

(5)钻削加工时，为了能对刀具及工件进行冷却，需设置一台冷却泵电动机。

三、电气控制线路分析

1. 电路图(如图 5.6 所示)

2. 主电路分析

Z3050 摇臂钻床共有四台电动机，冷却泵电动机为开关直接启动，其余三台电动机采用接触器控制。M_1 是主轴电动机，由接触器 KM_1 控制，只要求能单方向旋转。过载保护由 FR_1 来实现，短路保护由总开关 QF_1 来实现。

M_2 是摇臂升降电动机，装设于主轴顶部，用 KM_2 和 KM_3 来控制正反转。由于是短时间工作，故未设过载保护。

M_3 是液压泵电动机，要求能实现正反转，用 KM_4 和 KM_5 来控制正反转。电路中用 FR_2 来实现电动机的过载保护。其作用主要是供给夹紧装置压力油，实现摇臂和立柱的夹紧与放松。

M_2 摇臂升降电动机和 M_3 液压泵电动机的短路保护功能由 QF_3 来实现。

M_4 是冷却泵电动机，功率小，直接用开关控制启动与停止。

3. 控制电路分析

(1)开车的准备

为了保证操作安全，机床设有“开门断电”功能。所以，开车前要把各电气门盖关好，才能接通电源。合上 QF_3 及总电源开关 QF_1，则电源指示灯 HL_1 亮，表示机床的电气线路进入带电状态。

(2)主轴电动机 M_1 的控制

按启动按钮 SB_3，则接触器 KM_1 吸合并自锁，使主电动机 M_1 启动并运转，同时 HL_2 亮。按停止按钮 SB_2，则接触器 KM_1 释放，使主电动机 M_1 停止旋转，同时 HL_2 熄灭。

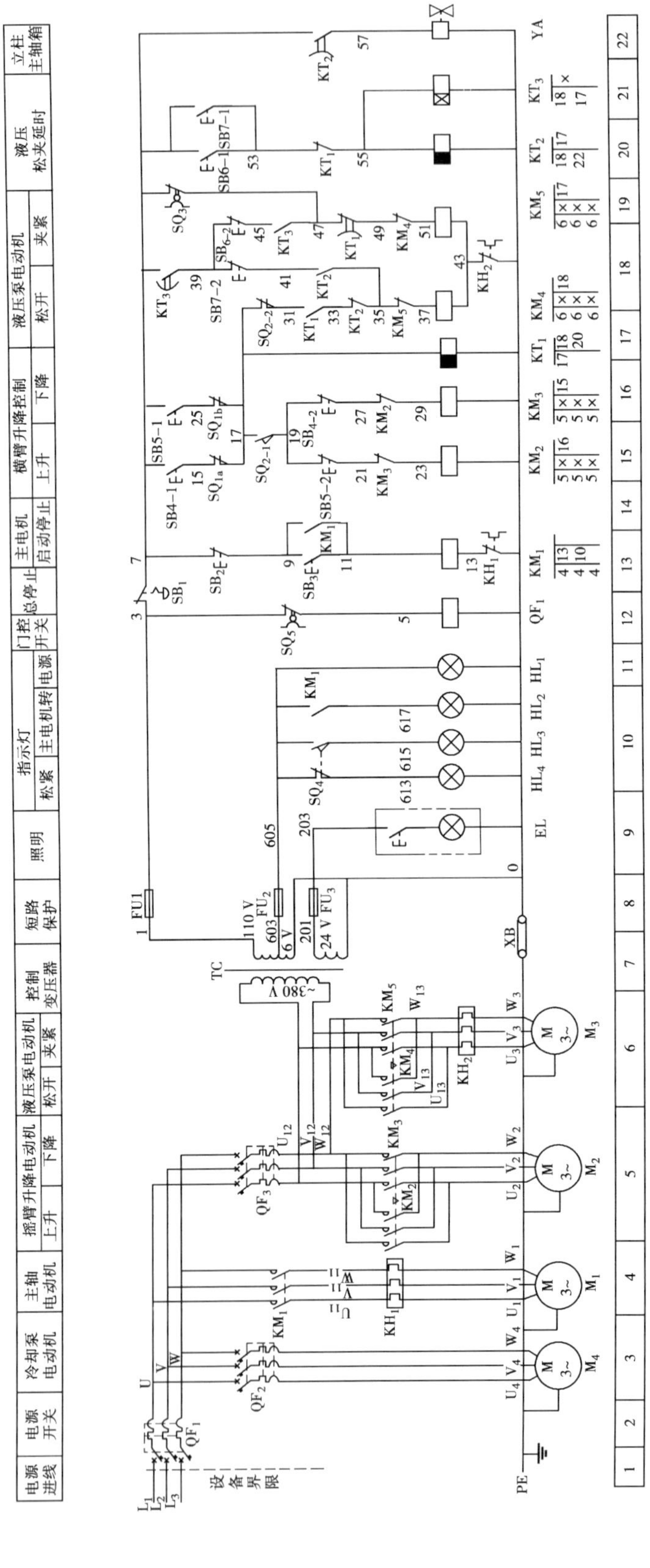
电源进线
电源开关
冷却泵电动机
主轴电动机
摇臂升降电动机
上升
下降
液压泵电动机
松开
夹紧
控制变压器
短路保护
照明
指示灯
松紧
主电机转
电源
门控开关
总停止
主电机
启动停止
横臂升降控制
上升
下降
液压泵电动机
松开
夹紧
液压松夹延时
立柱主轴箱

图5.6

(3)摇臂升降控制

摇臂上升　按上升按钮 SB_4,时间继电器 KT_1 通电吸合,它的瞬时闭合的动合触头(17区)闭合,接触器 KM_4 线圈得电,液压泵电动机 M_3 启动并正向旋转,供给压力油。最后通过液压系统使摇臂松开。同时,活塞杆通过弹簧片位置开关 SQ_2,使其动断触点断开,动合触点闭合。前者切断了接触器 KM_4 的线圈电路,KM_4 的主触头断开,液压升降电动机停止工作。后者使交流接触器 KM_2 的线圈通电,主触头接通 M_2 的电源,摇臂升降电动机启动正向旋转,带动摇臂上升。如果此时摇臂尚未松开,则位置开关 SQ_2 动合触点不闭合,接触器 KM_2 就不能吸合,摇臂就不能上升。

当摇臂升到所需位置时,松开按钮 SB_4 则接触器,KM_2 和时间继电器 KT_1 同时断电释放,M_2 停止工作,随之摇臂停止上升。

由于时间继电器 KT_1 断电释放,经 1 ~3 秒时间后,其延时闭合的动断触点(18 区)闭合,使接触器 KM_5 吸合,液压泵电机 M_3 反向旋转,随之泵内压力油经分配阀进入摇臂的"夹紧油腔",摇臂夹紧。在摇臂夹紧的同时,活塞杆通过弹簧片使位置开关 SQ_3 的动断触点断开,KM_5 断电释放,最终停止 M_3 工作,完成了摇臂的松开──→上升──→夹紧的整套动作。

摇臂下降　按下降按钮 SB_5,时间继电器 KT_1 通电吸合,它的瞬时闭合的动合触头(17区)闭合,接触器 KM_4 线圈得电,液压泵电动机 M_3 启动并正向旋转,供给压力油。最后通过液压系统使摇臂松开。同时,活塞杆通过弹簧片位置开关 SQ_2,使其动断触点断开,动合触点闭合。前者切断了接触器 KM_4 的线圈电路,KM_4 的主触头断开,液压升降电动机停止工作。后者使交流接触器 KM_3 的线圈通电,主触头接通 M_2 的电源,摇臂升降电动机启动反向旋转,带动摇臂下降。如果此时摇臂尚未松开,则位置开关 SQ_2 动合触点不闭合,接触器 KM_3 就不能吸合,摇臂就不能下降。

当摇臂下降到所需位置时,松开按钮 SB_5 则接触器 KM_3 和时间继电器 KT_1 同时断电释放,M_2 停止工作,随之摇臂停止下降。

由于时间继电器 KT_1 断电释放,经 1 ~3 秒时间后,其延时闭合的动断触点(18 区)闭合,使接触器 KM_5 吸合,液压泵电机 M_3 反向旋转,随之摇臂夹紧。在摇臂夹紧的同时使位置开关 SQ_3 的动断触点断开,KM_5 断电释放,最终停止 M_3 工作,完成了摇臂的松开──→下降──→夹紧的整套动作。

组合开关 SQ_{1a}和 SQ_{1b}用作摇臂升降的超程保护。上升到极限位置时,压断 SQ_{1a},接触器 KM_5 断电释放,M_3 停止工作,摇臂上升停止;同理可分析出下降到极限位置时,M_3 停止工作,摇臂下降停止。

摇臂的自动夹紧由位置开关 SQ_3 控制。如果液压夹紧系统出现故障,不能自动将摇臂夹紧,或由于 SQ_3 位置调整不当,在摇臂夹紧后不能使 SQ_3 的动断触点断开,都会使液压泵电机因长期过载运行而损坏。因此,电路中设有热继电器 FR_2,其整定值应根据液压电动机 M_3 的额定电流进行调整。

摇臂升降电动机的正反转控制继电器不允许同时得电动作,以防止电源短路。为此,在上升和下降的控制线路中采用了按钮、接触器复合联锁控制的方法,以确保电路可靠工作。

4. 立柱和主轴箱的夹紧与放松控制

立柱和主轴箱的放松(或夹紧)既可以同时进行,也可以单独进行,由转换开关 SA_1 和复

合按钮 SB_6(或 SB_7)进行控制。SA_1 有三个位置。扳到中间位置时,立柱和主轴箱的松开(或夹紧)同时进行;扳到左边位置时,立柱夹紧(或放松);扳到右边位置时,主轴箱夹紧(或放松)。复合按钮 SB_6 是松开控制按钮,SB_7 是夹紧控制按钮。

(1)主柱和主轴箱同时松、夹

将转换开关 SA_1 扳到中间位置,然后按松开按钮 SB_6,时间继电器 KT_2、KT_3 同时得电。KT_2 的延时断开的动合触点闭合,电磁铁 YA_1,YA_2 得电吸合。而 KT_3 的延时闭合的动合触点经 1 ~3 秒后才闭合。随后,KM_4 闭合,液压泵电动机 M_3 正转,供出的压力油进入立柱和主轴箱松开油腔,使立柱和主轴箱同时松开。

立柱和主轴箱同时夹紧的工作原理与松开相似,读者可自行分析。

(2)主柱和主轴箱单独松、夹

如希望单独控制主轴箱,可将转换开关 SA_1 扳到右侧位置,按下松开按钮,此时时间继电器 KT_2,KT_3 的线圈同时得电,电磁铁 YA_2 单独通电吸合,即可实现主轴箱的单独松开(或夹紧)。

松开复合按钮 SB_6(或夹紧按钮 SB_7),时间继电器 KT_2,KT_3 的线圈断电释放,KT_3 的通电延时闭合的动合触点瞬时断开,接触器 KM_4(或 KM_5)的线圈断电释放,液压泵电动机停转。经过 1 ~3 秒的延时后,电磁铁 YA_2 的线圈断电释放,主轴箱松开(或夹紧)的操作结束。

同理,若把转换开关扳到左侧,则可使立柱单独松开或夹紧。由于立柱和主轴箱的松开、与夹紧是短时间的调整工作,所以均采用点动方式。

实训 3　Z3050 摇臂钻床故障检修

一、故障分析预备知识

(1)熟悉电气控制线路的工作原理。

(2)分清电路中公共部分和分支的逻辑关系。正确认识它们在电路故障中所产生的影响。

(3)学会线路故障的常用检查方法。电压分段测量法、电阻分段测量法、短接法。

二、故障分析及排除步骤

(1)调查故障情况,主要采用望、闻、问、摸的方法。

(2)通电试验电路各部分的功能。

(3)查主轴工作是否正常。相关按触器及继电器是否按原理动作,主轴电动机是否正常旋转。

(4)检查冷却泵电动机是否能正常工作。

(5)检查各信号指示灯工作是否正常。

(6)检查摇臂能否正常升降及夹紧。

(7)核查立柱、主轴箱能否正常夹紧和松开。

(8)检查摇臂升降限位保护功能是否正常。

(9)用逻辑分析法先确定故障大致范围。

(10)用测量法确定具体故障点。

三、注意事项

(1)认真听取和仔细观察指导老师在示范中的讲解及检修操作。

(2)熟练掌握电路图中各个具体环节线中的作用。

(3)在排除故障过程中,故障分析的思路和方法要正确。

(4)带电检修故障时,头脑一定要清醒。必须要有指导老师在现场进行监护,以确保人身、设备安全。

(5)排故评分标准:

项目内容	配分	评分标准		扣分
故障分析	50	故障分析、排除故障的思路不正确,每个 标错电路故障范围,每个	扣10~15分 扣5~10分	
排除故障	40	停电不验电 工具及仪表使用不当,每次 排除故障的顺序不对 不能查出故障,每个 查出故障点,但不能排除,每个 人为产生新的故障 损坏电动机 损坏电器元件或排故方法不正确,每只(次)	扣5分 扣3分 扣5~10分 扣15分 扣5分 扣5分 扣20分 扣3分	
安全文明生产	10	违反安全文明生产规程	扣2~10分	
定额时间(30 min)	不允许超时检查,每超时1分钟扣5分			

成绩

四、常见故障解析

1. 主电路的故障有

(1)所有电动机均缺相,控制电路不动作。

(2)所有电动机均缺相,控制电路工作正常。

(3)M1冷却泵电动机缺相,其余电路工作正常。

(4)除冷却泵电动机 M_4 能正常工作外,M_1,M_2,M_3 电动机均缺相,控制电路也不能工作正常。

(5)除冷却泵电动机 M_4 能正常工作外,M_1,M_2,M_3 电动机均缺相,控制电路工作正常。

(6)主电路中主轴电动机 M_1 缺相,其余电动机均工作正常。控制电路工作正常。

(7)主电路中冷却泵电动机 M_4、主轴电动机 M_1 都缺相,M_3,M_4 电动机主电路不缺相;控制电路均不能工作。

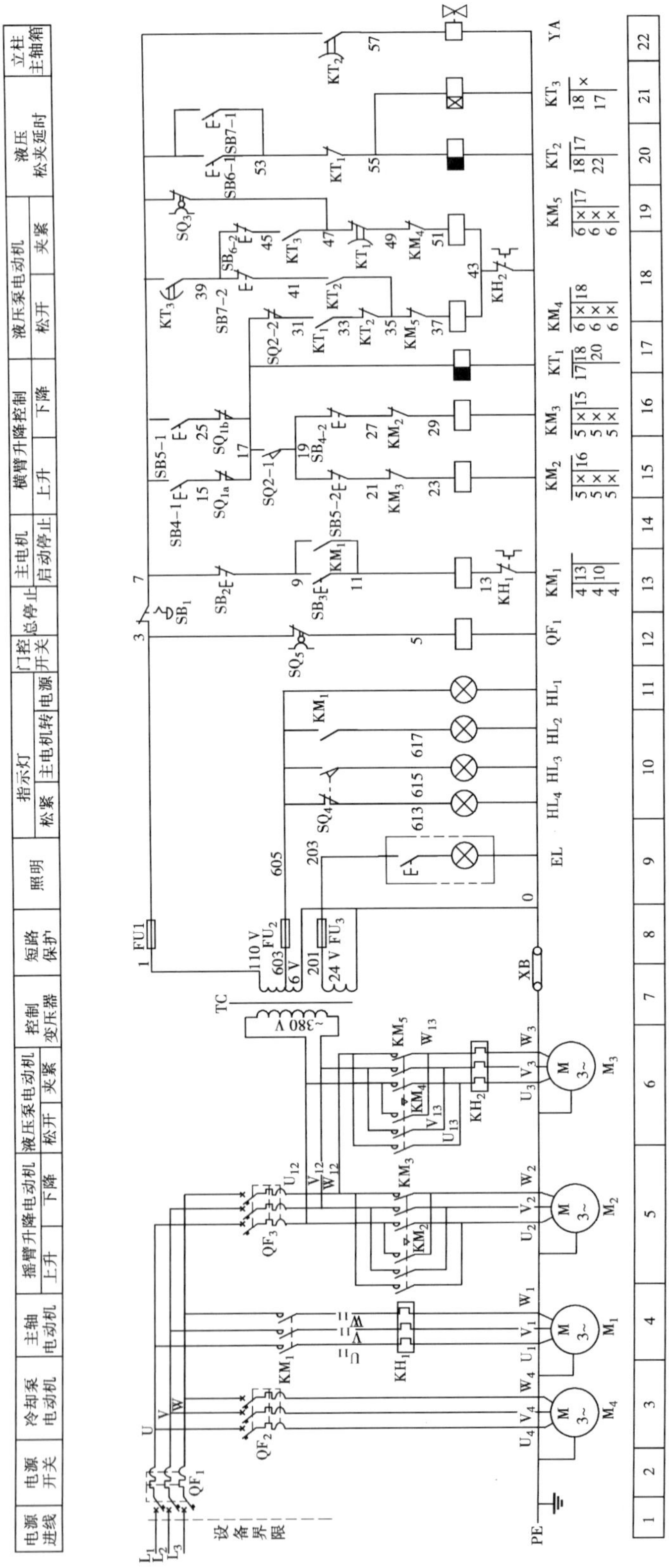

电源进线
电源开关
冷却泵电动机
主轴电动机
摇臂升降电动机
上升
下降
液压泵电动机
松开
夹紧
控制变压器
短路保护
照明
指示灯
松紧
主电机转
电源
门控开关
总停止
主电机启动停止
横臂升降控制
上升
下降
液压泵电动机
松开
夹紧
液压松夹延时
立柱主轴箱
设备界限

图5.7

(8) 主电路中冷却泵电动机 M_4、主轴电动机 M_1 都缺相，M_3，M_4 电动机主电路不缺相；控制电路均不能工作。

(9) 主电路中 M_2 电动机正、反转均缺相，其余电动机 M_1，M_3，M_4 均工作正常；控制电路工作正常。

(10) 主电路中 M_2 电动机正转缺相，其余电动机 M_1，M_3，M_4 均工作正常；控制电路工作正常。

(11) 主电路中 M_2 电动机反转缺相，其余电动机 M_1，M_3，M_4 均工作正常；控制电路工作正常。

(12) 主电路中 M_3 电动机正、反转缺相，其余电动机 M_1，M_2，M_4 均工作正常；控制电路均不工作。

(13) 主电路中 M_3 电动机正、反转缺相，其余电动机 M_1，M_2，M_4 均工作正常；控制电路工作正常。

(14) 主电路中 M_3 电动机正转缺相，反转工作正常。其余电动机 M_1，M_2，M_4 均工作正常；控制电路工作正常。

(15) 主电路中 M_3 电动机反转缺相，正转工作正常。其余电动机 M_1，M_2，M_4 均工作正常；控制电路工作正常。

电源进线	电源开关	冷却泵电动机	主轴电动机	摇臂升降电动机		液压泵电动机		控制变压器
				上升	下降	松开	夹紧	

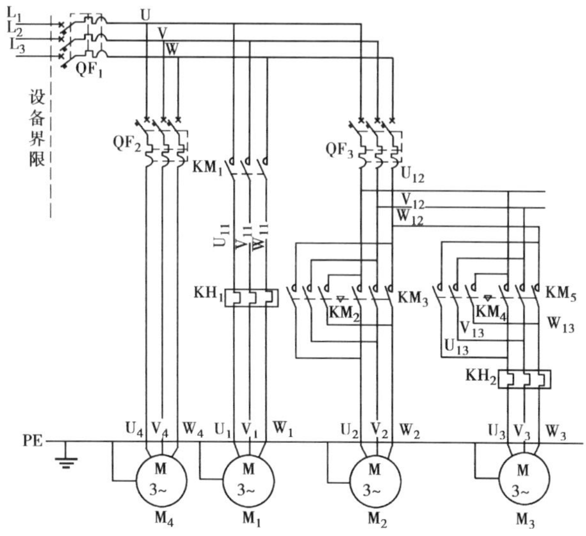

1	2	3	4	5	6

图 5.8

2. 控制电路的故障

(1) 主电路工作全部正常，冷却泵电动机 M_4 工作正常；控制电路均不能工作。

(2) 主电路工作全部正常；照明电路、信号回路工作正常，控制回路均不能工作。

(3)主电路工作全部正常;照明电路、控制回路工作正常,信号回路不能正常工作。

(4)主电路工作全部正常;照明电路工作正常,控制回路、信号回路均不能正常工作。

(5)主电路工作全部正常;控制回路、信号回路工作正常,照明电路不能正常工作。

(6)主电路工作全部正常;信号回路 HL_2 不亮,控制回路、照明电路均能正常工作。

(7)主电路工作全部正常;信号回路 HL_1 不亮,控制回路、照明电路均能正常工作。

(8)主电路工作全部正常;控制回路 QF_1 线圈不能得电,信号回路、照明电路均能正常工作。

(9)主电路工作全部正常;控制回路除 QF_1 能动作外,其余控制电路均不能工作,信号回路、照明电路均能正常工作。

(10)主电路工作全部正常;控制回路除接触器 KM_1 不能动作外能动作外,其余控制电路工作正常,信号回路、照明电路也能正常工作。

(11)主电路工作全部正常;启动按钮接触不良或启动按钮两端接线断。

(12)主电路工作全部正常;主轴电动机只能点动,不能连续运行。

(13)主电路工作全部正常;摇臂不能升降、主轴和立柱的夹紧与放松均不能实现。

(14)故障分析略。

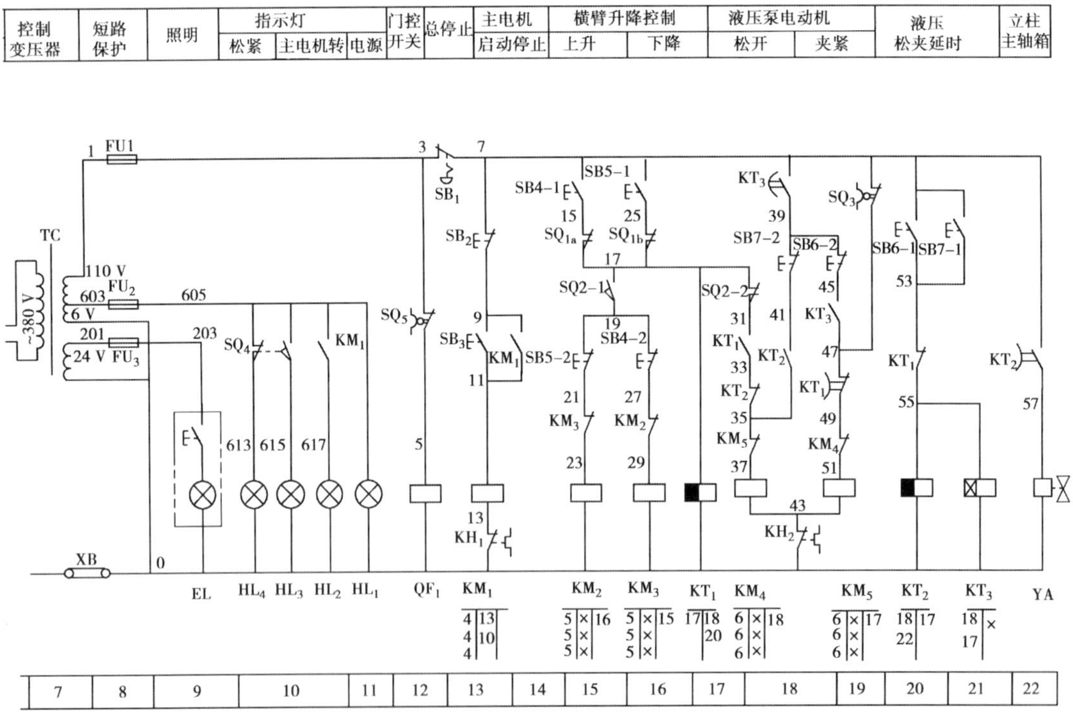

图 5.9

知识扩展　数控机床电气控制系统与日常维护

目前机床数控装备品种繁多,本书以国内应用非常广泛,装备 FANUC 数控系统的数控机床为例进行介绍。

一、数控机床的工作原理

数控机床是用数字信号控制机床运动及其加工过程，是一个装有程序控制系统的机床，就是将刀具移动轨迹等加工信息用数字化的代码记录在程序介质上，然后输入数控系统，经过一码、运算，发出指令，自动控制机床上的刀具与工件之间相对运动，从而加工出形状、尺寸与精度符合要求的零件。

二、数控机床电气控制系统的基本组成

数控机床电气控制系统主要由五个部分组成，见图 5.10。

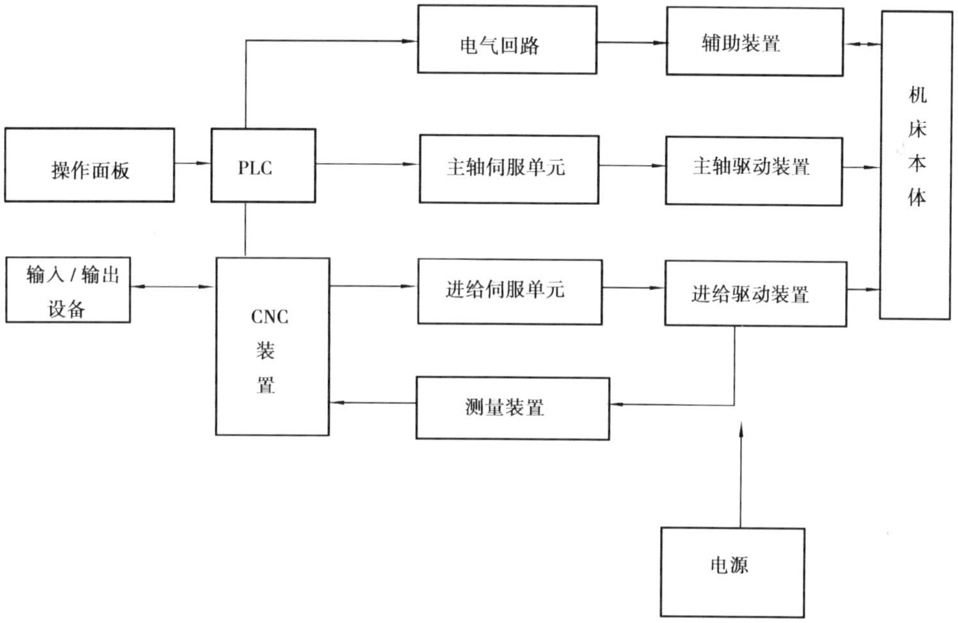

图 5.10　数控机床电气控制组成

三、数控机床主要电气电路

1. 电源系统

(1)电池电源：控制系统断电期间，RAM 存储器的能量来源。

(2)交流电源：交流电源是控制系统电能的主要供给者，也是直流电源的主要供给源。

(3)直流电源：直流电源是为各种电了电路提供能源的装置。图 5.11 是电原理框图。

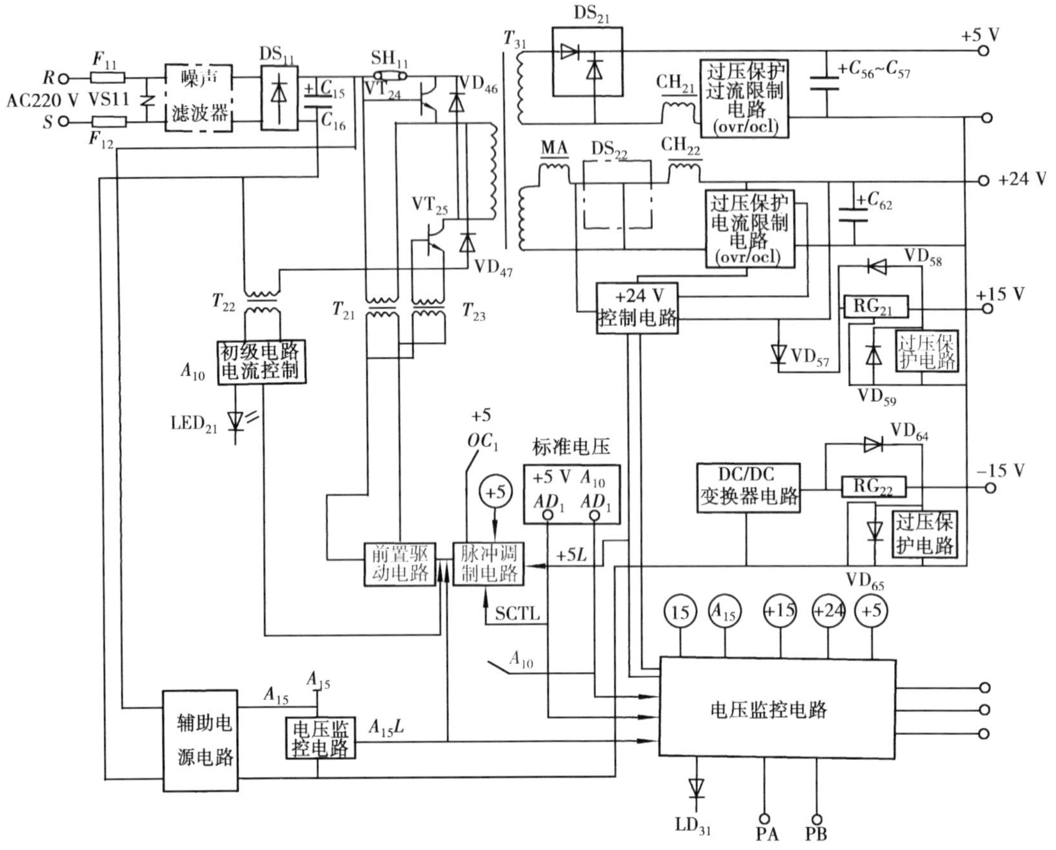

图 5.11　系统电源原理图

2. 伺服驱动系统与日常维护

(1) 主轴伺服驱动系统日常维护

①主轴伺服驱动系统

主轴伺服驱动系统的作用是控制主轴的旋转速度,从而保证工件的加工精度,目前有交流伺服驱动系统和直流伺服驱动系统。图 5.12 是交流伺服驱动系统的组成框图。

②日常维护

项目	日常维护内容	时间
强电柜	清扫空气过滤器、检查冷却风扇	每月一次
伺服单元	检查冷却风扇	每两月一次
主轴电动机	看旋转速度,听振动噪声,闻异常臭味,摸机壳温度	每天
主轴电动机	清理和检查电刷、换向器	每半年
主轴电动机	清理轴承、热管冷却部分,测量绝缘电阻	

(2) 进给伺服驱动系统与日常维护

①进给伺服驱动系统

进给伺服驱动电路的作用是控制进给电机,使刀具做经向运动,目前有交流进给伺服驱和直流进给伺服驱。图5.13是模拟式交流进给伺服驱系统框图,图5.12为数字式交流进给伺服驱系统框图。

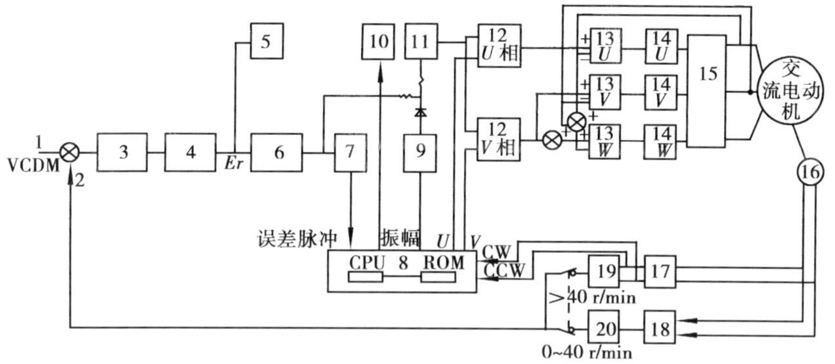

图5.12 交流伺服驱动系统组成框图

1—速度指令 2— 速度反馈 3—比例积分回路 4—绝对值回路 5—负载表
6—函数发生器 7—V/F 变换器 8—微处理器 9—DA 强励磁 10—DA 振幅器
11—乘法器 12—电流指令回路 13—电流控制回路 14—PWM 控制回路 15—PWM 变换器
16—脉冲发生器 17—四倍回路 18—微分回路 19—F/V 变换器 20—同步整流电路

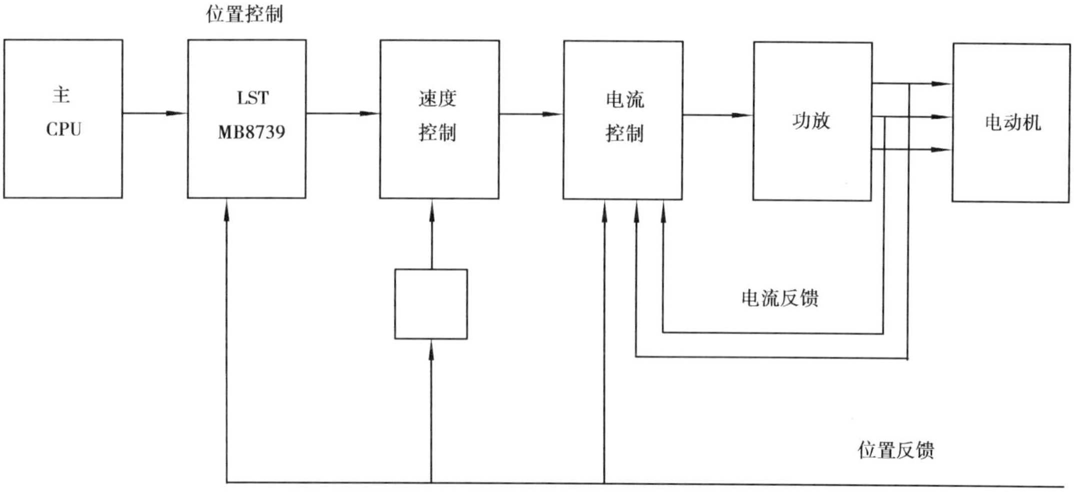

图5.13 模拟式交流进给伺服系统构图

②日常维护

直流电动机的日常维护

项　目	日常维护内容	时　间
电动机运行时	看旋转速度,听振动噪声,闻异常臭味,摸机壳温度	每天
电动机停止工作	检查清理电刷,换向器	每半年有一次
电动机停止工作	检查电枢绝缘电阻	每年有一次

3. 数控系统

数控系统的核心,是由硬件和软两部分组成。当系统接收到信息时进行编译、运算和逻辑处理后,输出各种信号和指令,控制机床的各个部分,使其进行规定的、有序的运作。图 5.14 是数控系统(CNC)各组成单元。

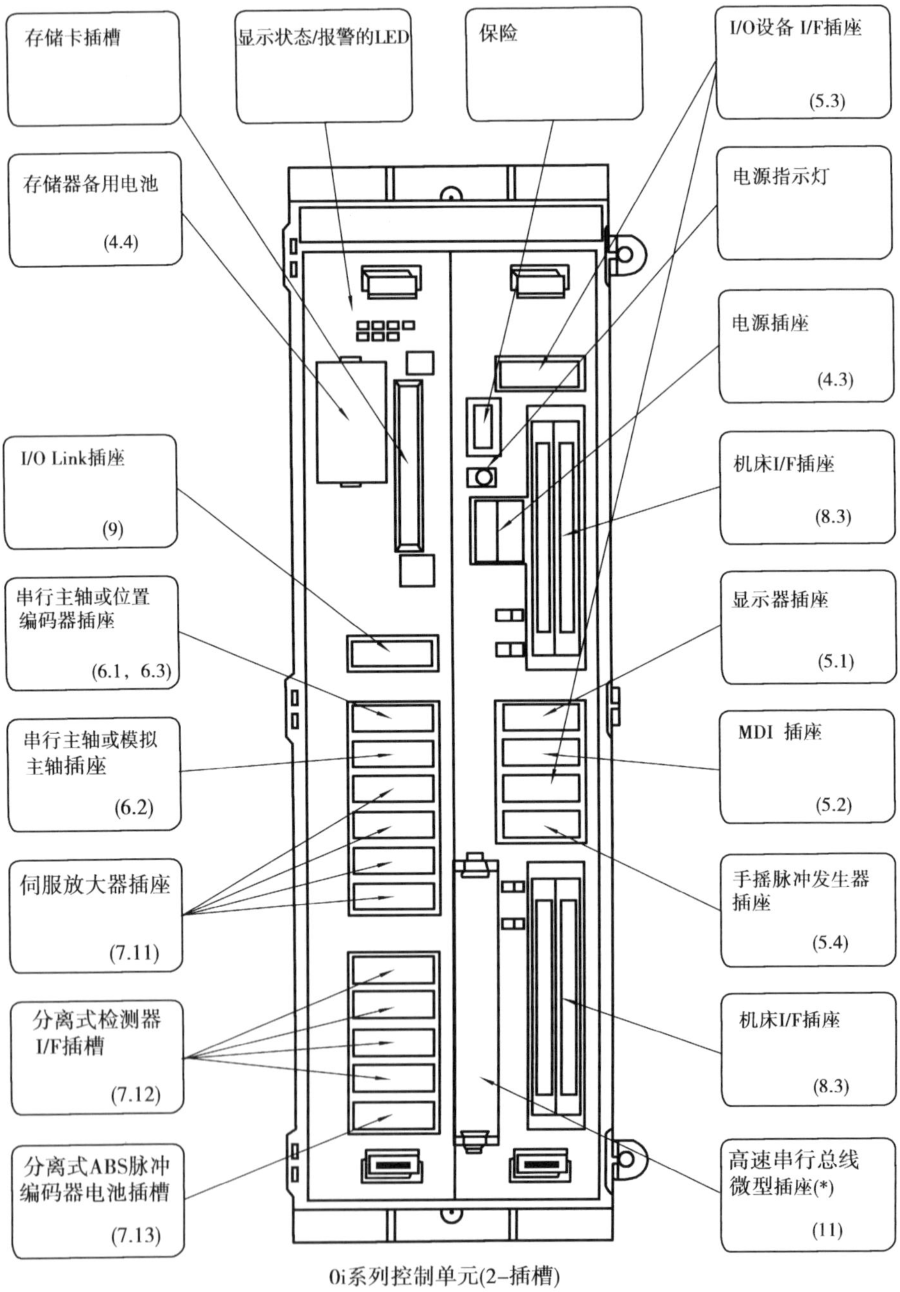

图 5.14 FANUC 0i 系列各组成单元的构成

第五节 X-62W 铣床电气控制及维修

铣床的种类很多,有卧铣、立铣、仿形铣和各种专用铣床等。主要用途是加工平面、斜面和沟槽。其中以卧式和立式万能铣床应用最为广泛。下面就以 X-62W 型卧式万能铣床为例进行分析。

一、主要结构和运动情况

1. 型号的含义

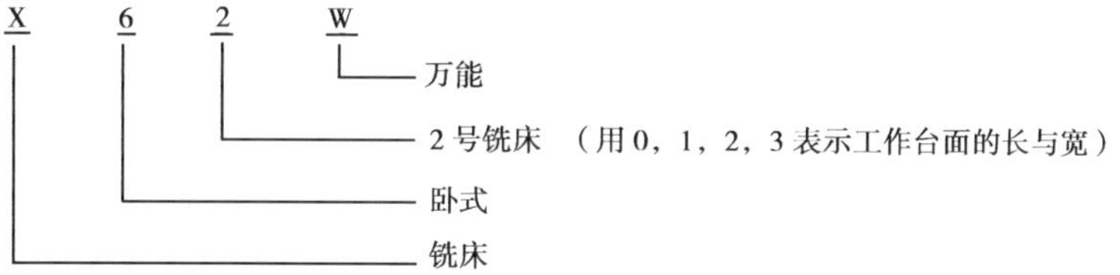

2. 主要结构和运动情况

3. 主运动和进给运动

运动种类	运动情况
主运动	1. 铣刀的旋转运动即主运动,由主轴电机提供动力 2. 主轴电机可正反旋转,以适应顺铣和逆铣 3. 为了克服主轴传动系统的惯性,主轴停车时采用了反接制动 4. 主运动的转速由变速齿轮来调节,以适应不同材料的需要
进给运动	1. 进给运动是指工件与铣刀的相对移动 2. 进给运动的动力由进给电机提供 3. 进给运动可分为上、下运动、左右运动和前后运动。为了安全,同一时间只允许有一个方向的进给运动 4. 为使变速时齿轮顺利啮合,进给电机可以点动,称为变速冲动

二、电气原理图分析

X62 结构示意图	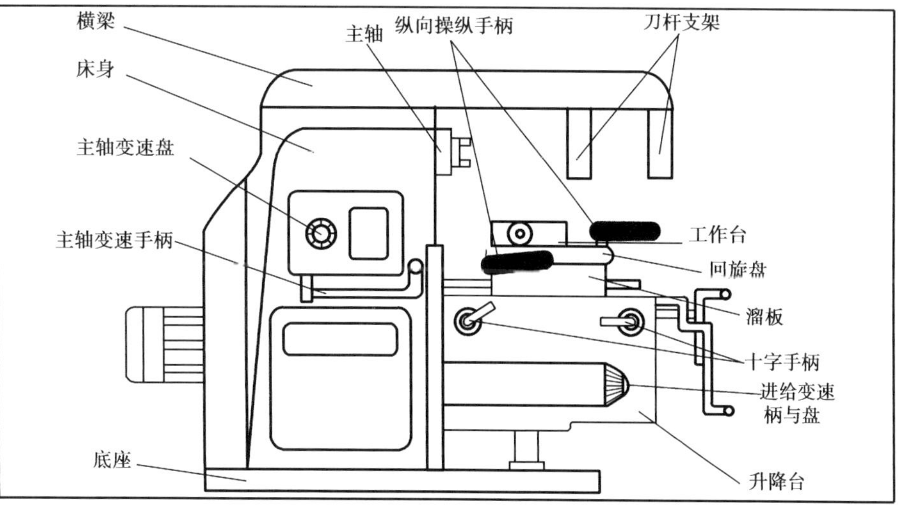

续表

部　件	主要结构和用途	运动情况
床身	安装连接其他部件(床身内装有主轴传动机构和变速机构。在床身的前面有垂直导轨,升降台可沿导轨上下移动。在床身的顶部有水平导轨,悬梁可沿导轨水平移动。)	
悬梁及刀杆支架	刀杆支架装在悬梁上,用来支承铣刀心轴的外端,心轴的另一端装在主轴上	刀杆支架可以在悬梁上水平运动,悬梁可以在床身顶部的水平导轨上水平运动,以适应各种长度的心轴
升降台	工件进给(进给系统的电机和变速机构等装在升降台内部。)	沿机身前面的导轨作上下移动
横向溜板	装在升降台的水平导轨上	可沿导轨平行于主轴轴线方向作横向移动
工作台	用来安装夹具和工件	1. 可沿导轨垂直于主轴轴线方向作纵向移动 2. 可左右转动 ±45 度

1. 主电路分析

2. 主电路组成

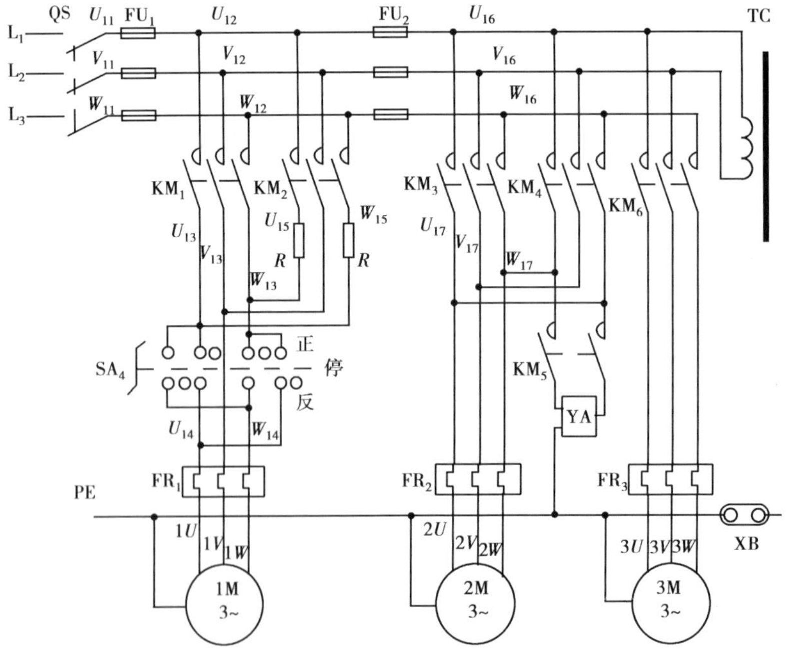

图 5.15　X62W 主要电路图

QS:机床总电源开关。

FU_1:总电源的短路保护。

FU_2:进给电机短路保护。

1M:主轴电机。

2M:进给电机。

3M:冷却泵电机。

3. 原理分析

(1) 主轴电机电路

主轴电机的启动与停止由 KM_1 的主触点控制,其正反转在启动前用组合开关 SA_4 预先选择。KM_2 的主触点是主轴电机的停车制动和变速冲动控制,FR_1 作过载保护。

(2) 进给电机电路

进给电机 2M 的正反转由 KM_3 和 KM_4 的主触点控制,FR_2 作过载保护。YA 是快速牵引电磁铁,它受 KM_5 的控制。

(3) 冷却泵电机电路

冷却泵电机 3M 受 KM_6 的主触点控制,FR_3 作过载保护。

4. 控制电路分析

5. 主轴电机控制

(1) 电路组成

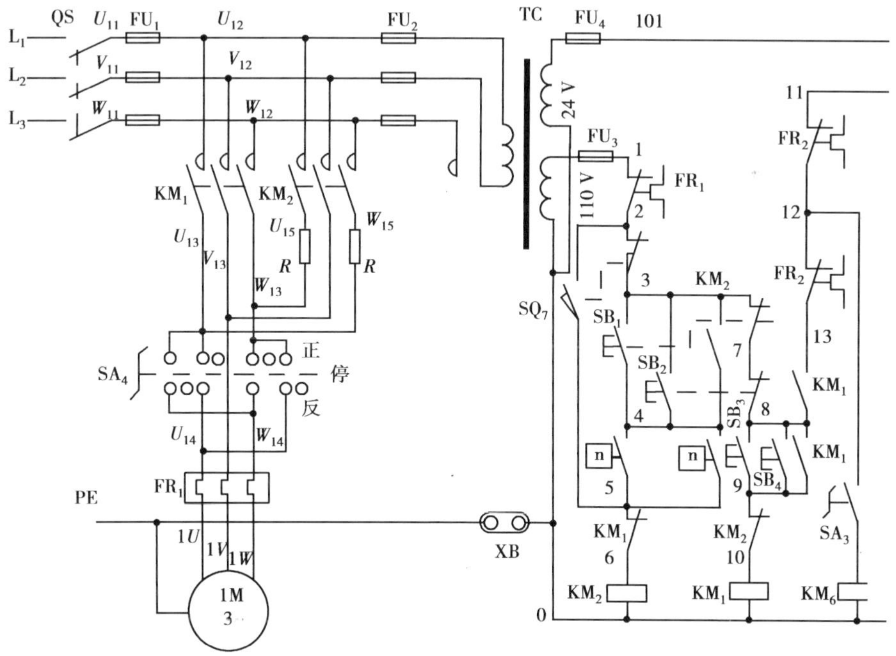

图 5.16

SB_3 和 SB_4:启动按钮。(本机床具有异地启动的功能,所以有两个启动按钮)

SB_1 和 SB_2:停止按钮。(本机床具有异地启动的功能,所以有两个停止按钮)

n:速度继电器。当主轴电机转速达到额定转速时常开触点闭合。

SQ_7:变速冲动行程开关。

FU_3:控制电路短路保护。

TC:变压器,110 V 电压给控制电路提供电源。

(2)主轴电机的启动

启动前预先用 SA_4 选择主轴电机转向(设选为正转),然后按下 SB_3 或 SB_4,KM_1 线圈通电吸合,KM_1 的所有常开触点闭合并自锁。主轴电机 1M 启动运转,当达到额定转速时,速度继电器的常开触点闭合,为停车做好准备。

(3)主轴的停车制动

按下停止按钮 SB_1 或 SB_2,其常闭触点断开,常开触点闭合。KM_1 线圈失电释放,但主轴电机 1M 仍因惯性而转动。KM_2 线圈因得电而吸合,主轴电机 1M 因供电电源的相序改变而反转,使电机迅速停车,同时速度继电器的常开触点断开为下次启动作准备。

(4)主轴的变速冲动

需要主轴变速时,先将变速手柄拉到前面,将变速盘转到所需转速,然后将变速手柄推回。在手柄推回的过程中,与手柄相联的凸轮短时压一下行程开关 SQ_7,使其常闭触点断开,不管原来主轴电机 1M 运行与否,都将停车。同时 SQ_7 的常开触点闭合,KM_2 的线圈得电吸合,主轴电机 1M 短时转动一下,使变速齿轮易于啮合。

6. 进给电机控制

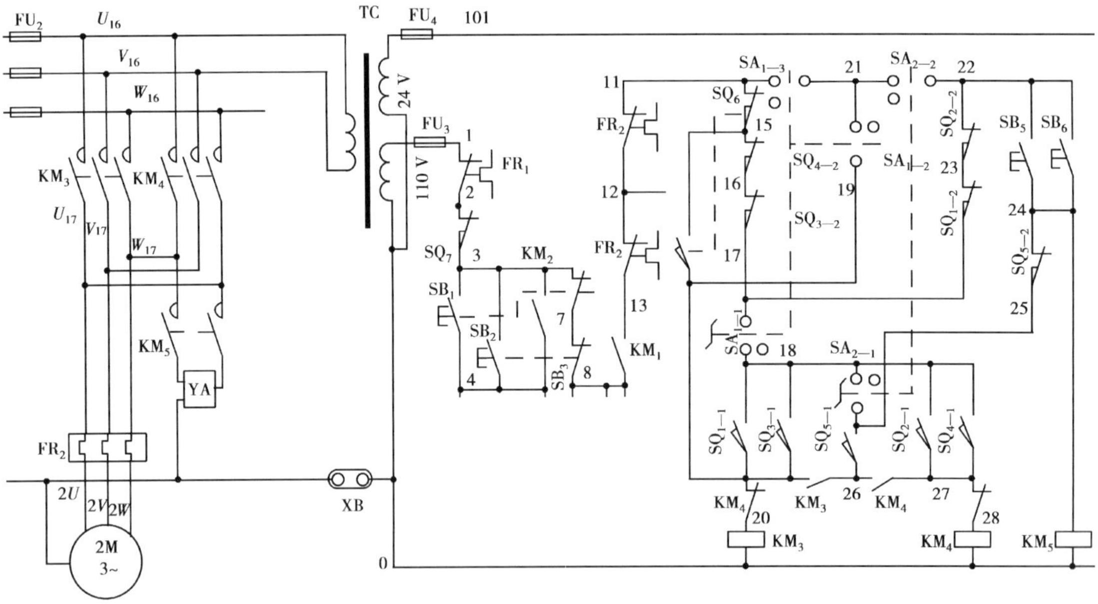

图 5.17　X62W 进给电机控制电路

(1)电路组成

工作台纵向、横向和垂直运动都是由 2M 电机驱动,KM_3,KM_4 是使 2M 实现正反转,并通过机械传动实现工作台 3 种运动形式和 6 个方向的移动。(这些运动必须在主轴电机 1M 工作时才能实现)

(2)工作台纵向(左、右)运动

运行 1M 电机,由于 KM_1 吸合,进给电机控制电路得到电压,进给电机才能启动。同时先将圆工作台转换开关 SA_1 和工作台自动进给开关 SA_2 置“断开”位置,这时 SA_1 和 SA_2 各触点的通断情况如下表(在以下运动中,如不作特别说明,SA_1 和 SA_2 的位置不变)。

触　点	通断情况
SA_{1-1}(17—18)	通
SA_{1-2}(19—21)	断
SA_{1-3}(11—21)	通
SA_{2-1}(18—25)	断
SA_{2-2}(21—22)	通

1)工作台向右进给运动

纵向进给手柄向右扳,压下向右进给行程开关 SQ_1,使 SQ_{1-1} 闭合,SQ_{1-2} 断开。KM_3 线圈得电吸合,2M 电机正转,驱动工作台右运动。

2)工作台向左进给运动

纵向进给手柄向左扳,压下向左进给行程开关 SQ_2,使 SQ_{2-1} 闭合,SQ_{2-2} 断开。KM_4 线圈得电吸合,2M 电机反转,驱动工作台左运动。

纵向进给手柄扳到中间位置(零位)时,SQ_1 和 SQ_2 均复位,2M 停止,工作台也停止运动。

(3)工作台横向(前、后)进给运动

工作台横向进给运动仍需先运行 1M 电机。

1)工作台向前进给运动

十字手柄扳到向前位置,压下 SQ_3,使 SQ_{3-1} 闭合,SQ_{3-2} 断开。KM_3 线圈得电吸合,2M 电机正转,驱动工作台向前运动。

2)工作台向后进给运动

十字手柄扳到向后位置,压下 SQ_4,使 SQ_{4-1} 闭合,SQ_{4-2} 断开。KM_4 线圈得电吸合,2M 电机反转,驱动工作台向后运动。

(4)工作台升降(上、下)进给运动

工作台升降进给运动仍需先运行 1M 电机。

1)工作台向上进给运动

十字手柄扳到向上位置,压下 SQ_3,使 SQ_{3-1} 闭合,SQ_{3-2} 断开。KM_3 线圈得电吸合,2M 电机正转,驱动工作台向上运动。

2)工作台向下进给运动

十字手柄扳到向下位置,压下 SQ_4,使 SQ_{4-1} 闭合,SQ_{4-2} 断开。KM_4 线圈得电吸合,2M 电机反转,驱动工作台向下运动。

在工作台横向和升降过程中,要想将工作台停止下来,只要将十字手柄扳到中间位置即可，这时 SQ_3 和 SQ_4 都复位。

为什么 2M 电机正转可使工作台向右、前、上进给运动，而 2M 电机反转又可使工作台向左、后、下进给运动呢？这是由机床内的传动机构来完成的。

(5)工作台的快速移动

为缩短对刀时间，可快速调整工作台的位置，也就是要将工作台快速移动。主轴电机 1M 启动后，先将工作台操纵手柄扳到所需的运动方向，然后再按下 SB_5 或 SB_6，KM_5 得电吸合，快速牵引电磁铁 YA 线圈通电，使工作台按操作手柄指定的方向快速运动。松开 SB_5 或 SB_6，KM_5 释放，YA 线圈断电，工作台又回到原来的速度沿指定方向继续运动。

(6)进给变速冲动

为使进给变速齿轮易于啮合，进给也有变速冲动。变速冲动也应先运行 1M 电机。变速时将进给变速盘向外拉到极限位置，再转到所需的速度，最后将变速盘往里推。就在推动的过程中挡块压一下 SQ_6，SQ_{6-1} 闭合一下，SQ_{6-2} 断开一下，KM_3 短时吸合，2M 电机转动一下。当变速盘推到原位时，SQ_6 复位，2M 电机停止，变速齿轮啮合完成。

(7)圆工作台的控制

圆工作台是机床的附件。在铣床削圆弧和凸轮等曲线时，可在工作台上安装圆工作台进行铣切。圆工作台由进给电机 2M 经纵向传动机构拖动。圆工作台开动前先将圆工作台转换开关 SA_1 置"接通"位置，工作台自动进给开关 SA_2 仍在"断开"位置。这时 SA_1 和 SA_2 各触点通断情况见下表。工作台的进给操作手柄都扳到中间位置，按下主轴启动按钮 SB_3 或 SB_4，KM_1 吸合使 1M 电机运转，KM_3 也相继吸合(电流流向是:11→17→22→21→19→20→KM_3 线圈)使 2M 电机运转，拖动圆工作台转动。

触　点	通断情况
SA_{1-1}(17—18)	断
SA_{1-2}(19—21)	通
SA_{1-3}(11—21)	断
SA_{2-1}(18—25)	断
SA_{2-2}(21—22)	通

(8)工作台各个方向运动间的联锁

为了保证设备的安全，工作台的六个方向上的运动中，在同一时间里，只允许一个方向上的运动。(原理分析略)

(9)工作台自动控制

本机床工作台的自动控制由 SA_2，SQ_1，SQ_2，SQ_5 通过机械传动实现。(原理分析略)

7. 冷却泵控制

冷却泵控制比较简单，它直接由 SA_3 控制。当 SA_3 闭合时，KM_6 线圈得电吸合，冷却泵电机 3M 运转。由控制电路可知，KM_6 必须在 KM_1 吸合后才能得电，所以冷却泵必须在 1M 运行后才能启动。

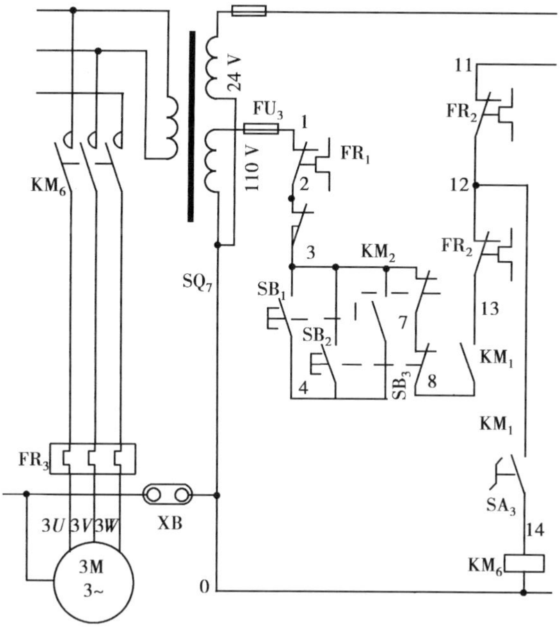

图5.18　X62W冷却泵控制原理图

8.照明电路控制

如图所示,照明电路由变压器TC24 V绕组供电,开关SA_5控制。

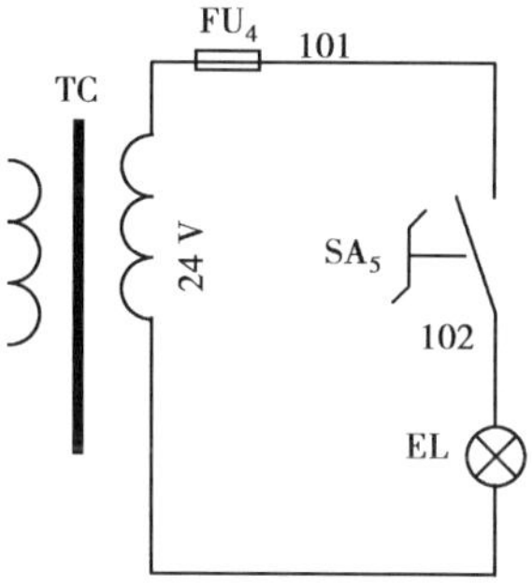

图5.19　X62W照明灯控制电路

三、X62W电路图

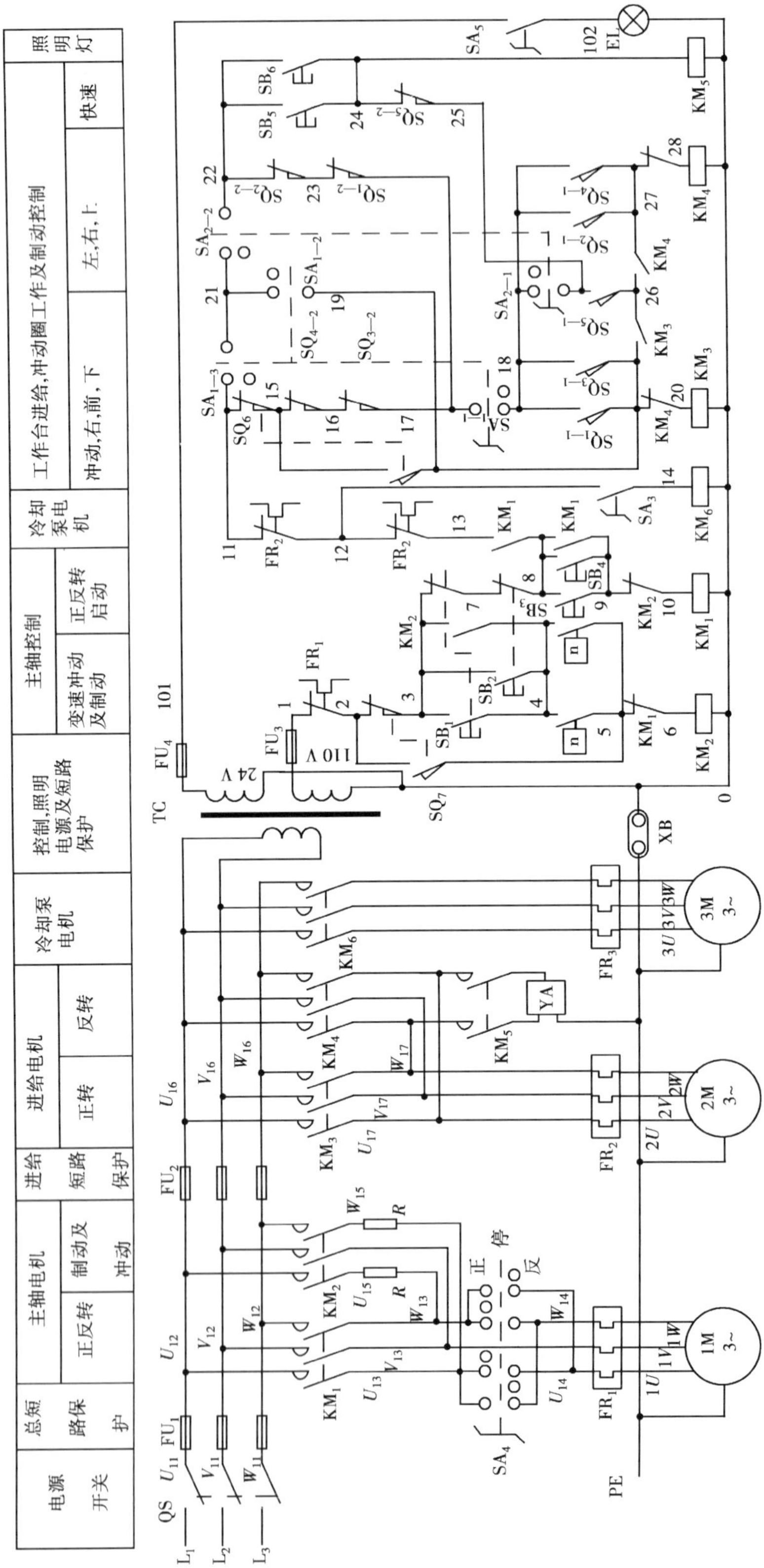

图5.20 X62W电路原理图

实训4　X62W常见故障检修

一、实训目的

通过常见故障的检修让学生进一步熟悉工作原理，学会分析问题和解决问题的能力。

二、实训要求

会根据故障现象确定故障的大致范围，并通过正确的检修手段排除故障。

三、实训项目

学生实训时可在X62W模拟板上进行(有条件的也可实际机床上进行)。

四、注意事项

(1)学生训练时，必须听从老师的指挥，不发生安全事故。
(2)学生必须熟悉X62W的操作，使故障充分暴露出来。
(3)在排除故障过程中，思路要清晰，不使故障扩大。

五、X62W模拟板有关说明

(1)元件布局图

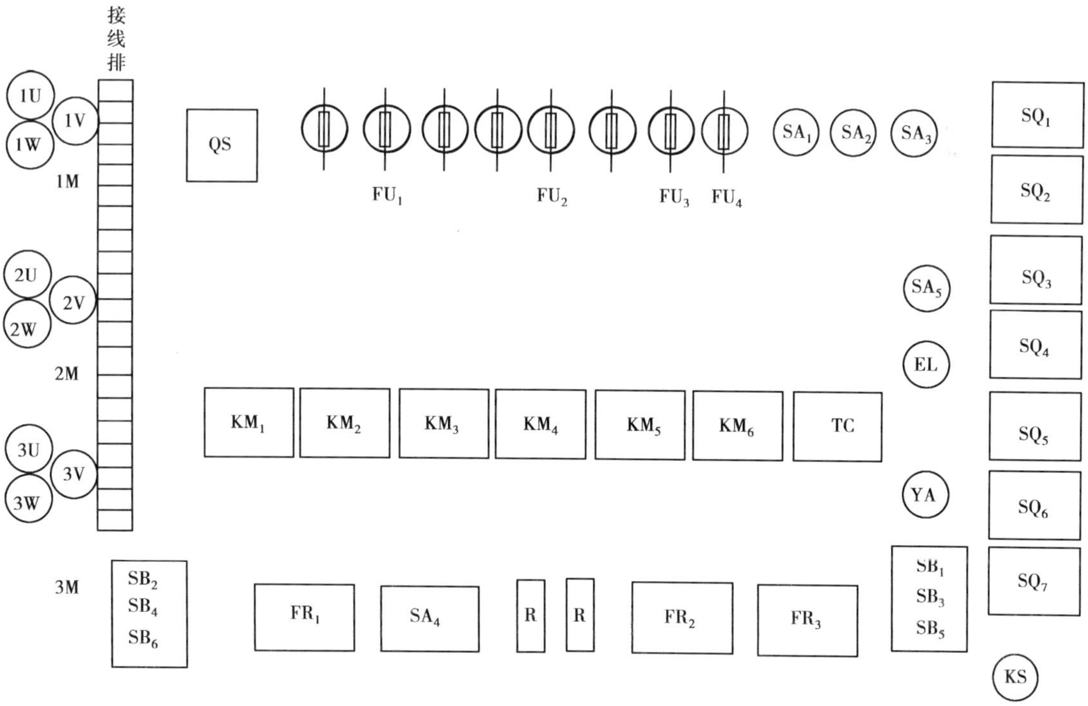

图5.21　X62W模拟板元件布局图

(2)模拟板中三个电机均用三只灯泡代替。

(3)YA 是牵引电磁铁,用灯泡代替。

(4)KS 是速度继电器,用开关代替。

六、X62W 模拟板检修操作

1. 主轴电机控制(SQ_1 ~ SQ_7 滚轮向下,SA_1,SA_2,SA_3 平刀 SA_4 立刀)

(1)合上 QS ⟶按 SB_3(SB_4)⟶KM_1 吸合自锁⟶1M 全亮。

(2)停车反接制动检查

启动1M,合上KS(搬上)⟶ 按SB_1(SB_2)⟶ KM_1释放
⟶ KM_2吸合 ⟶ 1M 仍全亮 ⟶

搬下 KS ⟶ KM_2释放 ⟶ 1M全灭。

(3)主轴变速冲动检查

1M 停车后⟶搬上 SQ_7⟶KM_2 吸合⟶1M 全亮⟶查完 SQ_7 复位。

2. 冷却泵检查

按 SB_3(SB_4)⟶KM_1 吸合⟶SA_3 立刀⟶KM_6 吸合⟶3M 全亮⟶查完复位⟶3M 全灭。

3. 照明灯检查

搬上 SA_5 ⟶ EL 亮⟶复位⟶EL 灭。

4. 工作台常速检查

(1)右运动:

启动 1M ⟶ 搬上 SQ_1 ⟶KM_3 吸合⟶2M 全亮⟶SQ_1 复位⟶2M 全灭。

(2)左运动:

启动 1M ⟶搬上 SQ_2⟶KM_4 吸合⟶2M 全亮⟶SQ_2 复位⟶2M 全灭。

(3)前、下运动:

启动 1M ⟶搬上 SQ_3⟶KM_3 吸合⟶2M 全亮⟶SQ_3 复位⟶2M 全灭。

(4)后、上运动:

启动 1M ⟶搬上 SQ_4 ⟶KM_4 吸合⟶2M 全亮⟶SQ_4 复位⟶2M 全灭。

5. 工作台快速进给运动

启动1M ⟶ 搬上SQ_1 ⟶ KM_3吸合
⟶ 搬上SQ_2 ⟶ KM_4吸合
⟶ 搬上SQ_3 ⟶ KM_3吸合
⟶ 搬上SQ_4 ⟶ KM_4吸合
⟶ 依次按SB_5(SB_6)2M,YA亮。

6. 工作台变速冲动

启动 1M ⟶搬上 SQ_6 ⟶KM_3 吸合⟶2M 全亮⟶SQ_6 复位⟶2M 灭。

7. 工作台自动进给

(1)右运动:

SA_2 立刀,SQ_5 搬上。

启动1M ⟶ SQ_1搬上 ⟶ KM_3吸合 ⟶ 2M全亮。
⟶ 搬SQ_1SQ_2状态不变 ⟶ 复位。

(2)左运动:

SA2 立刀,SQ5 搬上

启动1M → SQ_2搬上KM_4吸合 → 2M全亮。
→ 搬SQ_1SQ_2状态不变 → 复位。

(3)工作台右快速运动:

SA2 立刀,SQ2、SQ5 搬下。

启动1M → SQ_1搬上 → KM_3吸合 → 2M亮。
→ KM_5吸合 → YA亮 → 复位。

(4)工作台左快速运动:

SA2 立刀,SQ1、SQ5 搬下。

启动1M → SQ_2搬上 → KM_4吸合 → 2M亮。
→ KM_5吸合 → YA亮 → 复位。

8.圆工作台检查

$SQ_1 \sim SQ_7$ 复位,SA_1 立刀,SA_2 平刀。

按SB_3(SB_4) → KM_1吸合 → 1M亮 → 按SB_1(SB_2)复位。
→ KM_3吸合 → 2M亮

说明:

(1)复位时,$SQ_1 \sim SQ_7$ 滚轮全向下,SA_1,SA_2,SA_3 均平刀,SA_4 置立刀。

(2)SA_1 平刀:11 ~ 21,17 ~ 18 通,19 ~ 21 断。

SA_1 立刀:11 ~ 21,17 ~ 18 断,19 ~ 21 通。

SA_2 平刀:21 ~ 22 通,18 ~ 25 断。

SA_2 立刀:21 ~ 22 断,18 ~ 25 通。

SA_3 平刀:12 ~ 14 断。

SA_3 立刀:12 ~ 14 通。

实训 5　X62W 操作训练

一、实训目的

使学生熟悉模拟板的操作步骤,并掌握正常状态时的现象,以便为检修故障打下基础。

二、实训项目

(1)完成各项检查操作。

(2)教师指定检查项目让学生操作,并在操作前预先说出正常现象。

三、实训器材

X62W 模拟板。

四、作业

(1)SQ1 ~ SQ7 在复位时滚轮方向如何?

触　点	通断情况
SA_{1-1}(17—18)	
SA_{1-2}(19—21)	
SA_{1-3}(11—21)	
SA_{2-1}(18—25)	
SA_{2-2}(21—22)	

(2)当 SA_1,SA_2 平刀时,填出表中各触点的通断情况。

(3)写出检查主轴电机停车反接制动的操作步骤和正常现象。

实训6　根据故障现象判断故障大致范围

一、实训目的

让学生进一步理解该机床的工作原理,能根据故障现象判断故障的大致范围。

二、实训项目

教师在模拟板上设置故障,让学生操作后在图纸上圈出故障范围。

三、实训器材

X62W 模拟板,电路图若干。

四、分析举例

故障现象	故障原因分析	图　例
操作时 KM_1,KM_2 均能吸合,但都缺 V 相	KM_1 和 KM_2 均能吸合,说明 U,V 相电源正常。1M 有停车反接制动,都缺 V 相,故障范围应在主轴电机 V 相的公共部分。	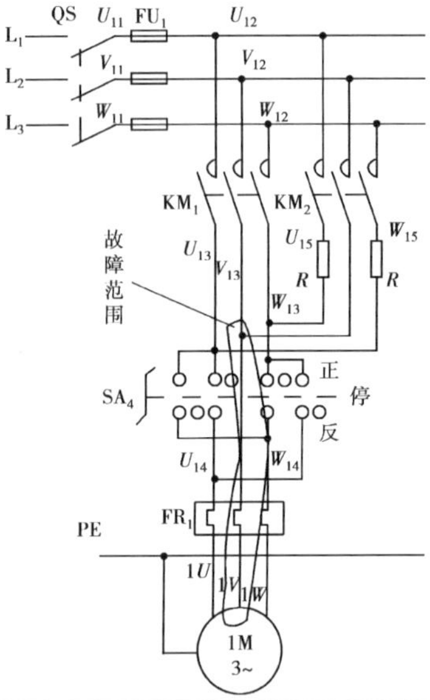

续表

故障现象	故障原因分析	图例
KM_1,KM_2 均能吸合,不缺相,但进给电机和冷却泵电机都不能动作	KM_1 和 KM_2 能吸合,说明主轴电机控制电路正常,冷却泵和进给电机不能动作,故障应在这部分控制电路的供电电路上	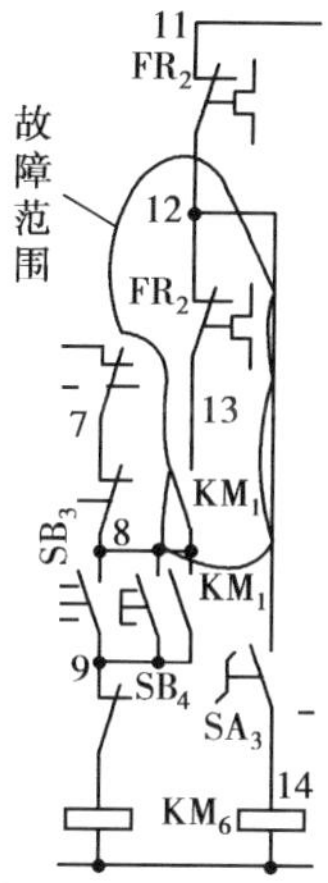

五、成绩评定

项　目	配　分	教师评语	得　分
第1故障点			
第2故障点			
第3故障点			
安全文明生产			

实训7　常见故障检修

一、实训目的

(1)会根据故障现象判断故障的大致范围。

(2)会应用正确的检修手段排除故障。

二、实训项目

学生在规定时间内排除3个故障。如:SQ_1 的V相保险丝断,FR_2 的2U断,KM_1 的辅助触点(5~6)断。

三、实训器材

(1)X62W模拟板。

(2)常用电工工具。

四、成绩评定

项　目	配　分		教师评语	得　分
	故障范围配分	检修配分		
第 1 故障点				
第 2 故障点				
第 3 故障点				
安全文明生产				

附:"中级维修电工"机床电气故障排除评分表

考号________　姓名________　单位________　成绩 ________

序号	考核内容及要求	配分	评分标准	扣分	得分	备注
故障一12分	在原理图上的相关电路圈划故障范围	4	1. 范围过大(超过 3 个元件)扣 2 分。 2. 范围圈错扣 4 分。			
	用仪表查找并排除故障	6	1. 未使用仪表扣 2 分。 2. 未排除故障扣 4 分。 3. 损坏电器扣 4 分。			
	在原理图上准确圈画故障点	2	1. 圈划不准确扣 1 分。 2. 圈错扣 2 分。			
故障二12分	在原理图上的相关电路圈划故障范围	4	1. 范围过大(超过 3 个元件)扣 2 分。 2. 范围圈错扣 4 分。			
	用仪表查找并排除故障	6	1. 未使用仪表扣 2 分。 2. 未排除故障扣 4 分。 3. 损坏电器扣 4 分。			
	在原理图上准确圈画故障点	2	1. 圈划不准确扣 1 分。 2. 圈错扣 2 分。			
故障三12分	在原理图上的相关电路圈划故障范围	4	1. 范围过大(超过 3 个元件)扣 2 分。 2. 范围圈错扣 4 分。			
	用仪表查找并排除故障	6	1. 未使用仪表扣 2 分。 2. 未排除故障扣 4 分。 3. 损坏电器扣 4 分。			
	在原理图上准确圈画故障点	2	1. 圈划不准确扣 1 分。 2. 圈错扣 2 分。			
四	安全文明操作	4	1. 不穿绝缘鞋扣 2 分。 2. 损坏仪表扣 4 分。			

考评员______________　　　　　　年　　月　　日

参考文献

[1] 辛长平. 电工实用技术问答[M]. 北京:电子工业出版社,2005.
[2] 张大彪. 电子技能与实训[M]. 北京:电子工业出版社,2007.
[3] 罗世伟. 机械电气设备安装工[M]. 重庆:重庆大学出版社,2007.
[4] 聂广林. 电工技能与实训[M]. 重庆:重庆大学出版社,2007.
[5] 汪永华. 电工技能实训[M]. 北京:机械工业出版社,2006.
[6] 秦虹. 电机原理与维修[M]. 北京:中国劳动社会保障出版社,2004.
[7] 王建,赵金周. 电工基本技能实训教程[M]. 北京:机械工业出版社,2007.
[8] 许宝发. 电气设备故障快速诊断与维修手册[M]. 上海:上海科学技术出版社,2005.
[9] 李贞权. 维修电工技师手册[M]. 北京:机械工业出版社,2005.
[10] 机械工业职业技能鉴定指导中心. 维修电工技能鉴定考核试题库. 北京:机械工业出版社,2005.
[11] 刘光源. 机床电气设备的维修[M]. 2 版. 北京:机械工业出版社,2007.